数据库技术丛书

2019 SQL Server

从入门到精通

视频教学
超值版

王英英 编著

清华大学出版社
北京

内 容 简 介

本书面向 SQL Server 2019 初学者和广大数据库设计爱好者。全书内容注重实用，通俗易懂地介绍了 SQL Server 2019 数据库应用与开发的相关基础知识，并提供了大量具体操作 SQL Server 2019 数据库的示例，能使读者在最短的时间内有效地掌握 SQL Server 2019 数据库的应用和开发。

本书共 19 章，内容包括 SQL Server 2019 的安装与配置；数据库和数据表的操作；Transact-SQL 语言基础与应用；数据的更新、规则、默认和完整性约束；创建和使用索引、事务和锁、游标；使用存储过程、视图操作、触发器；SQL Server 2019 的安全机制；数据库的备份与恢复；SQL Server 2019 新增功能；最后一章通过开发企业人事管理系统，学习将 SQL Server 2019 运用于实际的开发项目中。各章的最后提供了典型习题，供读者课后操作练习，以加深对学习内容的理解。

本书适合 SQL Server 数据库初学者、数据库应用开发人员、数据库管理人员，也适合作为高等院校和培训机构计算机相关专业的师生教学参考。

图书在版编目（CIP）数据

SQL Server 2019 从入门到精通：视频教学超值版/王英英编著. 一北京：清华大学出版社，2021.1
（2023.3重印）
　　（数据库技术丛书）
　　ISBN 978-7-302-57143-8

I. ①S… II. ①王… III. ①关系数据库系统 IV.①TP311.132.3

中国版本图书馆 CIP 数据核字（2020）第 272930 号

责任编辑：夏毓彦
封面设计：王　翔
责任校对：闫秀华
责任印制：曹婉颖

出版发行：清华大学出版社
网　　址：http://www.tup.com.cn，http://www.wqbook.com
地　　址：北京清华大学学研大厦 A 座　　　　　　　邮　编：100084
社 总 机：010-83470000　　　　　　　　　　　　　邮　购：010-62786544
投稿与读者服务：010-62776969，c-service@tup.tsinghua.edu.cn
质量反馈：010-62772015，zhiliang@tup.tsinghua.edu.cn

印 装 者：三河市铭诚印务有限公司
经　　销：全国新华书店
开　　本：190mm×260mm　　　印　张：29.25　　　字　数：749 千字
版　　次：2021 年 3 月第 1 版　　　　　　　　　　　印　次：2023 年 3 月第 3 次印刷
定　　价：109.00 元

产品编号：088870-01

前　言

本书是面向 SQL Server 2019 初学者和广大数据库设计爱好者的自学和教学参考书。书中通过详细的数据库使用示例，让读者快速入门数据库应用和开发。本书内容丰富全面、图文并茂、步骤清晰、通俗易懂，能使读者很容易理解 SQL Server 2019 的基本技术及其构成，并能将 SQL Server 2019 用于解决生活或工作中的实际问题，真正做到学以致用。

本书注重实用，可操作性强，详细讲解每一个 SQL Server 2019 知识点、操作方法及其技巧，本书的具体特色详解如下。

本书特色

内容全面：知识点由浅入深，涵盖了所有 SQL Server 2019 的基础知识，便于读者循序渐进地掌握 SQL Server 2019 开发技术的各个方面。

图文并茂：注重操作，配图详解。在介绍案例的过程中，每一个操作均有对应步骤和过程说明。图文结合的方式使读者在学习过程中能够直观、清晰地看到操作的过程以及效果，便于读者更快地理解和掌握。

易学易用：颠覆传统"看"书的观念，本书指导读者以"操作"为主线进行学习。

案例丰富：把知识点融汇于系统的案例实训中，并结合综合案例进行讲解和拓展。进而达到"知其然，并知其所以然"的效果。本书汇集了 307 个详细例题和大量经典习题，以期让读者在实战应用中掌握 SQL Server 2019 的每一项技能。

提示技巧：本书对读者在学习过程中可能会遇到的疑难问题以"提示"和"技巧"的形式进行了说明，让读者在学习过程中少走弯路。

赠送资源：随书赠送精品视频教学文件、源码和 PPT 课件，使本书真正体现"自学无忧"、物超所值。

源码、课件与教学视频下载

本书配套的源码、课件与教学视频，可以用微信扫描清华网盘二维码下载。如果有疑问题，请邮件联系 *booksaga@163.com*，邮件标题为"SQL Server 2019 从入门到精通：视频教学超值版"。

读者对象

本书是一本完整介绍 SQL Server 2019 的教程，适合如下读者群：

- SQL Server 2019 数据库初学者。
- SQL Server 2019 应用开发人员。
- SQL Server 2019 数据库管理人员。

鸣　谢

本书由王英英主编。编者虽然倾注了努力，但由于水平有限、时间仓促，书中难免有错漏之处，欢迎批评指正。如果遇到问题或有好的建议，敬请与我们联系，我们将全力提供帮助。

此外，作者专门建立了一个 QQ 技术学习群：567019138，以便读者咨询，方便与作者直接交流，解决学习中的困惑。

编　者

2020 年 9 月

目　录

第1章 初识 SQL Server 2019

作为新一代的数据平台产品，SQL Server 2019 不仅延续了现有数据平台的强大能力，而且全面支持云技术。从本章开始学习 SQL Server 2019 的基础知识，包括 SQL Server 2019 的组成、如何安装 SQL Server 2019 和 SSMS 的基本操作方法等。

内容导航 | Navigation

- 了解 SQL Server 2019 的基本优势
- 了解 SQL Server 2019 的组成
- 了解和选择 SQL Server 2019 的版本
- 掌握 SQL Server 2019 的安装方法
- 掌握 SSMS 的基本操作方法

1.1 认识 SQL Server 2019

SQL Server 2019 是在早期版本的基础上构建的，旨在将 SQL Server 发展成一个平台，为用户提供开发语言、数据类型、本地或云环境以及操作系统等方面的选择。可以满足成千上万用户的海量数据管理需求，能够快速构建相应的解决方案以实现私有云与公有云之间数据的扩展与应用的迁移。作为微软的信息平台解决方案，SQL Server 2019 的发布，可以帮助数以千计的企业用户突破性地快速获得各种数据分析、管理和操作的新体验，以更全面地了解对企业自身运营状况的洞察力。

1.2 SQL Server 2019 的组成

SQL Server 2019 主要由 4 部分组成，分别是：数据库引擎、分析服务、集成服务和报表服务。本节将详细介绍这些内容。

1.2.1 数据库引擎

数据库引擎是 SQL Server 2019 系统的核心服务，负责完成数据的存储、处理和安全管理。包括数据库引擎（用于存储、处理和保护数据的核心服务）、复制、全文搜索以及用于管理关系数据和 XML 数据的工具。例如，创建数据库、创建表、创建视图、数据查询和访问数据库等操作，都是由数据库引擎完成的。

通常情况下，使用数据库系统实际上就是在使用数据库引擎。数据库引擎是一个复杂的系统，它本身就包含了许多功能组件，如复制、全文搜索等。使用它可以完成 CRUD 和安全控制等操作。

1.2.2　分析服务（Analysis Services）

分析服务的主要作用是通过服务器和客户端技术的组合提供联机分析处理（On-Line Analytical Processing，OLAP）和数据挖掘功能。

通过分析服务，用户可以设计、创建和管理包含来自于其他数据源的多维结构，通过对多维数据进行多角度分析，可以使管理人员对业务数据有更全面的理解。另外，使用分析服务，用户可以完成数据挖掘模型的构造和应用，实现知识的发现、表示和管理。

1.2.3　集成服务（Integration Services）

SQL Server 2019 是一个用于生成高性能数据集成和工作流解决方案的平台，负责完成数据的提取、转换和加载等操作。其他的 3 种服务就是通过 Integration Services 来进行联系的。除此之外，使用数据集成服务可以高效地处理各种各样的数据源，例如：SQL Server、Oracle、Excel、XML 文档、文本文件等。

1.2.4　报表服务（Reporting Services）

报表服务用于创建和发布报表及报表模型的图形工具，也用于管理报表服务器的管理工具，以及作为对报表服务对象模型进行编程和扩展的 API（应用程序编程接口）。

SQL Server 2019 的报表服务是一种基于服务器的解决方案，用于从多种关系数据源和多维数据源提取内容以生成企业报表，可以根据需要发布能以各种格式查看的报表，具有集中管理的安全性，并提供报表订阅功能。SQL Server 2019 的报表服务所创建的报表可以通过网页（Web）方式进行查看，也可以作为 Microsoft Windows 应用程序的一部分来查看。

1.3　安装 SQL Server 2019

本节以 SQL Server 2019（Evaluation Edition）的安装过程为例进行讲解。通过对 Evaluation Edition 版本的安装过程的学习，读者可以掌握其他各个版本的安装过程。不同版本的 SQL Server 在安装时对软件和硬件的要求是不同的，其安装数据库中的组件内容也不同，但安装过程都是大同小异的。

1.3.1　安装环境需求

在安装 SQL Server 2019 前，用户需要了解其安装环境的具体要求。不同版本的 SQL Server 2019 对系统的要求略有差异，下面以 SQL Server 2019 标准版为例，安装环境的具体需求如表 1-1 所示。

表 1-1　SQL Server 2019 的安装环境需求

软硬件	需求
处理器	x64 处理器；处理器速度：1.4 GHz，最低 1.4 GHz，建议 2.0 GHz 或更快
内存	最小 2GB，推荐使用 4GB 内存
硬盘	最少 6GB 的可用硬盘空间，建议 10GB 或更大的可用硬盘空间
驱动器	从磁盘进行安装时需要相应的 DVD 驱动器
显示器	Super-VGA（1024×768）或更高分辨率的显示器
Framework	在选择数据库引擎等操作时，　.NET Framework 4.6.2 是 SQL Server 2019 运行所必需的组件。此组件可以单独安装
Windows PowerShell	对于数据库引擎组件和 SQL Server Management Studio 而言，Windows PowerShell 2.0 是安装必备的一个组件

1.3.2　安装 SQL Server 2019

确认完安装环境的具体需求和所需安装的组件后，本小节将带领读者逐步完成 SQL Server 2019 的安装。

01 双击已下载好的 SQL Server 2019 Evaluation Edition 安装程序，即可打开【选择安装类型】对话框，在其中选择要安装的类型，这里选择【自定义】类型，如图 1-1 所示。

图 1-1　选择【自定义】安装类型

02 打开【指定 SQL Server 媒体下载目标位置】对话框，在其中设置 SQL Server 的安装语言以及媒体位置，再单击【安装】按钮，如图 1-2 所示。

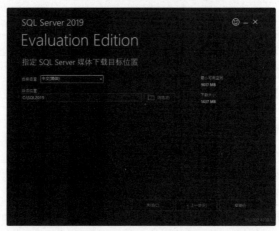

图 1-2　指定 SQL Server 媒体下载目标位置

03 开始下载 SQL Server 2019 的安装程序，下载完成后，就会提示用户开始安装 SQL Server，如图 1-3 所示。

图 1-3　下载成功后的界面

04 进入【SQL Server 2019 安装中心】窗口，单击左侧的【安装】选项，该选项中包含了多种功能，如图 1-4 所示。

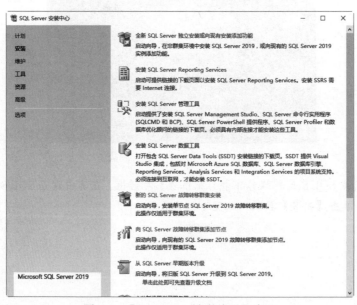

图 1-4　【SQL Server 安装中心】窗口

提 示
安装时读者可以使用购买的安装盘进行安装，也可以从微软的网站上下载相关的安装程序（微软提供一个 180 天的免费企业试用版，该版本包含所有企业版的功能，用户付费后即可随时直接激活为正式版本）。

05 在【安装】选项中选择【全新 SQL Server 独立安装或向现有安装添加功能】选项，打开【产品更新】对话框，提示用户是否有产品更新信息，单击【下一步】按钮，如图 1-5 所示。

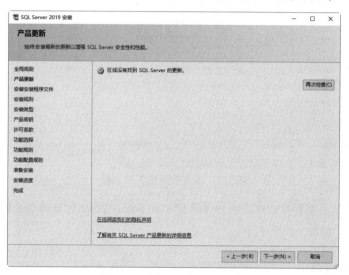

图 1-5 【产品更新】对话框

06 打开【安装安装程序文件】对话框，该对话框中包含下载、提取以及安装 SQL Server 程序所需的组件，安装过程如图 1-6 所示。

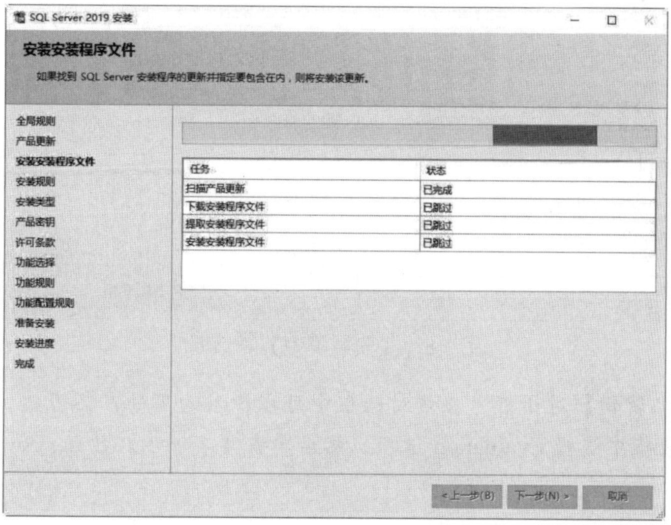

图 1-6 【安装安装程序文件】对话框

07 安装完安装程序文件之后，安装程序将自动进行第二次支持规则的检测，全部通过之后单击【下一步】按钮，进入【安装规则】对话框，再单击【下一步】按钮，如图1-7所示。

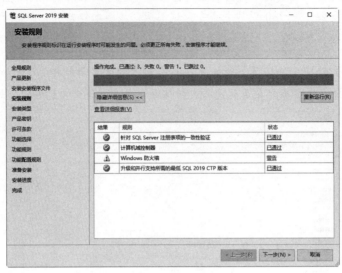

图1-7 【安装规则】对话框

08 进入【安装类型】对话框，单击【执行 SQL Server 2019 的全新安装】单选按钮，然后单击【下一步】按钮，如图1-8所示。

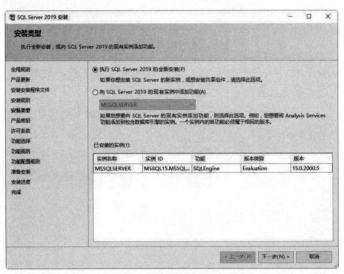

图1-8 【安装类型】对话框

09 进入【产品密钥】对话框，在该对话框中可以输入购买的产品密钥。如果是使用体验版本，可以在下拉列表框中选择 Evaluation 选项，然后单击【下一步】按钮，如图1-9所示。

图 1-9 【产品密钥】对话框

⑩ 打开【许可条款】对话框,勾选该对话框中的【我接受许可条款】复选框,然后单击【下一步】按钮,如图 1-10 所示。

图 1-10 【许可条款】对话框

⑪ 打开【功能选择】对话框,如果需要安装某项功能,则勾选对应功能前面的复选框,也可以使用下面的【全选】或者【全部不选】按钮来选择,然后单击【下一步】按钮,如图 1-11 所示。

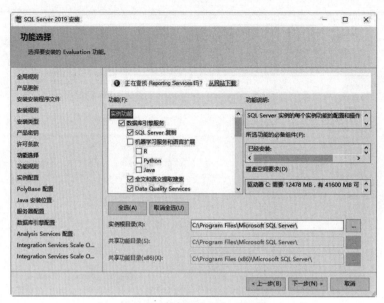

图 1-11 【功能选择】对话框

12 打开【实例配置】对话框，在安装 SQL Server 的系统中可以配置多个实例，每个实例必须有唯一的名称，这里单击【默认实例】单选按钮，然后单击【下一步】按钮，如图 1-12 所示。

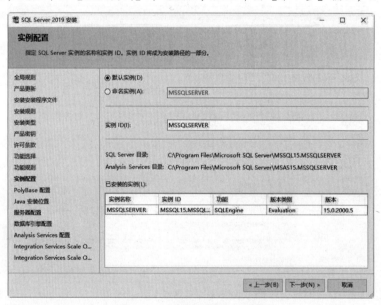

图 1-12 【实例配置】对话框

13 打开【PolyBase 配置】对话框，在其中可以指定 PolyBase 扩大选项和端口范围，单击【下一步】按钮，如图 1-13 所示。

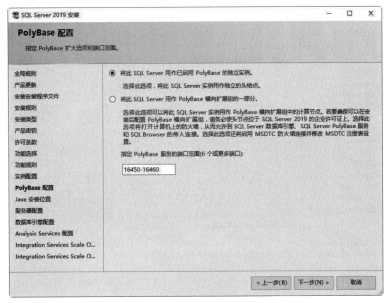

图 1-13 【PolyBase 配置】对话框

14 打开【Java 安装位置】对话框，在其中指定 SQL Server 中 Java 的安装位置，单击【下一步】按钮，如图 1-14 所示。

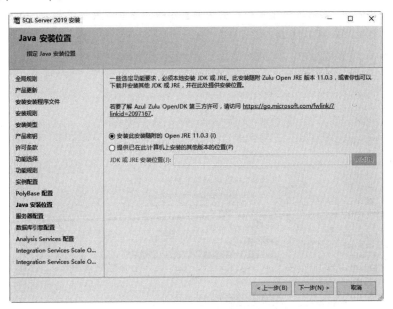

图 1-14 【Java 安装位置】对话框

15 打开【服务器配置】对话框，设置使用 SQL Server 各种服务的用户，单击【下一步】按钮，如图 1-15 所示。

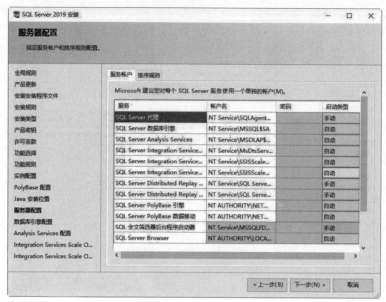

图 1-15　【服务器配置】对话框

16 打开【数据库引擎配置】对话框，对话框中显示了 SQL Server 的身份验证模式，这里选择第二种混合模式，此时需要为 SQL Server 的系统管理员设置登录密码，此后可以使用两种不同的方式登录 SQL Server。然后单击【添加当前用户】按钮，将当前用户添加为 SQL Server 管理员。单击【下一步】按钮，如图 1-16 所示。

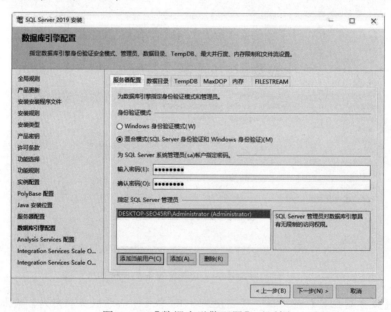

图 1-16　【数据库引擎配置】对话框

17 打开【Analysis Services 配置】对话框，同样在该界面中单击【添加当前用户】按钮，将当前用户添加为 SQL Server 管理员，然后单击【下一步】按钮，如图 1-17 所示。

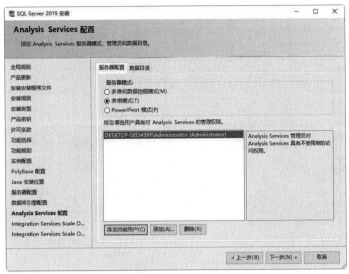

图 1-17 【Analysis Services 配置】对话框

18 打开【Integration Services Scale Out 配置-主节点】对话框，在该界面中指定 Scale Out 主节点的端口号和安全证书，单击【下一步】按钮，如图 1-18 所示。

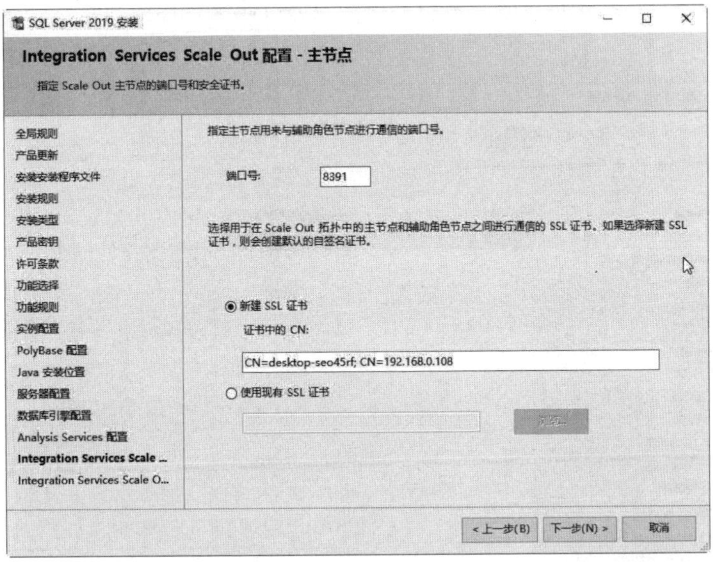

图 1-18 【Integration Services Scale Out 配置-主节点】对话框

19 打开【Integration Services Scale Out 配置-辅助角色节点】对话框，在其中指定 Scale Out 辅助角色节点所使用的主节点端点和安全证书，单击【下一步】按钮，如图 1-19 所示。

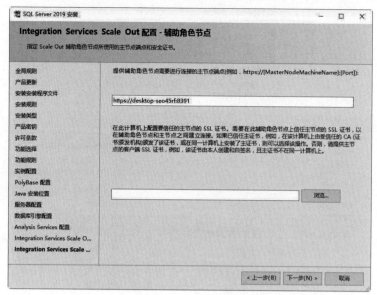

图 1-19 【Integration Services Scale Out 配置-辅助角色节点】对话框

20 打开【Distributed Replay 控制器】对话框，指定 Distributed Replay 控制器服务的访问权限。单击【添加当前用户】按钮，将当前用户添加为具有上述权限的用户，单击【下一步】按钮，如图 1-20 所示。

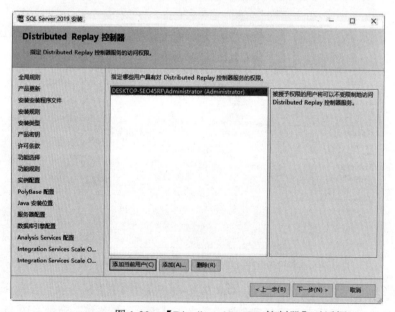

图 1-20 【Distributed Replay 控制器】对话框

21 打开【Distributed Replay 客户端】对话框，为 Distributed Replay 客户端指定相应的控制器和数据目录，单击【下一步】按钮，如图 1-21 所示。

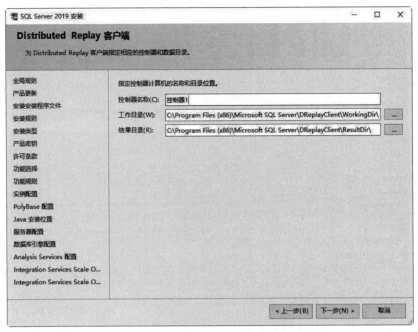

图 1-21　【Distributed Replay 客户端】对话框

22　打开【准备安装】对话框，该对话框中描述了将要进行的全部安装过程和安装路径，单击【安装】按钮开始进行安装，如图 1-22 所示。

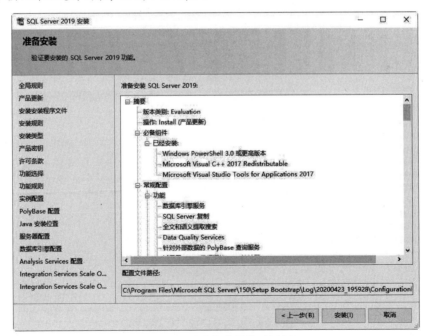

图 1-22　【准备安装】对话框

23　在打开的【安装进度】对话框中显示安装的进度，如图 1-23 所示。

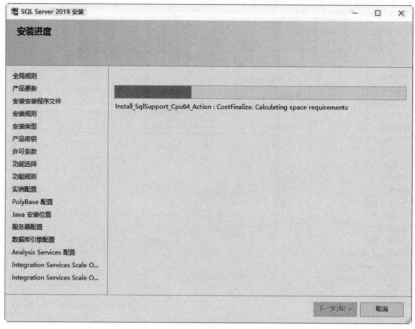

图 1-23　SQL Server 2019 安装进度

24 安装完成后，单击【关闭】按钮完成 SQL Server 2019 的安装过程，如图 1-24 所示。

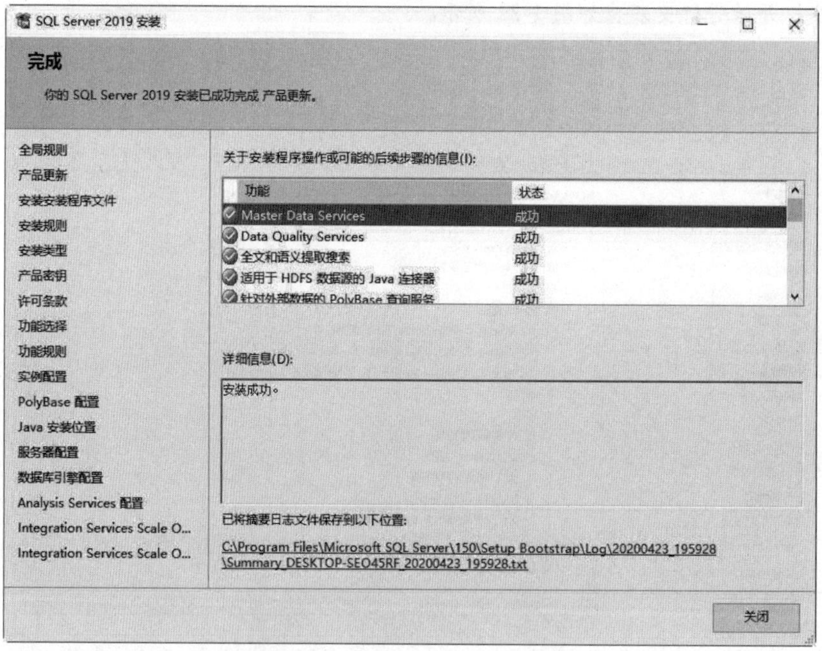

图 1-24　安装【完成】对话框

1.4 安装 SQL Server Management Studio

　　SQL Server 2019 提供了图形用户界面的数据库开发和管理工具，该工具就是 SQL Server Management Studio（SSMS），它是 SQL Server 提供的一种集成开发环境。SSMS 工具简易直观，可以使用该工具访问、配置、控制、管理和开发 SQL Server 的所有组件，极大地方便了各种开发人员和管理人员对 SQL Server 的访问。

　　默认情况下，SQL Server Management Studio 没有被安装，本节将讲述其安装的具体步骤：

01 在 SQL Server 2019 的【SQL Server 安装中心】窗口中，单击左侧的【安装】选项，然后单击【安装 SQL Server 管理工具】选项，如图 1-25 所示。

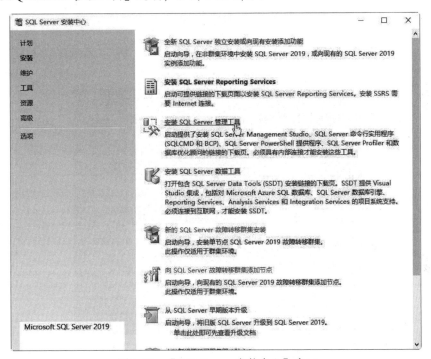

图 1-25　【SQL Server 安装中心】窗口

02 在打开的页面中单击【下载 SQL Server Management Studio（ssms）】链接，如图 1-26 所示。

图 1-26　SQL Server Management Studio 的下载界面

03　下载完成后，双击下载文件 SSMS-Setup-CHS.exe，打开安装界面，单击【安装】按钮，如图 1-27 所示。

图 1-27　SQL Server Management Studio 的安装界面

04　系统开始自动安装并显示安装进度，如图 1-28 所示。

图 1-28　开始安装 Microsoft SQL Server Management Studio

05　安装完成后，单击【关闭】按钮即可，如图 1-29 所示。

图 1-29 安装完成

1.5 SSMS 基本操作

熟练使用 SSMS 是身为一个 SQL Server 开发者的必备技能，本节将从以下 SSMS 的启动与连接、使用模板资源管理器、配置 SQL Server 服务器的属性和查询编辑器这几个方面来介绍 SSMS。

1.5.1 SSMS 的启动与连接

SQL Server 安装到系统中之后，将作为一个服务由操作系统监控，而 SSMS 是作为一个单独的进程运行的，安装好 SQL Server 2019 之后，可以打开 SQL Server Management Studio 并且连接到 SQL Server 服务器，具体操作步骤如下：

01 单击【开始】按钮，在弹出的菜单中选择【所有程序】→【Microsoft SQL Server Tools 18】→【Microsoft SQL Server Management Studio 18】菜单命令，打开 SQL Server 的【连接到服务器】对话框，选择完相关信息之后，单击【连接】按钮，如图 1-30 所示。

图 1-30 【连接到服务器】对话框

在【连接到服务器】对话框中有如下几项内容：

● 服务器类型：根据安装的 SQL Server 的版本，这里可能有多种不同的服务器类型，本书主要讲解数据库服务，所以这里选择【数据库引擎】。

- 服务器名称：下拉列表框中列出了所有可以连接的服务器的名称，这里的 DESKTOP-SEO45RF 为笔者主机的名称，表示连接到一个本地主机；如果要连接到远程数据服务器，则需要输入服务器的 IP 地址。

- 身份验证：最后一个下拉列表框中指定连接类型，如果设置了混合验证模式，可以在下拉列表框中使用 SQL Server 身份登录，此时，将需要输入用户名和密码；如果在安装过程中指定使用 Windows 身份验证，可以选择【Windows 身份验证】。

02 连接成功后则进入 SSMS 的主界面，该界面左侧显示了【对象资源管理器】窗口，如图 1-31 所示。

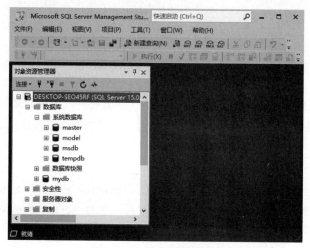

图 1-31　SSMS 图形界面

03 查看一下 SSMS 界面中的【已注册的服务器】窗口，选择【视图】→【已注册的服务器】菜单命令。如图 1-32 所示，该窗口中显示了所有已经注册的 SQL Server 服务器。

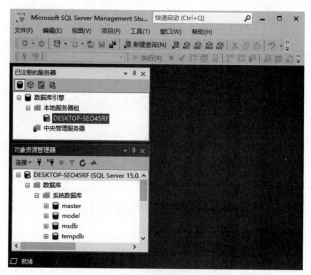

图 1-32　【已注册的服务器】窗口

04 如果用户需要注册一个其他服务，可以右击【本地服务器组】节点，在弹出的快捷菜单中选择【新建服务器注册】菜单命令，如图 1-33 所示。

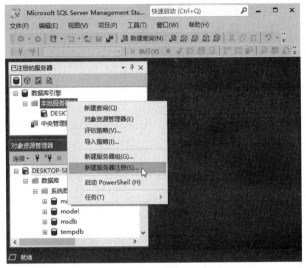

图 1-33 【新建服务器注册】菜单命令

1.5.2 使用模板资源管理器

模板资源管理器可以用来访问 SQL 代码模板，使用模板提供的代码，省去了用户在开发时每次都要输入基本代码的工作，使用模板资源管理器的方法如下：

01 进入 SSMS 主界面之后，选择【视图】→【模板资源管理器】菜单命令，打开【模板浏览器】窗口，如图 1-34 所示。

02 模板资源管理器按代码类型进行分组，比如对数据库的相关操作都放在 Database 目录下，用户可以双击 Database 目录下的 Create Database 模板，如图 1-35 所示。

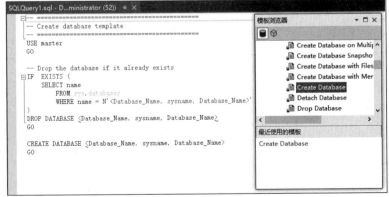

图 1-34 【模板浏览器】窗口　　　　　图 1-35 Create Database 代码模板的内容

03 将光标定位到左侧窗口，此时 SSMS 的菜单中将会多出来一个【查询】菜单，选择【查询】→【指定模板参数的值】菜单命令，如图 1-36 所示。

04 打开【指定模板参数的值】对话框，在【值】文本框中输入 test，如图 1-37 所示。

图 1-36　【指定模板参数的值】菜单命令　　　图 1-37　【指定模板参数的值】对话框

05 输入完成之后，单击【确定】按钮，返回代码模板的查询编辑窗口，此时模板中的代码发生了变化，此前代码中的 Database_Name 值都被 test 值所取代。然后选择【查询】→【执行】命令，SSMS 将根据刚才修改过的代码创建一个新的名称为 test 的数据库，如图 1-38 所示。

图 1-38　修改代码后的效果

1.5.3　配置 SQL Server 服务器的属性

对服务器进行优化配置可以保证 SQL Server 2019 服务器安全、稳定、高效地运行。配置时主要从内存、安全性、数据库设置和权限 4 个方面进行考虑。

配置 SQL Server 2019 服务器的具体操作步骤如下：

01 首先启动 SSMS，在【对象资源管理器】窗口中选择当前登录的服务器，右击并在弹出的快捷菜单中选择【属性】菜单命令，如图 1-39 所示。

02 打开【服务器属性】对话框，在该对话框左侧的【选择页】中可以看到当前服务器的所有选项：常规、内存、处理器、安全性、连接、数据库设置、高级和权限。其中【常规】选项中的内容不能修改，这里列出服务器名称、产品信息、操作系统、平台、版本、语言、内存、处理器、根目录等固有属性信息，而其他 7 个选项包含了服务器端的可配置信息，如图 1-40 所示。

 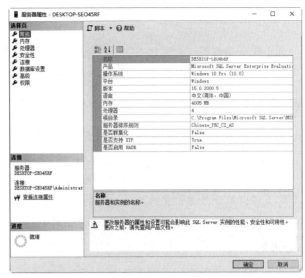

图 1-39　选择【属性】菜单命令　　　　　图 1-40　【服务器属性】对话框

其他 7 个选项的具体配置方法如下。

1. 内存

在【选择页】列表中选择【内存】选项，该选项卡中的内容主要用来根据实际要求对服务器内存大小进行配置与更改，这里包含内容有：服务器内存选项、其他内存选项、配置值和运行值，如图 1-41 所示。

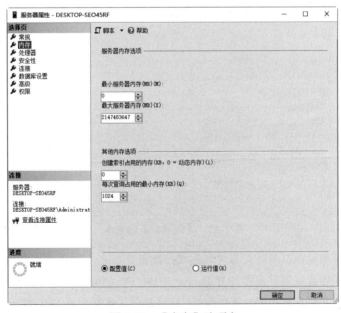

图 1-41　【内存】选项卡

（1）服务器内存选项

● 最小服务器内存：分配给 SQL Server 的最小内存量，低于该值的内存不会被释放。
● 最大服务器内存：分配给 SQL Server 的最大内存量。

（2）其他内存选项

● 创建索引占用的内存：指定在创建索引排序过程中要使用的内存量，数值 0 表示由操作系统动态分配。
● 每次查询占用的最小内存：为执行查询操作分配的内存量，默认值为 1024KB。
● 配置值：显示并运行更改选项卡中的配置内容。
● 运行值：查看本对话框中选项的当前运行的值。

2. 处理器

在【选择页】列表中选择【处理器】选项，在该选项卡中可以查看或修改 CPU 选项，一般来说，只有安装了多个处理器才需要配置此项。选项卡中有以下选项：自动设置所有处理器的处理器关联掩码、自动设置所有处理器的 I/O 关联掩码、处理器关联、I/O 关联和最大工作线程数，如图 1-42 所示。

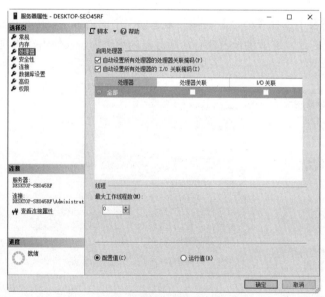

图 1-42　【处理器】选项卡

● 自动设置所有处理器的处理器关联掩码：设置是否允许 SQL Server 设置处理器关联。如果启用，操作系统将自动为 SQL Server 2019 分配 CPU。
● 自动设置所有处理器的 I/O 关联掩码：此项是设置是否允许 SQL Server 设置 I/O 关联。如果启用，操作系统将自动为 SQL Server 2019 分配磁盘控制器。
● 处理器关联：对于操作系统而言，为了执行多任务，同进程可以在多个 CPU 之间移动，提高处理器的效率，但对于高负荷的 SQL Server 而言，该活动会降低其性能，因为会导致数据的不断重新加载。这种线程与处理器之间的关联就是"处理器关联"。如果将每个处理器分配给特定线程，那么就会消除处理器重新加载的需要以及减少处理器之间的线程迁移。

- I/O 关联：与处理器关联类似，设置是否将 SQL Server 磁盘 I/O 绑定到指定的 CPU 子集。
- 最大工作线程数：允许 SQL Server 动态设置工作线程数，默认值为 0。一般来说，不用修改该值。

3. 安全性

在【选择页】列表中选择【安全性】选项，此选项卡中的内容主要为了确保服务器的安全运行，可以配置的内容有：服务器身份验证、登录审核、服务器代理账户和选项，如图 1-43 所示。

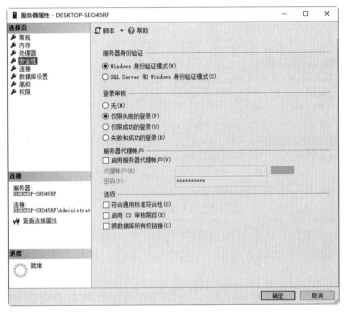

图 1-43　【安全性】选项卡

（1）服务器身份验证：表示在连接服务器时采用的验证方式，默认在安装过程中设定为【Windows 身份验证模式】，也可以采用【SQL Server 和 Windows 身份验证模式】的混合模式。

（2）登录审核：对用户是否登录 SQL Server 2019 服务器的情况进行审核。

（3）服务器代理账户：是否启用服务器代理账户。

（4）【选项】选项组：

- 符合通用标准符合性：是否启用通用条件。
- 启用 C2 审核跟踪：是否启用 C2 审核跟踪。
- 跨数据库所有权链接：是否允许数据库成为跨数据库所有权限的源或目标。

注　意
更改安全性配置之后需要重新启动服务。

4. 连接

在【选择页】列表中选择【连接】选项，此选项卡中有以下选项：最大并发连接数、使用查询调控器防止查询长时间运行、默认连接选项、允许远程连接到此服务器和需要将分布式事务用于服务器到服务器的通信，如图 1-44 所示。

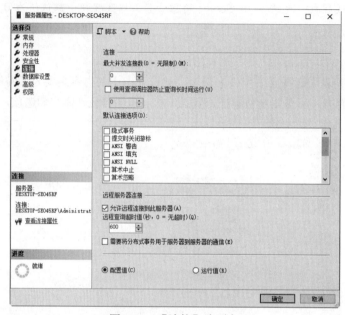

图 1-44　【连接】选项卡

（1）最大并发连接数：默认值为 0，表示无限制。也可以输入数字来限制 SQL Server 2019 允许的连接数。注意，如果将此值设置过小，可能会阻止管理员进行连接，但是"专用管理员连接"始终可以连接。

（2）使用查询调控器防止查询长时间运行：为了避免使用 SQL 查询语句执行过长时间，导致 SQL Server 服务器的资源被长时间占用，可以设置此项。选择此项后输入最长的查询运行时间，超过这个时间后，会自动中止查询，以释放更多的资源。

（3）默认连接选项：默认连接选项的内容比较多，各个选项的作用如表 1-2 所示。

表 1-2　默认连接选项

配置选项	作用
隐式事务	控制在运行一条语句时，是否隐式启动一项事务
提交时关闭游标	控制执行提交操作后游标的行为
ANSI 警告	控制集合警告中的截断和 NULL
ANSI 填充	控制固定长度的变量的填充
ANSI NULLS	在使用相等运算符时控制 NULL 的处理
算术终止	在查询执行过程中发生溢出或被零除错误时终止查询
算术忽略	在查询过程中发生溢出或被零除错误时返回 NULL

（续表）

配置选项	作用
带引号的标识符	计算表达式时区分单引号和双引号
未计算	关闭在每条语句执行后所返回的说明有多少行受影响的消息
null 默认启用	更改会话的行为，使用 ANSI 兼容为空性。未显式定义为空性的新列定义为允许使用空值
null 默认禁用	更改会话的行为，不使用 ANSI 兼容为空性。未显式定义为空性的新列定义为不允许使用空值
串联 null 时得到 null	当将 NULL 值与字符串连接时返回 NULL
数值舍入中止	当表达式中出现失去精度的情况时生成错误
Xact 中止	如果 Transact-SQL 语句（简称 T-SQL 语句）引发运行时错误，则回滚事务

（4）允许远程连接到此服务器：选中此项则允许从运行的 SQL Server 实例的远程服务器控制存储过程的执行。远程查询超时值是指定在 SQL Server 超时之前远程操作可执行的时间，默认为 600 秒。

（5）需要将分布式事务用于服务器到服务器的通信：选中此项则允许通过 Microsoft 分布式事务处理协调器（MS DTC），保护服务器到服务器过程的操作。

5. 数据库设置

在【选择页】列表中选择【数据库设置】选项，该选项卡可以设置针对该服务器上的全部数据库的一些选项，包含默认索引填充因子、默认备份介质保留期（天）、备份和还原、恢复和数据库默认位置、配置值和运行值等，如图 1-45 所示。

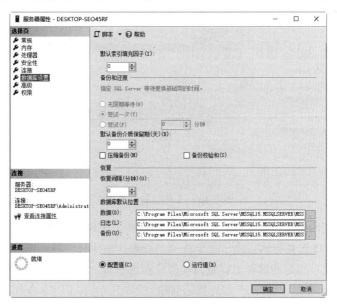

图 1-45　数据库设置

（1）默认索引填充因子：指定在 SQL Server 使用目前数据创建新索引时对每一页的填充程度。索引的填充因子就是规定向索引页中插入索引数据最多可以占用的页面空间。例如填充因子为 70%，那么在向索引页面中插入索引数据时最多可以占用页面空间的 70%，剩下 30%的空间保留给索引的数据更新时使用。默认值为 0，有效值为 0~100。

（2）备份和还原：指定 SQL Server 等待更换新磁带的时间。

- 无限期等待：SQL Server 在等待新备份磁带时永不超时。
- 尝试一次：是指如果需要备份磁带时，但它却不可用，那么 SQL Server 将超时。
- 尝试：它的分钟数是指如果备份磁带在指定的时间内不可用，SQL Server 将超时。

（3）默认备份介质保持期（天）：指在用于数据库备份或事务日志备份后每一个备份媒体的保留时间。此选项可以防止在指定的日期前覆盖备份。

（4）恢复：设置每个数据库恢复时所需的分钟数。数值 0 表示让 SQL Server 自动配置。

（5）数据库默认位置：指定数据文件和日志文件的默认位置。

6. 高级

【高级】选项卡中包含许多选项，如图 1-46 所示。

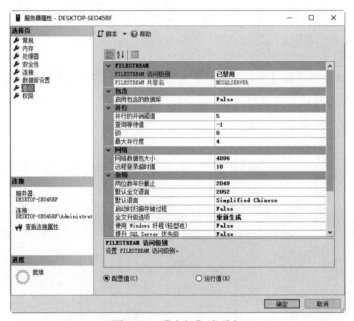

图 1-46 【高级】选项卡

（1）并行的开销阈值：指定数值，单位为秒，如果一条 SQL 查询语句的开销超过这个数值，那么就会启用多个 CPU 来并行执行高于这个数值的查询，以优化性能。

（2）查询等待值：指定在超时之前查询等待资源的秒数，有效值为 0~2 147 483 647。默认值为-1，其意思是按估计查询开销的 25 倍计算超时值。

（3）锁：设置可用锁的最大数目，以限制 SQL Server 为锁分配的内存量。默认值为 0，表示允许 SQL Server 根据系统要求来动态分配和释放锁。

（4）最大并行度：设置执行并行计划时能使用的 CPU 的数量，最大值为 64。0 值表示使用所有可用的处理器；1 值表示不生成并行计划。默认值为 0。

（5）网络数据包大小：设置整个网络使用的数据包的大小，单位为字节。默认值为 4096 字节。

> **技 巧**
>
> 如果应用程序经常执行大容量复制操作或者是发送、接收大量的文本数据（text）和图像（image）数据，则可以将此值设置大一点。如果应用程序接收和发送的信息量都很小，那么可以将其设为 512 字节。

（6）远程登录超时值：指定从远程登录尝试失败返回之前等待的秒数。默认值为 20 秒，如果设为 0，则允许无限期等待。此项设置影响为执行异类查询所创建的与 OLE DB 访问接口的连接。

（7）两位数年份截止：指定从 1753~9999 之间的整数，该整数表示将两位数年份解释为四位数年份的截止年份。

（8）默认全文语言：指定全文索引列的默认语言。全文索引数据的语言分析取决于数据的语言。默认值为服务器的语言。

（9）默认语言：指定默认情况下所有新创建的登录名使用的语言。

（10）启动时扫描存储过程：指定 SQL Server 将在启动时是否扫描并自动执行存储过程。如果设为 TRUE，则 SQL Server 在启动时将扫描并自动运行服务器上定义的所有存储过程。

7. 权限

【权限】选项卡用于授予或撤销账户对服务器的操作权限，如图 1-47 所示。

图 1-47 【权限】选项卡

【登录名或角色】列表框中显示的是多个可以设置权限的对象。

在【显式】列表框中，可以看到【登录名或角色】列表框中对象的权限。在【登录名或角色】列表框中选择不同的对象，在【显式】的列表框中会有不同的权限显示。此处可以为【登录名或角色】列表框中的对象设置权限。

1.5.4 查询编辑器

通过 SSMS 图形用户界面的工具可以操作数据和创建对象等，而 SQL 代码可以通过图形工具的各个选项来执行。当然，也可以使用 Transact-SQL 语句编写程序代码，SSMS 中的查询编辑器就是用来帮助用户编写 Transact-SQL 语句的工具，这些语句可以直接在编辑器中执行，用于查询、操作数据等。即使在用户未连接到服务器时，也可以编写和编辑程序代码。

在前面介绍模板资源时，双击某个文件之后，就是用查询编辑器来打开的，下面将介绍编辑器的用法和在编辑器中操作数据库的过程。具体操作步骤如下：

01 在 SSMS 窗口中选择【文件】→【新建】→【项目】菜单命令，如图 1-48 所示。

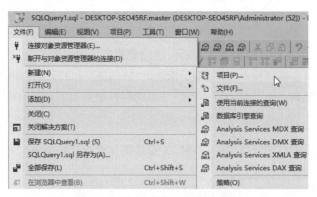

图 1-48 选择【项目】菜单命令

02 打开【新建项目】对话框，选择【SQL Server 脚本 SQL Server Management Studio 项目】选项，单击【确定】按钮，如图 1-49 所示。

图 1-49 【新建项目】对话框

03 在工具栏中单击【新建查询】按钮，将在查询编辑器中打开一个后缀为.sql 的文件，其中没有任何代码，如图 1-50 所示。

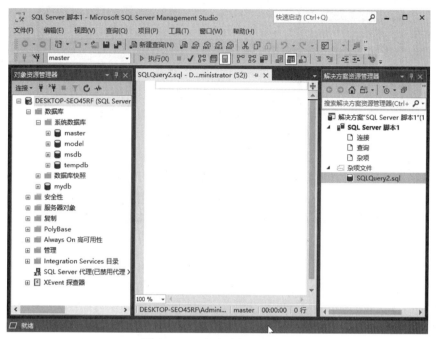

图 1-50 "查询编辑器"窗口

04 在"查询编辑器"窗口中输入下面的 Transact-SQL 语句，如图 1-51 所示。

```
CREATE  DATABASE  test_db          --数据库名称为test_db
ON
 (
   NAME = test_db,                 --数据库主数据文件名为test
   FILENAME = 'C:\SQL Server 2019\test_db.mdf',    --主数据文件存储的位置
   SIZE = 6,                       --数据文件大小，默认单位为MB
   MAXSIZE = 10,                   --最大增长空间，默认单位为MB
   FILEGROWTH = 1                  --文件每次的增长大小，默认单位为MB
 )
 LOG ON                           --创建日志文件
(
 NAME = test_log,
 FILENAME = 'C:\SQL Server 2019\test_db_log',
 SIZE = 1MB,
 MAXSIZE = 2MB,
 FILEGROWTH = 1
 )
GO
```

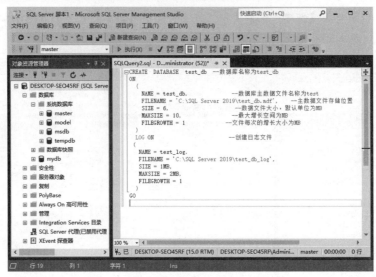

图 1-51　输入相关语句

05　输入完成之后，选择【文件】→【保存 SQLQuery2.sql】命令，保存该.sql 文件，另外，用户也可以单击工具栏上的【保存】按钮或者直接按【Ctrl+S】组合键，如图 1-52 所示。

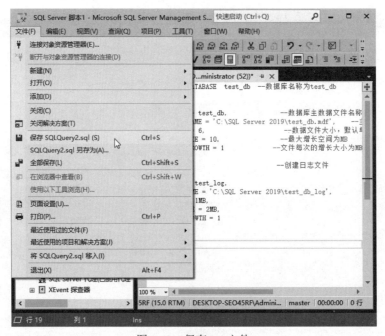

图 1-52　保存.sql 文件

06　打开【另存文件为】对话框，设置完保存的路径和文件名后，单击【保存】按钮，如图 1-53 所示。

07　.sql 文件保存成功之后，单击工具栏中的【执行】 ┃执行(X) 按钮，或者直接按 F5 键，将会执行.sql 文件中的代码，执行之后，在消息窗口中将提示命令已成功执行，同时在"C:\ SQL Server

2019\"目录下创建了两个数据库文件，其名称分别为 test_db.mdf 和 test_db_log，如图 1-54 所示。

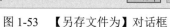

图 1-53 【另存文件为】对话框

图 1-54 查看创建的数据库文件

提　示
在执行这段代码的时候必须要保证"C:\SQL Server 2019\"目录已存在，否则代码执行过程会出错。

1.6 本章小结

本章介绍了 SQL Server 2019 的优势和组成，SQL Server 2019 数据管理平台包括数据库引擎、分析服务、集成服务和报表服务等。SQL Server 2019 有多个不同的版本，只有了解了各版本对软硬件的需求之后，才能选择正确的安装版本。读者通过本章的学习，将了解安装 SQL Server 2019 需要的步骤，以及如何选择每个步骤遇到的各个参数。最后介绍了 SQL Server 2019 中强大的图形用户界面的管理工具 SSMS，该工具是 SQL Server 2019 中用得最多的工具，该工具也极大地降低了数据库学习的难度，有利于读者快速地掌握数据库管理系统。

1.7 经典习题

1. 简述 SQL Server 2019 数据库的组成。
2. SQL Server 2019 都有哪些版本，各个版本都有什么特点？

第2章 数据库的操作

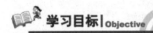**学习目标|** Objective

数据的操作只有在创建了数据库和数据表之后才能进行。本章将介绍数据库的基本操作，通过本章的学习，将掌握 SQL Server 2019 中数据库的组成，SQL Server 中的系统数据库以及如何创建和管理数据库。

**内容导航|** Navigation

- 了解数据库的组成元素
- 熟悉 SQL Server 2019 的系统数据库
- 掌握创建数据库的各种方法
- 掌握管理数据库的基本方法

2.1 数据库组成

对于数据库的概念，没有一个完全固定的定义，随着数据库历史的发展，定义的内容也有很大的差异，其中一种比较普遍的观点认为，数据库是一个长期存储在计算机内的、有组织的、有共享的、统一管理的数据集合。它是一个按数据结构来存储和管理数据的计算机软件系统。即数据库包含两层含义：第一层是保管数据的"仓库"；第二层是数据管理的方法和技术。

随着计算机网络的普及与发展，SQL Server 等远程数据库也得到了普遍的应用。

数据库的存储结构分为逻辑存储结构和物理存储结构。

- 逻辑存储结构：说明数据库是由哪些性质的信息所组成。SQL Server 的数据库不仅仅只是数据的存储，所有与数据处理操作相关的信息都存储在数据库中。
- 物理存储结构：讨论数据库文件在磁盘中是如何存储的。数据库在磁盘上是以文件为单位存储的，由数据库文件和事务日志文件组成，一个数据库至少应该包含一个数据库文件和一个事务日志文件。

SQL Server 数据库管理系统中的数据库文件是由数据文件和日志文件组成的，数据文件以盘区为单位存储在存储器中。

2.1.1 数据库文件

数据库文件是指数据库中用来存放数据库数据和数据库对象的文件，一个数据库可以有一个或多个数据库文件，一个数据库文件只能属于一个数据库。当有多个数据库文件时，有一个文件被定为主数据库文件，它用来存储数据库的启动信息和部分或者全部数据，一个数据库只能有一个主数据库文件。数据库文件则划分为不同的页面和区域，页是 SQL Server 存储数据的基本单位。

主数据文件是数据库的起点，指向数据库文件的其他部分，每个数据库都有一个主要数据文件，其扩展名为.mdf。

次数据文件包含除主数据库文件外的所有数据文件，一个数据库可以没有次数据文件，但也可能有多个次数据文件，次数据文件的扩展名为.ndf。

2.1.2　日志文件

SQL Server 的日志文件是由一系列日志记录组成，日志文件中记录了存储数据库及更新情况等事务日志信息，用户对数据库进行的插入、删除和更新等操作也都会记录在日志文件中。当数据库发生损坏时，可以根据日志文件来分析出错的原因，或者数据丢失时，还可以使用事务日志恢复数据库。每一个数据库至少拥有一个事务日志文件，并且允许拥有多个日志文件。

SQL Server 2019 不强制使用.mdf、.ndf 或者.ldf 作为文件的扩展名，但建议使用这些扩展名帮助标识文件的用途。在 SQL Server 2019 中，数据库中的所有文件的位置都记录在 master 数据库和该数据库的主数据文件中。

2.2　系统数据库

SQL Server 服务器安装完成之后，打开 SSMS 工具，在【对象资源管理器】中的【数据库】节点下面的【系统数据库】节点，可以看到几个已经存在的数据库，这些数据库在 SQL Server 安装到系统中之后就创建好了，本节将分别介绍这几个系统数据库的作用。

2.2.1　master 数据库

Master 数据库是 SQL Server 2019 中最重要的数据库，是整个数据库服务器的核心。用户不能直接修改该数据库，如果损坏了 master 数据库，那么整个 SQL Server 服务器将不能工作。该数据库中包含所有用户的登录信息、用户所在的组、所有系统的配置选项、服务器中本地数据库的名称和信息、SQL Server 的初始化方式等内容。作为一个数据库管理员，应该定期备份 master 数据库。

2.2.2　model 数据库

model 数据库是 SQL Server 2019 中创建数据库的模板，如果用户希望创建的数据库有相同的初始化文件大小，则可以在 model 数据库中保存文件大小的信息；希望所有的数据库中都有一个相同的数据表，同样也可以将该数据表保存在 model 数据库中。因为将来创建的数据库都以 model 数据库中的数据为模板，因此在修改 model 数据库之前要考虑到，任何对 model 数据库中数据的修改都将影响所有使用模板创建的数据库。

2.2.3　msdb 数据库

msdb 数据库提供运行 SQL Server Agent 工作的信息。SQL Server Agent 是 SQL Server 中的一

个 Windows 服务，该服务用来运行制定的计划任务。计划任务其实是在 SQL Server 中定义的一个程序，该程序不需要干预即可自动开始执行。与 tempdb 和 model 数据库一样，在使用 SQL Server 时也不要直接修改 msdb 数据库，SQL Server 中的一些程序会自动使用该数据库。例如，当用户对数据进行存储或者备份时，msdb 数据库会记录与这些任务相关的一些信息。

2.2.4　tempdb 数据库

tempdb 数据库是 SQL Server 中的一个临时数据库，用于存放临时对象或中间结果，SQL Server 关闭后，该数据库中的内容将被清空，当重新启动服务器后，tempdb 数据库又将被重建。

2.3　创建数据库

数据库的创建过程实际上就是数据库的逻辑设计到物理实现过程。在 SQL Server 中创建数据库有两种方法：在 SQL Server 管理器（SSMS）中使用对象资源管理器创建；使用 Transact-SQL 语句创建。用这两种方法创建数据库有各自的优缺点，用户可以根据自己的喜好，灵活选择使用不同的方法。对于不熟悉 Transact-SQL 语句的用户来说，可以使用 SQL Server 管理器提供的生成向导来创建数据库。下面将介绍这两种方法的创建过程。

2.3.1　使用对象资源管理器创建数据库

在使用对象资源管理器创建之前，首先要启动 SSMS，然后登录到数据库服务器。SQL Server 安装成功之后，默认情况下数据库服务器会随着系统自动启动；如果没有启动，则用户在连接数据库时，数据库服务器也会随之自动启动。

数据库连接成功之后，在左侧的【对象资源管理器】窗口中打开【数据库】节点，可以看到服务器中的【系统数据库】节点，如图 2-1 所示。

图 2-1　【数据库】节点

在创建数据库时，用户要提供与数据库有关的信息：数据库名称、数据存储方式、数据库大小、数据库的存储路径和包含数据库存储信息的文件名称。下面介绍创建过程。

01 右击【数据库】节点，在弹出的快捷菜单中选择【新建数据库】菜单命令，如图 2-2 所示。

图 2-2 【新建数据库】菜单命令

02 打开【新建数据库】对话框，在该对话框左侧的【选择页】中有 3 个选项，默认选择的是【常规】选项，右侧列出了【常规】选项卡中数据库的创建参数，输入数据库的名称和初始大小等参数，如图 2-3 所示。

图 2-3 【新建数据库】对话框

（1）数据库名称：输入 mytest 作为数据库名称。

（2）所有者：这里可以指定任何一个拥有创建数据库权限的账户。此处为默认账户（default），即当前登录到 SQL Server 的账户。用户也可以修改此处的值，如果使用 Windows 系统身份验证登录，这里的值将会是系统用户 ID；如果使用 SQL Server 身份验证登录，这里的值将会是连接到服务器的 ID。

（3）使用全文检索：如果想让数据库具有搜索特定内容的字段，需要选择此选项。

（4）逻辑名称：引用文件时使用的文件名。

（5）文件类型：表示该文件存放的内容，行数据表示这是一个数据库文件，其中存储了数据库中的数据；日志文件中记录的是用户对数据进行操作。

（6）文件组：为数据库中的文件指定文件组，可以指定的值为 PRIMARY，数据库中必须有一个主文件组（PRIMARY）。

（7）初始大小：该列下的两个值分别表示数据库文件的初始大小为 8MB，日志文件的初始大小为 8MB。

（8）自动增长/最大大小：默认情况下，在增长时不限制文件的增长极限，即不限制文件增长，这样可以不必担心数据库的维护，但在数据库出现问题时磁盘空间可能会被完全占满。因此在应用时，要根据需要设置一个合理的文件增长的最大值。

（9）路径：数据库文件和日志文件的保存位置，默认的路径值为"C:\Program Files\Microsoft SQL Server\MSSQL15.MSSQLSERVER\MSSQL\DATA"。如果要修改路径，单击路径右边带省略号的按钮，打开一个【定位文件夹】的对话框，选择想要保存数据的路径之后，单击【确认】按钮。

（10）添加按钮：添加多个数据文件或者日志文件，在单击【添加】按钮之后，将新增一行，在新增的【文件类型】列的下拉列表中可以选择文件类型，分别是【行数据】或者【日志】。

（11）删除按钮：删除指定的数据文件和日志文件。用鼠标选中想要删除的行，然后单击【删除】按钮，注意主数据文件不能被删除。

提　示
文件类型为【日志】的行与【行数据】的行所包含的信息基本相同，对于日志文件，【文件名】列的值是通过在数据库名称后面加_log 后缀而得到的，并且不能修改【文件组】列的值。 　　数据库名称中不能包含以下 Windows 不允许使用的非法字符："""、"'"、"*"、"/"、"?"、":"、"\"、"<"、">"、"-"。

03 在【选择页】列表中选择【选项】选项，该选项卡可以设置的内容如图 2-4 所示。

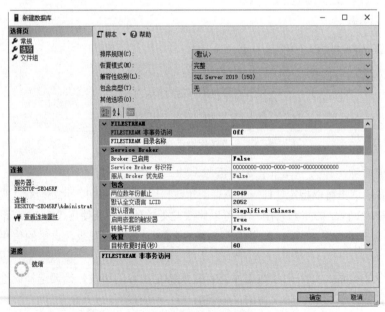

图 2-4　【选项】选项卡

（1）恢复模式

● 完整：允许发生错误时恢复数据库，在发生错误时，可以即时地使用事务日志恢复数据库。

● 大容量日志：当执行操作的数据量较大时，只记录该操作事件，并不记录插入的细节。例如，向数据库插入上万条记录数据，此时只记录了该插入操作，而对于每一行插入的内容并不记录。这种方式可以在执行某些操作时提高系统性能，但是当服务器出现问题时，只能恢复到最后一次备份的日志中的内容。

● 简单：每次备份数据库时清楚事务日志，该选项表示根据最后一次对数据库的备份进行恢复。

（2）兼容性级别

兼容性级别：是否允许建立一个兼容早期版本的数据库，如要兼容早期版本的 SQL Server，则新版本中的一些功能将不能使用。

下面的【其他选项】中还有许多其他可设置参数，这里直接使用默认值即可，在 SQL Server 的学习过程中，读者会逐步理解这些值的作用。

04 在【文件组】选项卡中，可以设置或添加数据库文件和文件组的属性，例如是否为只读，是否有默认值等，如图 2-5 所示。

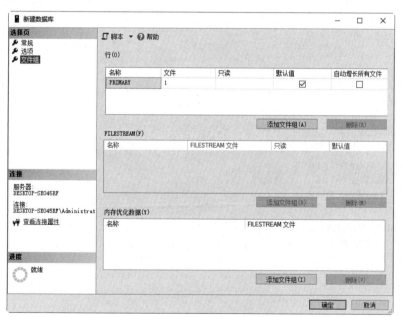

图 2-5 【文件组】选项卡

05 设置完上面的参数，单击【确定】按钮，开始创建数据库的工作，SQL Server 2019 在执行创建过程中将对数据库进行检验，如果存在一个相同名称的数据库，则创建操作失败，并提示错误信息，创建成功之后，回到 SSMS 窗口中，在【对象资源管理器】中看到新创建的名称为 mytest 的数据库，如图 2-6 所示。

图 2-6　新创建的数据库

2.3.2　使用 Transact-SQL 创建数据库

企业管理器（SSMS）是一个非常实用便捷的图形用户界面（GUI）管理工具，实际上前面进行的创建数据库的操作，SSMS 执行的就是 Transact-SQL 语言脚本，根据设定的各个选项的值在脚本中执行创建操作的过程。接下来的内容，将介绍实现创建数据库对象的 Transact-SQL 语句。SQL Server 中创建一个新数据库，以及存储该数据库文件的基本 Transact-SQL 语法格式如下：

```
CREATE DATABASE database_name
[ ON
      [ PRIMARY ] [<filespec> [ ,...n ]]
]
[ LOG ON
[<filespec> [ ,...n ]]
];


<filespec>::=
(
   NAME = logical_file_name
   [ , NEWNAME = new_logical_name ]
   [ , FILENAME = {'os_file_name' | 'filestream_path' } ]
   [ , SIZE = size [ KB | MB | GB | TB ] ]
   [ , MAXSIZE = { max_size [ KB | MB | GB | TB ] | UNLIMITED } ]
   [ , FILEGROWTH = growth_increment [ KB | MB | GB | TB| % ] ]
);
```

上述语句分析如下：

- database_name：数据库名称，不能与 SQL Server 中现有的数据库实例名称相冲突，名称中最多可以包含 128 个字符。
- ON：指定显示定义用来存储数据库中数据的磁盘文件。
- PRIMARY：指定关联的<filespec>列表定义的主文件，在主文件组<filespec>项中指定的第一个文件将生成主文件，一个数据库只能有一个主文件。如果没有指定 PRIMARY，那么 CREATE DATABASE 语句中列出的第一个文件将成为主文件。

- LOG ON：指定用来存储数据库日志的日志文件。LOG ON 后跟以逗号分隔的用以定义日志文件的 <filespec> 项列表。如果没有指定 LOG ON，将自动创建一个日志文件，其大小为该数据库的所有数据文件大小总和的 25%或 512KB，取两者之中的较大者。

- NAME：指定文件的逻辑名称。在指定 FILENAME 时，需要使用 NAME，除非指定 FOR ATTACH 子句之一。无法将 FILESTREAM 文件组命名为 PRIMARY。

- FILENAME：指定创建文件时由操作系统使用的路径和文件名，执行 CREATE DATABASE 语句前，指定的路径必须存在。

- SIZE 指定数据库文件的初始大小，如果没有为主文件提供 size, 数据库引擎将使用 model 数据库中的主文件的大小。

- MAXSIZE max_size：指定文件可增大到最大大小。可以使用 KB、MB、GB 和 TB 作为后缀，默认值为 MB。max_size 是整数值。如果不指定 max_size，则文件将不断增长直至磁盘被占满。UNLIMITED 表示文件一直增长到磁盘装满。

- FILEGROWTH：指定文件的自动增量。文件的 FILEGROWTH 设置不能超过 MAXSIZE 设置。该值可以 MB、KB、GB、TB 或百分比（%）为单位指定，默认值为 MB。如果指定%，则增量大小为发生增长时文件大小的指定百分比。值为 0 时表明自动增长被设置为关闭，不允许增加空间。

【例 2.1】创建一个数据库 sample_db，该数据库的主数据文件逻辑名为 sample_db，物理文件名称为 sample.mdf，初始大小为 5MB，最大尺寸为 30MB，增长速度为 5%；数据库日志文件的逻辑名称为 sample_log，保存日志的物理文件名称为 sample.ldf，初始大小为 1MB，最大尺寸为 8MB，增长速度为 128KB。具体操作步骤如下：

01 启动 SSMS，选择【文件】→【新建】→【使用当前连接的查询】菜单命令，如图 2-7 所示。

图 2-7 【使用当前连接的查询】菜单命令

02 在查询编辑器窗口中打开一个空的.sql 文件，将下面的 Transact-SQL 语句输入到空白文档中，如图 2-8 所示。

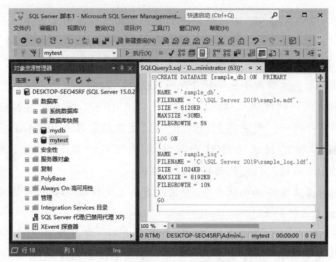

图 2-8　输入相应的 Transact-SQL 语句

```
CREATE DATABASE [sample_db] ON  PRIMARY
(
NAME = 'sample_db',
FILENAME = 'C:\SQL Server 2019\sample.mdf',
SIZE = 5120KB ,
MAXSIZE =30MB,
FILEGROWTH = 5%
)
LOG ON
(
NAME = 'sample_log',
FILENAME = 'C:\SQL Server 2019\sample_log.ldf',
SIZE = 1024KB ,
MAXSIZE = 8192KB ,
FILEGROWTH = 10%
)
GO
```

03 输入完成后，单击【执行】命令 ![执行(X)]，执行成功之后，刷新 SQL Server 2019 中的数据库节点，可以在子节点中看到新创建的名称为 sample_db 的数据库，如图 2-9 所示。

图 2-9　新创建的名为 sample_db 的数据库

　　04 选择新创建的数据库后右击，在弹出的快捷菜单中选择【属性】菜单命令，打开【数据库属性】对话框，选择【文件】选项，即可查看数据库的相关信息。可以看到，各个参数值与 Transact-SQL 语句中指定的值完全相同，就说明使用 Transact-SQL 语句创建数据库成功了，如图 2-10 所示。

图 2-10　【数据库属性】对话框

2.4　管理数据库

　　数据库的管理主要包括修改数据库、查看数据库信息、数据库更名和删除数据库。本节将介绍 SQL Server 中数据库管理的内容。

2.4.1　修改数据库

　　数据库创建以后，可能会发现有些属性不符合实际的要求，这就需要对数据库的某些属性进行修改。当然，可以重新建立一个数据库，但是这样的操作比较烦琐。可以在 SSMS 的对象资源管理器中对数据库的属性进行修改，以更改创建时的某些设置和创建时无法设置的属性。也可以使用 ALTER DATABASE 语句来修改数据库。

1. 使用对象资源管理器对数据库进行修改

　　在对象资源管理器中对数据库进行修改的步骤如下：

　　打开【数据库】节点，右击需要修改的数据库名称，在弹出的菜单中选择【属性】命令，打开指定数据库的【数据库属性】对话框，该对话框与在 SSMS 中创建数据库时打开的对话框相似，不过这里多了几个选项，分别是：更改跟踪、权限、扩展属性、镜像和事务日志传送，读者可以根据需要，分别对不同的选项卡中的内容进行设置。

2. 使用 ALTER DATABASE 语句对数据库进行修改

ALTER DATABASE 语句可以进行以下的修改：增加或删除数据文件、改变数据文件或日志文件的大小和增长方式、增加或者删除日志文件和文件组。ALTER DATABASE 语句的基本语法格式如下：

```
ALTER DATABASE database_name
{
    MODIFY NAME = new_database_name
  | ADD FILE <filespec> [ ,...n ] [ TO FILEGROUP { filegroup_name } ]
  | ADD LOG FILE <filespec> [ ,...n ]
  | REMOVE FILE logical_file_name
  | MODIFY FILE <filespec>
}
<filespec>::=
(
  NAME = logical_file_name
  [ , NEWNAME = new_logical_name ]
  [ , FILENAME = {'os_file_name' | 'filestream_path' } ]
  [ , SIZE = size [ KB | MB | GB | TB ] ]
  [ , MAXSIZE = { max_size [ KB | MB | GB | TB ] | UNLIMITED } ]
  [ , FILEGROWTH = growth_increment [ KB | MB | GB | TB| % ] ]
  [ , OFFLINE ]
);
```

上述语句分析如下：

- database_name：要修改的数据库名称。
- MODIFY NAME：指定新的数据库名称。
- ADD FILE：向数据库中添加文件。
- TO FILEGROUP { filegroup_name }：将指定文件添加到的文件组。filegroup_name 为文件组名。
- ADD LOG FILE：将要添加的日志文件添加到指定的数据库。
- REMOVE FILE logical_file_name：从 SQL Server 的实例中删除逻辑文件并删除物理文件。除非文件为空，否则无法删除文件。logical_file_name 是在 SQL Server 中引用文件时所用的逻辑名称。
- MODIFY FILE：指定应修改的文件。一次只能更改一个<filespec>属性。必须在<filespec>中指定 NAME，以标识要修改的文件。如果指定了 SIZE，那么新大小必须比文件当前大小要大。

2.4.2 修改数据库容量

在上一小节中，创建了一个名为 sample_db 的数据库，数据文件的初始大小为 5MB。这里修改该数据库的数据文件大小。

1. 在对象资源管理器中修改 sample_db 数据库中数据文件的初始大小

选择需要修改的数据库再右击之，在弹出的快捷菜单中选择【属性】菜单命令，打开【数据库属性】对话框，单击 sample_db 行的初始"大小"列的文本框，重新输入一个新值，这里输入15。也可以单击旁边的两个小箭头按钮，增大或者减小值，修改完成之后，单击【确定】按钮，这样就成功修改了 sample_db 数据库中数据文件的大小，读者可以重新打开 sample_db 数据库的属性对话框，查看修改结果，如图 2-11 所示。

图 2-11 修改数据库大小后的效果

2. 使用 Transact-SQL 语句修改 sample_db 数据库的数据文件的初始大小

【例 2.2】将 sample_db 数据库中的主数据文件的初始大小修改为 15MB，输入如下程序语句：

```
ALTER DATABASE sample_db
MODIFY FILE
(
    NAME=sample_db,
    SIZE=15MB
);
GO
```

这段程序代码执行成功之后，sample_db 的初始大小将被修改为 15MB。

提 示
修改数据文件的初始大小时，指定的 SIZE 的大小必须大于或等于当前大小，如果小于，代码将不能被执行。

2.4.3 增加数据库容量

增加数据库容量可以增加数据增长的最大限制，分别可以在对象资源管理器中修改，或者使用 Transact-SQL 语句修改，下面介绍这两种方法。

1. 在对象资源管理器中修改 sample_db 数据库中数据文件的最大文件大小

具体操作步骤如下：

01 在 sample_db 的数据库属性对话框中，选择左侧的【文件】选项卡，在 sample_db 行中，单击【自动增长】列下面的值（有一个带省略号的按钮 ... ），如图 2-12 所示。

02 弹出【更改 sample_db 的自动增长设置】对话框，在【最大文件大小】文本框输入值 40，增加数据库的增长限制，修改之后单击【确定】按钮，如图 2-13 所示。

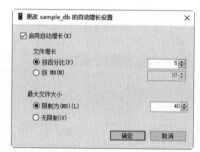

图 2-12　sample_db 的数据库属性对话框　　　图 2-13　【更改 sample_db 的自动增长设置】对话框

03 返回到【数据库属性】对话框，即可看到修改后的结果，单击【确定】按钮完成修改，如图 2-14 所示。

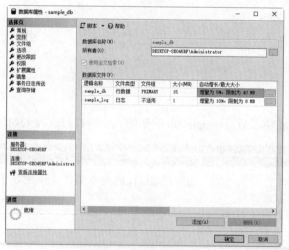

图 2-14　修改后的结果

2. 使用 Transact-SQL 语句增加数据库容量

【例2.3】增加 sample_db 数据库容量，输入如下语句：

```
ALTER DATABASE sample_db
MODIFY FILE
(
    NAME=sample_db,
    MAXSIZE=50MB
);
GO
```

选择【文件】→【新建】→【使用当前连接查询】，在打开的查询编辑器中输入上面的代码，再单击【执行】按钮，代码执行成功之后，sample_db 的增长最大限制值增加到 50MB，如图 2-15 所示。

图 2-15　修改最大增长限制值

2.4.4　缩减数据库容量

缩减数据库容量可以减小数据增长的最大限制，修改方法与增加数据库容量的方法相同，这里也可以分别使用两种方式。

1. 在对象资源管理器中缩减 sample_db 数据库的容量

与 2.4.3 小节中操作过程一样，打开【更改 sample_db 的自动增长设置】对话框，在第 2 个可修改文本框中输入一个比当前值小的数值，以缩减数据库的增长限制，修改之后，单击【确定】按钮，在返回的【数据库属性】对话框中再次单击【确定】按钮。

2. 使用 Transact-SQL 语句缩减数据库容量

【例2.4】缩减 sample_db 数据库容量，输入如下程序语句：

```
ALTER DATABASE sample_db
MODIFY FILE
```

```
(
    NAME=sample_db,
    MAXSIZE=25MB
);
GO
```

这段程序代码执行成功之后，sample_db 的增长最大限制值缩减为 25MB，如图 2-16 所示。

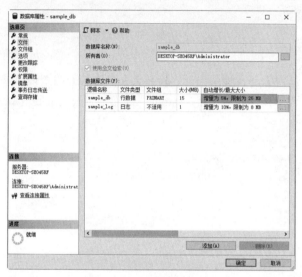

图 2-16　缩减数据库容量

2.4.5　查看数据库信息

SQL Server 中可以使用多种方式查看数据库信息，例如使用目录视图、函数、存储过程等。

1. 使用目录视图

可以使用如下的目录视图查看数据库基本信息。

- 使用 sys.database_files 查看有关数据库文件的信息。
- 使用 sys.filegroups 查看有关数据库组的信息。
- 使用 sys.master_files 查看数据库文件的基本信息和状态信息。
- 使用 sys.databases 数据库和文件目录视图查看有关数据库的基本信息。

2. 使用函数

如果要查看指定数据库中的指定选项信息时，可以使用 DATABASEPROPERTYEX()函数，该函数每次只返回一个选项的信息。

【例 2.5】要查看 mytest 数据库的状态信息，输入如下程序语句：

```
USE mytest
GO
SELECT DATABASEPROPERTYEX('mytest', 'Status')
AS 'mytest数据库状态'
```

执行结果如图 2-17 所示。

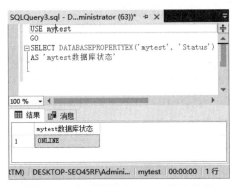

图 2-17 查看数据库 Status 状态信息

上述程序代码中 DATABASEPROPERTYEX 语句中第一个参数表示要返回信息的数据库，第二个参数则表示要返回数据库的属性表达式，其他可查看的属性参数值如表 2-1 所示。

表 2-1 DATABASEPROPERTYEX 可用属性值

属性	说明
Collation	数据库的默认排序规则名称
ComparisonStyle	排序规则的 Windows 比较样式
IsAnsiNullDefault	数据库遵循 ISO 规则，允许 Null 值
IsAnsiNullsEnabled	所有与 Null 的比较将取值为未知
IsAnsiPaddingEnabled	在比较或插入前，字符串将被填充到相同长度
IsAnsiWarningsEnabled	如果发生了标准错误条件，则将发出错误消息或警告消息
IsArithmeticAbortEnabled	如果执行查询时发生溢出或被零除错误，则将结束查询
IsAutoClose	数据库在最后一位用户退出后完全关闭并释放资源
IsAutoCreatestatistics	在查询优化期间自动生成优化查询所需的缺失统计信息
IsAutoShrink	数据库文件可以自动定期收缩
IsAutoUpdatestatistics	如果表中数据更改造成统计信息过期，则自动更新现有统计信息
IsCloseCursorsOnCommitEnabled	提交事务时打开的游标已关闭
IsFulltextEnabled	数据库已启用全文功能
IsInStandBy	数据库以只读方式联机，并允许还原日志
IsLocalCursorsDefault	游标声明默认为 LOCAL
IsMergePublished	如果安装了复制，则可以发布数据库表供合并复制
IsNullConcat	Null 串联操作数产生 NULL
IsNumericRoundAbortEnabled	表达式中缺少精度时将产生错误
IsParameterizationForced	PARAMETERIZATION 数据库 SET 选项为 FORCED
IsQuotedIdentifiersEnabled	可对标识符使用英文双引号
IsPublished	如果安装了复制，可以发布数据库表供快照复制或事务复制

（续表）

属性	说明
IsRecursiveTriggersEnabled	已启用触发器递归触发
IsSubscribed	数据库已订阅发布
IsSyncWithBackup	数据库为发布数据库或分发数据库，并且在还原时不用中断事务复制
IsTornPageDetectionEnabled	SQL Server 数据库引擎检测到因电力故障或其他系统故障造成的不完整的 I/O 操作
LCID	排序规则的 Windows 区域设置标识符
Recovery	数据库的恢复模式
SQLSortOrder	SQL Server 早期版本中支持的 SQL Server 排序顺序 ID
Status	数据库状态
Updateability	指示是否可修改数据
UserAccess	指示哪些用户可以访问数据库
Version	用于创建数据库的 SQL Server 代码的内部版本号。标识为仅供参考不提供支持。不保证以后的兼容性

3. 使用系统存储过程

除了上述的目录视图和函数外，还可以使用存储过程 sp_spaceused 显示数据库使用和保留的空间，执行代码后效果如图 2-18 所示。

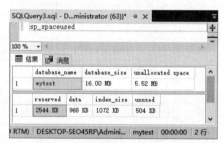

图 2-18　使用存储过程 sp_spaceused

sp_helpdb 存储过程查看所有数据库的基本信息，执行代码后效果如图 2-19 所示。

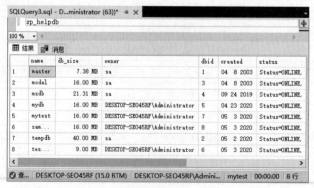

图 2-19　使用存储过程 sp_helpdb

4. 使用图形用户界面的管理工具

当然，用户也可以在图形用户界面的管理工具 SSMS 中查看数据库信息，打开 SSMS 窗口之后，在【对象资源管理器】窗口中右击要查看信息的数据库节点，在弹出的快捷菜单中选择【属性】菜单命令，在弹出的【数据库属性】对话框中即可查看数据库的基本信息、文件信息、文件组信息和权限信息等，如图 2-20 所示。

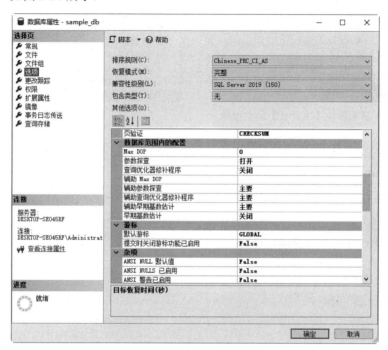

图 2-20 查看数据库基本信息

2.4.6 数据库更名

数据库更名即修改数据库的名称，例如这里将 sample_db 数据库的名称修改为 sample_db2。

1. 使用对象资源管理器修改数据库名称

具体操作步骤如下：

01 在 sample_db 数据库节点上右击，在弹出的快捷菜单中选择【重命名】菜单命令，如图 2-21 所示。

02 在显示的文本框中输入新的数据库名称 sample_db2，如图 2-22 所示。

图 2-21　选择【重命名】菜单命令

图 2-22　修改数据库名称

03 输入完成之后按 Enter 键确认或者在对象资源管理器中的空白处单击，名称修改成功。

2. 使用 Transact-SQL 语句修改数据库名称

使用 ALTER DATABASE 语句可以修改数据库名称，其语法格式如下：

```
ALTER DATABASE old_database_name
 MODIFY NAME = new_database_name
```

【例 2.6】将数据库 sample_db2 的名称修改为 sample_db，输入如下程序语句：

```
ALTER DATABASE sample_db2
   MODIFY NAME = sample_db;
GO
```

上述程序语句执行成功之后，sample_db2 数据库的名称被修改为 sample_db，刷新数据库节点，可以看到修改后的新的数据库名称，如图 2-23 所示。

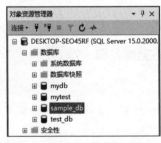

图 2-23　修改新的数据库名称

2.4.7　删除数据库

当数据库不再需要时，为了节省磁盘空间，可以将它们从系统中删除，同样这里有两种方法。

1. 使用对象资源管理器删除数据库

具体操作步骤如下：

[01] 例如删除数据库 mytest，在【对象资源管理器】窗口中，右击需要删除的数据库，从弹出的快捷菜单中选择【删除】菜单命令或直接按下键盘上的 Delete 键，如图 2-24 所示。

[02] 打开【删除对象】对话框，用来确认删除的目标数据库对象，在该对话框中也可以选择是否【删除数据库备份和还原历史记录信息】和【关闭现有连接】，选择之后单击【确定】按钮，即可执行数据库的删除操作，如图 2-25 所示。

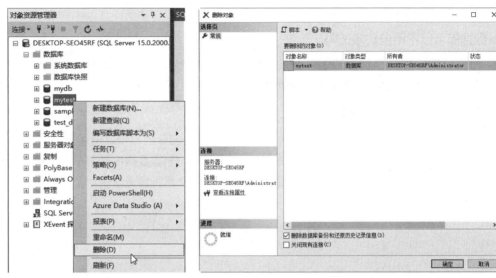

图 2-24　【删除】菜单命令　　　　　图 2-25　【删除对象】对话框

提　示
删除数据库时一定要慎重，因为系统无法轻易恢复被删除的数据，除非做过数据库的备份。每次删除时，只能删除一个数据库。

2. 使用 Transact-SQL 语句删除数据库

在 Transact-SQL 中使用 DROP 语句删除数据库，DROP 语句可以从 SQL Server 中一次删除一个或多个数据库。该语句的用法比较简单，基本语法格式如下：

```
DROP DATABASE database_name[, …n];
```

【例 2.7】删除 sample_db 数据库，输入如下语句：

```
DROP DATABASE sample_db;
```

该语句执行成功之后，sample_db 数据库将被删除。

提　示
并不是所有的数据库在任何时候都可以被删除，只有处于正常状态下的数据库才能使用 DROP 语句删除。当数据库处于以下状态时不能被删除：数据库正在使用、数据库正在恢复、数据库包含用于复制的对象。

2.5　疑难解惑

1. 为什么要用辅助文件

答：数据库中可以使用辅助数据文件，这样如果数据库中的数据超过了单个 Windows 文件的最大限制时，可以继续增长。

2. 数据库可以不用自动增长吗

答：如果数据库的大小不断增长，则可以指定其增长方式；如果数据的大小基本不变，为了提高数据库的使用效率，通常不指定其有自动增长方式。

3. 使用 DROP 语句要注意什么

答：使用图形用户界面的管理工具删除数据库时会有确认删除的提示，但是使用 DROP 语句删除数据库时不会出现确认信息，所以使用 Transact-SQL 语句删除数据库时要小心谨慎。另外要注意，千万不能删除系统数据库，否则会导致 SQL Server 2019 服务器无法使用。

2.6　经典习题

1. 简述各个系统数据库的作用。
2. 使用 Transact-SQL 语句创建名称为 newDB 的新数据库，数据库的参数如下：

- 逻辑数据文件名：newDBdata。
- 操作系统数据文件名：D:\newDBdata.mdf。
- 数据文件的初始大小：2MB。
- 数据文件的最大大小：20MB。
- 数据文件增长幅度：10%。
- 日志逻辑文件名：newDBlog。
- 操作系统日志文件名：D:\newDBlog.ldf。
- 日志文件初始大小：1MB。
- 日志文件增长幅度：5%。

第3章 数据表的操作

📖 **学习目标** | Objective

在数据库中，数据表（也简称表）是数据库中最重要、最基本的操作对象，是数据存储的基本单位。数据表被定义为列的集合，数据在数据表中是按照行和列的格式来存储的。每一行代表一条唯一的记录，每一列代表记录中的一个字段。

本章将介绍 SQL Server 2019 中的数据库对象，并详细介绍数据表的基本操作，主要内容包括：创建数据表、修改数据表字段，修改数据表约束、查看数据表结构、删除数据表以及如何向数据表中插入记录、删除记录和修改记录。通过本章的学习，能够熟练掌握数据表的基本概念，理解约束、默认和规则的含义并且学会运用；能够在图形用户界面使用管理工具并使用 Transact-SQL 熟练地完成有关数据表的常用操作。

📖 **内容导航** | Navigation

- 了解 SQL Server 2019 的数据库对象
- 掌握创建数据表的方法
- 掌握管理数据表的方法

3.1 SQL Server 2019 数据库对象

数据库对象是数据库的组成部分，数据表、视图、索引、存储过程以及触发器等都是数据库对象。

数据库的主要对象是数据表，数据表是一系列二维数组的集合，它用于存储各种各样的信息。数据库中的数据表同日常工作中使用的表格类似，由纵向的列和横向的行组成。列由同类的信息组成，每列又称为一个字段，每列的标题称为字段名，都有相应的描述信息，如数据类型、数据宽度等；一行数据称为一条记录，是数据的组织单位，包括了若干列信息项。数据表是由若干条记录组成，没有记录的数据表称为空表。每个数据表通常有一个主关键字，用于唯一确定一个记录。注：在本书中，数据表的行和记录一般是指同一个含义，列和字段一般也是指同一个含义，所以在本书的叙述中会根据上下文交替使用"行"和"记录"，"列"和"字段"。

例如，一个有关作者信息的名为 authors 的数据表中，每个列包含的是所有作者的某个特定类型的信息，比如姓名，而每行则包含了某个特定作者的所有信息：编号、姓名、性别、专业，这些信息构成一条记录，如表 3-1 所示。

表 3-1　authors 表结构与记录

字段（属性，列）

编号	姓名	性别	专业
100	张三	f	计算机
101	李芬	m	会计
102	岳阳	f	园林

字段名 ←
（记录，行）

　　上面的视图表面看与数据表几乎一样，也具有一组命名的字段和数据项，但它其实上是一个虚构的数据表，它是通过查询数据库中表的数据后产生的，它限制了用户能看到和修改的数据。因此可以用视图来控制用户对数据的访问，简化数据的显示。在视图中用户可以使用 SELECT 语句查询数据，以及使用 INSERT、UPDATE 和 DELETE 语句修改记录。

　　索引是对数据库表中一列或多列的值进行排序的一种结构，它提供了快速访问数据的途径。使用索引不仅可以提高数据库中特定数据的查询速度，还可以保证索引所指的列中的数据不重复。

　　存储过程是为完成特定的功能而汇集在一起的一条或者多条 SQL 语句，是经编译后存储在数据库中的 SQL 程序。

　　触发器和存储过程一样，都是用户定义的 SQL 命令的集合。触发器是由事件来触发某个操作，这些事件包括 INSERT、UPDATAE 和 DELETE 语句。如果定义了触发程序，当数据库执行这些语句时就会激活触发器执行相应的操作，触发程序是与数据表有关的数据库对象，当数据表上出现特定事件时，将激活该对象。

3.2　创建数据表

　　SQL Server 2019 是一个关系数据库，关系数据库中的数据表之间存在一定的关联关系。关系数据库提供了 3 种数据完整性规则：实体完整性规则、引用完整性规则和用户定义完整性规则。其中实体完整性规则和引用完整性规则是关系模型必须满足的约束条件。

　　实体完整性：指每条记录的主键组成部分不能为空值，也就是必须得有一个确定的值。现实世界中的实体是可区分的，即它们具有某种唯一性标识。映射到关系模型中也就是记录是可区分的，区分记录靠的就是主键。如果主键为空，则记录不可区分，进而与之相对应的现实世界中的实体也是不可区分的，与现实矛盾。

1. 约束方法：唯一约束、主键约束、标识列

　　引用完整性：一个数据表的外键可以为空值。如果不为空值，则每一个外键值必须等于相关联的另外那个数据表中主键的某个值。

2. 约束方法：外键约束

　　用户定义完整性：它是设计者为了保证数据表中某些行或者列的数据满足具体应用需求而自定义的一些规则。关系模型提供定义和检验这类完整性的机制，以便使用统一的系统方法进行处理，

而不必由应用程序承担这一功能。

3. 约束方法：检查约束、存储过程、触发器

SQL Server 创建数据表的过程就是规定数据列的属性的过程，同时也是实施数据完整性约束的过程。

创建数据表需要确定表的列名、数据类型、是否允许为空，还需要确定主键、必要的默认值、标识列和检查约束。

数据表是用来存储数据和操作数据的逻辑结构，用来组织和存储数据，关系数据库中的所有数据都表现为表的形式，数据表由行和列组成，对数据库的操作，基本上就是对数据表的操作。SQL Server 中的数据表分为临时表和永久表，临时表存储在 tempdb 系统数据库中，当不再使用或者退出 SQL Server 时，临时表会自动删除；而永久表一旦创建之后，除非用户删除，否则将一直存放在数据库文件中。SQL Server 2019 中提供了两种创建数据表的方法：一种是通过对象资源管理器进行创建；另一种是通过 Transact-SQL 语句进行创建，下面分别详细介绍这两种方法。

3.2.1 数据类型

数据类型是一种属性，用于指定对象可保存的数据的类型，SQL Server 2019 中支持多种数据类型，包括字符类型、数值类型以及日期时间类型等。数据类型相当于一个容器，容器的大小决定了要"装载"数据占用空间的大小，将数据分为不同的类型可以节省磁盘空间和资源。

SQL Server 还能自动限制每个数据类型的取值范围，例如定义了一个数据类型为 int 的字段，如果插入数据时插入值的大小在 smallint 或者 tinyint 范围之内，那么 SQL Server 会自动将类型转换为 smallint 或 tinyint，这样一来，在存储数据时，占用的存储空间只有 int 数据类型占用空间的 1/2 或者 1/4。

SQL Server 数据库管理系统中的数据类型可以分为两类，分别是：系统默认的数据类型和用户自定义的数据类型，下面分别介绍这两大类数据类型。

1. 系统数据类型

SQL Server 2019 提供的系统数据类型有以下几大类，共 25 种。SQL Server 会自动限制每个系统数据类型的值的范围，当插入数据库中的值超过了数据类型允许的范围时，SQL Server 就会报错。

（1）整数数据类型

整数数据类型是常用的数据类型之一，主要用于存储数值，可以直接进行数据运算而不必使用函数转换。

① bigint

每个 bigint 存储在 8 字节中，其中 1 个二进制位表示符号，其他 63 个二进制位表示长度和大小，可以表示 $-2^{63} \sim 2^{63}-1$ 范围内的所有整数。

② int

int 或者 integer，每个 int 存储在 4 字节中，其中 1 个二进制位表示符号，其他 31 个二进制位表示长度和大小，可以表示 $-2^{31} \sim 2^{31}-1$ 范围内的所有整数。

③ smallint

每个 smallint 类型的数据占用了两个字节的存储空间，其中一个二进制位表示整数值的正负号，其他 15 个二进制位表示长度和大小，可以表示-2^{15}~2^{15}-1 范围内的所有整数。

④ tinyint

每个 tinyint 类型的数据占用了一个字节的存储空间，可以表示 0~255 范围内的所有整数。

（2）浮点数据类型

浮点数据类型存储十进制小数，它是用于表示浮点数值数据的一种数据类型。浮点数据为近似值；浮点数值的数据在 SQL Server 中采用只入不舍的方式进行存储，即要舍入的数是一个非零数时，对其保留数字部分的最低有效位上的数字加 1，并进行必要的进位。

① real

可以存储正的或者负的十进制数值，它表示的数值范围是-3.40E+38~-1.18E-38、0 以及 1.18E-38~3.40E + 38。每个 real 类型的数据占用 4 个字节的存储空间。

② float [(n)]

其中 n 为用于存储 float 数值尾数的位数（以科学计数法表示），因此可以确定精度和存储大小。如果指定了 n，则它必须是介于 1 和 53 之间的某个值。n 的默认值为 53。

它表示的数值范围是-1.79E+308~-2.23E-308、0 以及 2.23E–308~1.79E+308。如果不指定数据类型 float 的长度，那么它将占用 8 个字节的存储空间。float 数据类型可以写成 float(n)的形式，n 用于指定 float 数据的精度，n 为 1~53 之间的整数值。当 n 取 1~24 时，实际上是定义了一个 real 类型的数据，系统用 4 个字节来存储该或数据；当 n 取 25~53 时，系统认为它是 float 类型，就用 8 个字节来存储该数据。

③ decimal[(p[, s)] 和 numeric[(p[, s])]

带固定精度和小数位数的数值数据类型。使用最大精度时，有效值从-10^38+1~10^38-1。numeric 在功能上等价于 decimal。

p（精度）指定了最多可以存储的十进制数字的总位数，包括小数点左边和右边的位数。该精度必须是从 1 到最大精度 38 之间的值。默认精度为 18。

s（小数位数）指定小数点右边可以存储的十进制数字的最大位数。小数位数必须是从 0 到 p 之间的值。仅在指定精度后才可以指定小数位数。默认的小数位数为 0；因此，0 <= s <= p。最大存储大小基于精度而变化。例如：decimal(10,5)表示共有 10 位数，其中整数为 5 位，小数为 5 位。

（3）字符数据类型

字符数据类型也是 SQL Server 中最常用的数据类型之一，用来存储各种字母、数字符号和特殊符号。在使用字符数据类型时，需要在其前后加上英文单引号或者双引号。

① char(n)

当用 char 数据类型存储数据时，每个字符和符号占用一个字节的存储空间。n 表示所有字符所占的存储空间，取值为 1~8000。若不指定 n 值，系统默认 n 的值为 1。若输入数据的字符串长度小于 n，则系统自动在其后添加空格来填满设定好的空间；若输入的数据过长，将会截取掉其超出部分。

② varchar(n|max)

n 为存储字符的最大长度，取值范围为 1~8000，但可根据实际存储的字符数改变存储空间，max 表示最大存储大小是 2^{31}-1 个字节。存储大小是输入数据的实际长度加 2 个字节。所输入数据的长度可以为 0 个字符。如 varchar(20)，则对应的变量最多只能存储 20 个字符，不够 20 个字符时按实际存储。

③ nchar(n)

n 个字符的固定长度的 Unicode 字符数据。n 值必须在 1 到 4000 之间（含），如果没有在数据定义或变量声明语句中指定 n，默认长度为 1。此数据类型采用 Unicode 标准字符集，因此每一个存储单位占两个字节，可将全世界的各种通用文字囊括在内。

④ nvarchar(n | max)

与 varchar 相似，存储可变长度 Unicode 字符数据。n 值在 1 到 4000 之间（含），如果没有在数据定义或变量声明语句中指定 n，默认长度为 1。max 指示最大存储大小为 2^{31}-1 字节。存储大小是所输入字符个数的两倍加 2 个字节。所输入数据的长度可以为 0 个字符。

（4）日期和时间数据类型

① date

存储用字符串表示的日期数据，可以表示 0001-01-01 到 9999-12-31（公元元年 1 月 1 日到公元 9999 年 12 月 31 日）间的任意日期值。数据格式为"YYYY-MM-DD"：

● YYYY：表示年份的四位数字，范围为 0001~9999。
● MM：表示指定年份中的月份的两位数字，范围为 01~12。
● DD：表示指定月份中的某一天的两位数字，范围为 01~31（最高值取决于具体月份的天数）。

该类型数据占用 3 个字节的空间。

② time

以字符串形式记录一天中的某个时间，取值范围为 00:00:00.0000000~23:59:59.9999999，数据格式为"hh:mm:ss[.nnnnnnn]"：

● hh：表示小时的两位数字，范围为 0~23。
● mm：表示分钟的两位数字，范围为 0~59。
● ss：表示秒的两位数字，范围为 0~59。
● n* 是 0 到 7 位数字，范围为 0~9999999，它表示秒的小数部分。

time 值在存储时占用 5 个字节的空间。

③ datetime

用于存储时间和日期数据，默认值为 1900-01-01 00:00:00，当插入数据或在其他地方使用时，需用单引号或双引号括起来。可以使用"/""-"和"."作为分隔符。该类型数据占用 8 个字节的存储空间。

④ datetime2

datetime 类型的扩展，其数据范围更大，默认的小数精度更高，并具有可选的用户定义的精度。默认格式是：YYYY-MM-DD hh:mm:ss[.fractional seconds]，日期存取范围是 0001-01-01~9999-12-31（公元元年 1 月 1 日到公元 9999 年 12 月 31 日）。

⑤ smalldatetime

smalldatetime 类型与 datetime 类型相似，只是其存取的范围是从 1900 年 1 月 1 日到 2079 年 6 月 6 日，当日期时间值精度较小时，可以使用 smalldatetime，该类型数据占用 4 个字节的存储空间。

⑥ datetimeoffset

用于定义采用 24 小时制与日期相组合并可识别时区的日内时间。默认格式是"YYYY-MM-DD hh:mm:ss[.nnnnnnn] [{+|-}hh:mm]"：

● hh：两位数，范围为-14~+14。

● mm：两位数，范围为 00~59。

这里 hh 是时区偏移量，该类型数据中保存的是世界标准时间（UTC）值，例如要存储北京时间 2011 年 11 月 11 日 12 点整，存储时该值将是 2011-11-11 12:00:00+08:00，因为北京处于东八区，比 UTC 早 8 个小时。存储该类型数据时默认占用 10 个字节大小的固定存储空间。

（5）文本和图形数据类型

① text

用于存储文本数据，服务器代码页中长度可变的非 Unicode 数据，最大长度为 2^{31}-1（2 147 483 647）个字符。当服务器代码页使用双字节字符时，存储仍是 2 147 483 647 字节。

② ntext

与 text 类型作用相同，为长度可变的 Unicode 数据，最大长度为 2^{30}-1（1 073 741 823）个字符。存储大小是所输入字符个数的两倍（以字节为单位）。

③ image

长度可变的二进制数据，从 0~2^{31}-1 个字节。用于存储照片、目录图片等，容量也是 2 147 483 647 个字节，由系统根据数据的长度自动分配空间，存储该字段的数据一般不能使用 INSERT 语句直接输入。

技　巧

在 Microsoft SQL Server 的未来版本中，将删除 text、ntext 和 image 数据类型。请避免在新开发工作中使用这些数据类型，并考虑修改当前使用这些数据类型的应用程序。在实际应用中请尽量避免使用 text、ntext 和 image 这些数据类型，请改用 nvarchar(max)、varchar(max)和 varbinary(max)来代替这些数据类型。

（6）货币数据类型

① money

用于存储货币值，取值范围为±922 337 213 685 477.580 8 之间。money 数据类型中整数部分包含 19 位数字，小数部分包含 4 位数字，因此 money 数据类型的精度是 19，存储时占用 8 个字节的空间。

② smallmoney

与 money 类型相似，取值范围为±214 748.346 8 之间，smallmoney 存储时占用 4 个字节空间。输入数据时在前面加上一个货币符号，如人民币的货币符号为 ¥ 或其他定义的货币符号。

（7）位数据类型

bit 称为位数据类型，只取 0 或 1 为值，长度 1 字节。bit 值经常当作逻辑值用于判断 TRUE（1）和 FALSE（0），输入非零值时系统将其换为 1。

（8）二进制数据类型

① binary(n)

长度为 n 字节的固定长度二进制数据，其中 n 是从 1~8000 的值。存储大小为 n 字节。在输入 binary 值时，必须在前面带 0x，可以使用 0~9 和 A~F 表示二进制值，例如输入 0xAA5 代表 AA5，如果输入数据长度大于定义的长度，则超出的部分会被截断。

② varbinary(n|max)

可变长度二进制数据。n 可以是 1~8000 之间的值。max 指示最大存储大小为 2^{31}-1 字节。存储大小为所输入数据的实际长度+2 个字节。

在定义的范围内，无论输入的时间长度是多少，binary 类型的数据都占用相同的存储空间，即定义时就确定的存储空间；对于 varbinary 类型的数据，在存储时根据实际值的长度使用存储空间。

（9）其他数据类型

① rowversion

每个数据库都有一个计数器，当对数据库中包含 rowversion 列的数据表执行插入或更新操作时，该计数器值就会增加。一张数据表只能有一个 rowversion 列。每次修改或插入包含 rowversion 列的行时，就会在 rowversion 列中插入经过增量的数据库行版本值。

这是数据库中自动生成的唯一二进制数字的数据类型。rowversion 通常用于给表行加版本戳。它的存储空间为 8 个字节。rowversion 数据类型只是递增的数字，不保留日期或时间。

② timestamp

时间戳数据类型，timestamp 的数据类型为 rowversion 数据类型的同义词，提供数据库范围内的唯一值，反映数据修改的相对顺序，是一个递增的计数器，此列的值由数据库自动更新。

在 CREATE TABLE 或 ALTER TABLE 语句中，不必为 timestamp 数据类型指定列名，例如：

```
CREATE TABLE ExampleTable (PriKey int PRIMARY KEY, timestamp);
```

此时 SQL Server 数据库引擎将生成 timestamp 列名；但 rowversion 不具有这样的行为。在使用 rowversion 时，必须指定列名，例如：

```
CREATE TABLE ExampleTable2 (PriKey int PRIMARY KEY, VerCol rowversion) ;
```

> **提　示**
>
> 　　微软将在后续版本的 SQL Server 中删除 timestamp 语法的功能。因此在新的开发工作中，应该避免使用该功能，并修改当前还在使用该功能的应用程序。

③ uniqueidentifier

16 字节 GUID（Globally Unique Identifier，全球唯一标识符），是 SQL Server 根据网络适配器地址和主机 CPU 时钟产生的唯一号码，其中，每个位都是 0~9 或 a~f 范围内的十六进制数字。例如，6F9619FF-8B86-D011-B42D-00C04FC964FF，此号码可以通过调用 newid() 函数获得。

④ cursor

游标数据类型，该类型类似于数据表，其保存的数据中包含行和列值，但是没有索引，游标用来建立一个数据的数据集，每次处理一行数据。

⑤ sql_variant

用于存储除文本、图形数据和 timestamp 数据外的其他任何合法的 SQL Server 数据，可以方便 SQL Server 的开发工作。

⑥ table

用于存储对表或者视图处理后的结果集。这种新的数据类型使得变量可以存储一张表，从而使函数或过程返回查询结果更加方便、快捷。

⑦ xml

存储 xml 数据的数据类型。可以在列中或者 xml 类型的变量中存储 xml 实例。存储的 xml 数据类型表示实例大小不能超过 2GB。

2. 自定义数据类型

SQL Server 允许用户自定义数据类型，用户自定义数据类型是建立在 SQL Server 系统数据类型基础上的，自定义的数据类型使得数据库开发人员能够根据需要定义符合自己开发需求的数据类型。自定义数据类型虽然使用比较方便，但是需要大量的性能开销，所以使用时要谨慎。当用户定义一种数据类型时，需要指定该类型的名称、所基于的系统数据类型以及是否允许为空等。SQL Server 为用户提供了两种方法来创建自定义数据类型。下面将分别介绍这两种定义数据类型的方法。

（1）使用对象资源管理器创建用户定义数据类型

首先连接到 SQL Server 服务器，自定义数据类型与具体的数据库相关，因此在对象资源管理器中创建新数据类型之前，需要选择要创建数据类型所在的数据库，这里，按照第 2 章介绍的创建数据库的方法，创建一个名称为 test 的数据库，使用系统默认的参数即可。

创建用户自定义数据类型的具体操作步骤如下：

01 创建成功之后，依次打开【test】→【可编程性】→【类型】节点，右击【用户定义数据类型】节点，在弹出的快捷菜单中选择【新建用户定义数据类型】菜单命令，如图 3-1 所示。

02 打开【新建用户定义数据类型】对话框，在【名称】文本框中输入需要定义的数据类型的名称，这里输入新数据类型的名称为 address，表示存储一个地址数据值，在【数据类型】下拉列表框中选择 char 的系统数据类型，【长度】指定为 8000，如果用户希望该类型的字段值为空的话，可以选择【允许 NULL 值】复选框，其他参数默认，如图 3-2 所示。

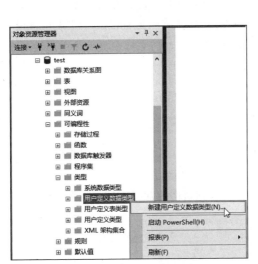

图 3-1　【新建用户定义数据类型】命令　　　图 3-2　【新建用户定义数据类型】对话框

03 单击【确定】按钮，完成用户定义数据类型的创建，即可看到新创建的自定义数据类型，如图 3-3 所示。

图 3-3　新创建的自定义数据类型

（2）使用存储过程创建用户定义数据类型

除了在图形用户界面中创建自定义数据类型，SQL Server 2019 中的系统存储过程 sp_addtype 也可以让用户使用 Transact-SQL 语句来创建自定义数据类型，其语法形式如下：

```
sp_addtype [@typename=] type,
[@phystype=] system_data_type
[, [@nulltype=] 'null_type']
```

其中，各参数的含义如下：

- type：用于指定用户定义的数据类型的名称。
- system_data_type：用于指定相应的系统提供的数据类型的名称及定义。注意，未使用 timestamp 数据类型，当所使用的系统数据类型有额外说明时，需要用引号将其引起来。
- null_type 用于指定用户自定义的数据类型的 null 属性，其值可以为 null not null 或 nonull。默认时与系统默认的 null 属性相同。用户自定义的数据类型的名称在数据库中应该是唯一的。

【例 3.1】自定义一个地址 HomeAddress 数据类型，输入如下语句：

```
sp_addtype HomeAddress,'varchar(128)','not null'
```

新建一个对当前连接的数据库进行的查询，在打开的查询编辑器中输入上面的语句，再单击【执行】按钮，即可完成用户定义数据类型的创建，执行结果如图 3-4 所示。

执行完成之后，刷新【用户定义数据类型】节点，将会看到新增的数据类型，如图 3-5 所示。

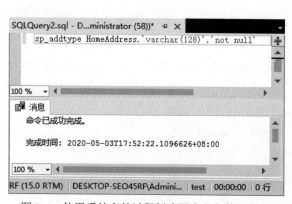

图 3-4　使用系统存储过程创建用户定义数据类型

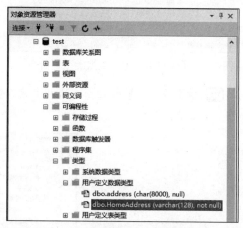

图 3-5　新建用户定义数据类型

删除用户自定义数据类型的方法也有两种。第一种是在对象资源管理器中右击想要删除的数据类型，在弹出的快捷菜单中选择【删除】菜单命令，如图 3-6 所示。然后打开【删除对象】对话框，单击【确定】按钮即可，如图 3-7 所示。

图 3-6 选择【删除】菜单命令

图 3-7 【删除对象】对话框

另一种方法就是使用系统存储过程 sp_droptype 来删除，语法格式如下：

```
sp_droptype type
```

type 为用户定义的数据类型，例如这里删除 address，Transact-SQL 语句如下：

```
sp_droptype address
```

提 示
数据库中正在使用的用户定义数据类型，不能被删除。

3.2.2 使用对象资源管理器创建数据表

对象资源管理器提供的创建数据表的方法可以让用户轻松完成数据表的创建，具体操作步骤如下：

01 启动 SQL Server Management Studio，在【对象资源管理器】中展开【数据库】节点下的【test】数据库。右击【表】节点，在弹出的快捷菜单中选择【新建】→【表】菜单命令，如图 3-8 所示。

02 打开数据表设计窗口，在该窗口中创建数据表中各个字段的字段名和数据类型，这里定义一个名称为 member 的数据表，其结构如下：

```
member
(
    id          INT,
    FirstName   VARCHAR(50),
    LastName    VARCHAR(50),
    birth       DATETIME,
    info        VARCHAR(255)  NULL
);
```

根据 member 数据表的结构，分别指定各个字段的名称和数据类型，如图 3-9 所示。

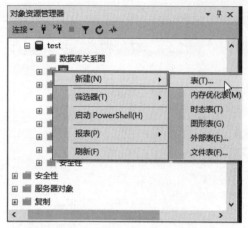

图 3-8 选择【新建】→【表】菜单命令

图 3-9 数据表设计窗口

03 数据表设计完成之后，单击【保存】或者【关闭】按钮，在弹出的【选择名称】对话框中输入表名称 member，单击【确定】按钮，完成表的创建，如图 3-10 所示。

04 单击【对象资源管理器】窗口中的【刷新】按钮，即可看到新增加的表，如图 3-11 所示。

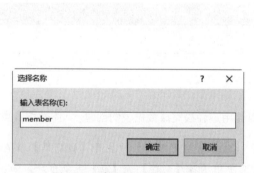

图 3-10 【选择名称】对话框

图 3-11 新增加的表

3.2.3 使用 Transact-SQL 创建数据表

在 Transact-SQL 中，使用 CREATE TABLE 语句创建数据表，该语句非常灵活，其基本语法格式如下：

```
CREATE TABLE [database_name. [ schema_name ].] table_name
[column_name <data_type>
[ NULL | NOT NULL ] | [ DEFAULT constant_expression ] | [ ROWGUIDCOL ]
{ PRIMARY KEY | UNIQUE } [CLUSTERED | NONCLUSTERED]
[ ASC | DESC ]
] [ ,...n ]
```

其中，各参数说明如下：

- database_name: 指定要在其中创建数据表的数据库名称，不指定数据库名称，则默认使用当前数据库。
- schema_name: 指定新数据表所属架构的名称，若此项为空，则默认为新表的创建者所在的当前架构。
- table_name: 指定创建的数据表的名称。
- column_name: 指定数据表中的各个列的名称，列名称必须唯一。
- data_type: 指定字段的数据类型，可以是系统数据类型也可以是用户定义数据类型。
- NULL | NOT NULL: 表示确定列中是否允许使用空值。
- DEFAULT: 用于指定列的默认值。
- ROWGUIDCOL: 指示新列是行 GUID 列。对于每个数据表，只能将其中的一个 uniqueidentifier 列指定为 ROWGUIDCOL 列。
- PRIMARY KEY: 主键约束，通过唯一索引对给定的一列或多列强制实体完整性的约束。每个数据表只能创建一个 PRIMARY KEY 约束。PRIMARY KEY 约束中的所有列都必须定义为 NOT NULL。
- UNIQUE: 唯一性约束，该约束通过唯一索引为一个或多个指定列提供实体完整性。一个数据表可以有多个 UNIQUE 约束。
- CLUSTERED | NONCLUSTERED: 表示为 PRIMARY KEY 或 UNIQUE 约束创建聚集索引还是非聚集索引。PRIMARY KEY 约束默认为 CLUSTERED，UNIQUE 约束默认为 NONCLUSTERED。在 CREATE TABLE 语句中，可只为一个约束指定 CLUSTERED。如果在为 UNIQUE 约束指定 CLUSTERED 的同时又指定了 RIMARY KEY 约束，则 PRIMARY KEY 将默认为 NONCLUSTERED。
- [ASC | DESC]: 指定加入到数据表约束中的一列或多列的排序顺序，ASC 为升序排列，DESC 为降序排列，默认值为 ASC。

介绍完在 Transact-SQL 中创建数据表的语句，接下来举例说明。

【例 3.2】使用 Transact-SQL 语句创建数据表 authors，输入如下语句：

```
CREATE TABLE authors
(
  auth_id     int  PRIMARY KEY,              --数据表主键
  auth_name  VARCHAR(20) NOT NULL unique,   --作者名称，不能为空
  auth_gender tinyint NOT NULL DEFAULT(1)   --作者性别：男（1），女（0）
);
```

新建一个对当前连接的数据库的查询，在查询编辑器中输入上面的程序语句，如图 3-12 所示。执行成功之后，刷新数据库列表即可看到新建的名为 authors 的数据表，如图 3-13 所示。

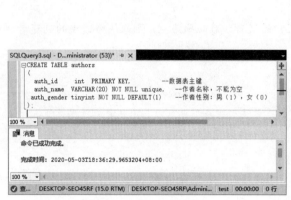

图 3-12 输入程序语句

图 3-13 新增加的数据表

3.3 管理数据表

数据表创建完成之后，可以根据需要改变数据表中已经定义的许多选项。用户除了可以对字段进行增加、删除和修改操作，以及更改数据表的名称和所属架构，还可以删除和修改数据表中的约束，创建或修改完成之后可以查看数据表的结构。数据表不再需要时可以删除，本节将介绍这些管理数据表的操作。

3.3.1 修改数据表的字段

修改数据表的字段包含增加一个新字段，删除数据表中原有的一个字段以及修改字段的数据类型。SQL Server 2019 提供了两种修改数据表字段的方法，分别是使用对象资源管理器和使用 Transact-SQL 语句修改数据表。

1. 添加字段

添加字段的常见方法有以下两种。

（1）使用对象资源管理器添加字段

例如，在 authors 数据表中，添加一个名为 auth_phone 的新字段，数据类型为 varchar(24)，允许空值，在 authors 数据表上右击，在弹出的快捷菜单中选择【设计】菜单命令，如图 3-14 所示。

与前面介绍的创建数据表的过程相同，在弹出的数据表设计窗口中，添加新字段 auth_phone，并设置字段数据类型为 varchar(24)，允许空值，如图 3-15 所示。

图 3-14　选择【设计】菜单命令

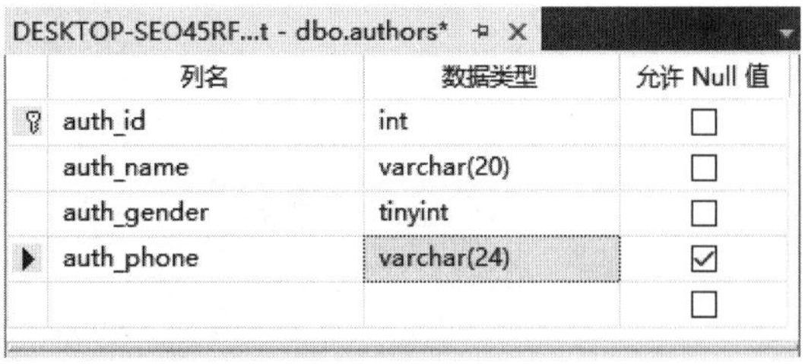

图 3-15　添加新字段 auth_phone

修改完成之后，保存结果，新字段就添加成功了。

技　巧
如果在保存的过程中，无法保存增加的数据表字段，则会弹出警告信息，如图 3-16 所示。 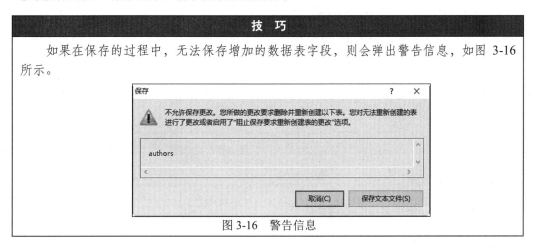 图 3-16　警告信息

解决方案的具体操作步骤如下：

01 选择【工具】→【选项】菜单命令，如图 3-17 所示。

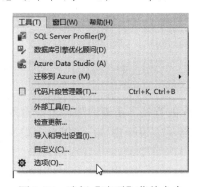

图 3-17　选择【选项】菜单命令

02 打开【选项】对话框，选择【设计器】选项，在右侧面板中取消勾选【阻止保存要求重新创建表的更改】复选框，再单击【确定】按钮，如图 3-18 所示。

图 3-18　【选项】对话框

（2）使用 Transact-SQL 语句添加字段

在 Transact-SQL 中使用 ALTER TABLE 语句在数据表中增加字段，基本语法格式如下：

```
ALTER TABLE [ database_name. schema_name . ] table_name
{
ADD  column_name type_name
[ NULL | NOT NULL ] | [ DEFAULT constant_expression ] | [ ROWGUIDCOL ]
{ PRIMARY KEY | UNIQUE } [CLUSTERED | NONCLUSTERED]
}
```

其中，各参数含义如下：

- table_name：新增字段的数据表名称。
- column_name：新增字段的名称。
- type_name：新增字段的数据类型。

其他参数的含义，用户可以参考前面的内容。

【例 3.3】在 authors 数据表中添加名为 auth_note 的新字段，字段数据类型为 varchar(100)，允许空值，输入如下语句：

```
ALTER TABLE authors
ADD auth_note  VARCHAR(100)  NULL
```

新建一个对当前连接的数据库的查询，在查询编辑器中输入上面的程序语句并执行，执行之后，用户可以重新打开 authors 的数据表设计窗口，可以看到现在的数据表结构，如图 3-19 所示。

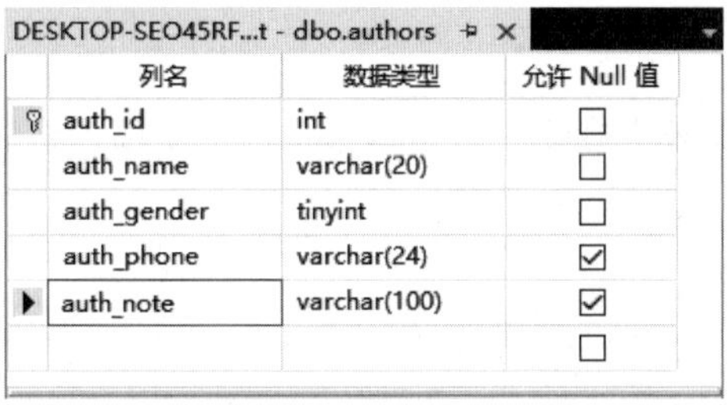

图 3-19　添加字段 auth_note

从图 3-19 中可以看到，成功添加了一个新的字段，数据类型为 varchar(100)，【允许 Null 值】
选项也处于选中状态。

2. 修改字段

修改字段的常见方法有以下两种。

（1）使用对象资源管理器修改字段

修改字段可以改变字段的属性，例如字段的数据类型、是否允许空值等。修改数据类型时，
在数据表设计窗口中，选择要修改的字段名称，选择该行的【数据类型】，在下拉列表框中选择更
改后的数据类型；选中或取消【允许 Null 值】列的选项卡即可。例如，将 auth_phone 字段的数据
类型由 varchar(24)修改为 varchar(50)，不允许空值，如图 3-20 所示。

图 3-20　修改字段

（2）使用 Transact-SQL 语句在数据表中修改字段

在 Transact-SQL 中使用 ALTER TABLE 语句在数据表中修改字段，基本语法格式如下：

```
ALTER TABLE [ database_name. schema_name . ] table_name
{
ALTER COLUMN column_name  new_type_name
 [ NULL | NOT NULL ] | [ DEFAULT constant_expression ] | [ ROWGUIDCOL ]
{ PRIMARY KEY | UNIQUE } [CLUSTERED | NONCLUSTERED]
}
```

其中，各参数的含义如下：

- table_name：要修改字段的数据表名称。
- column_name：要修改字段的名称。
- new_type_name：要修改字段的新数据类型。

其他参数的含义，用户可以参考前面的内容。

【例 3.4】在 authors 数据表中修改名为 auth_phone 的字段，将数据类型改为 varchar(15)，输入如下语句：

```
ALTER TABLE authors
ALTER COLUMN auth_phone  VARCHAR(15)
GO
```

新建一个对当前连接的数据库的查询，在查询编辑器中输入上面的程序语句并执行，执行之后，用户可以重新打开 authors 的数据表设计窗口，可以看到现在的数据表结构，如图 3-21 所示。

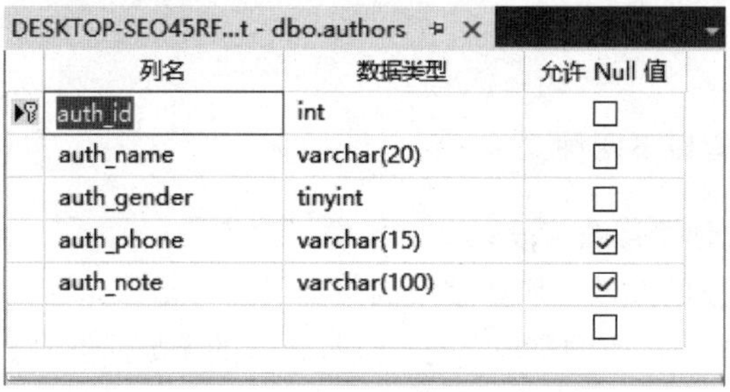

图 3-21　authors 数据表的结构

3. 删除字段

删除字段的常用方法有以下两种。

（1）使用对象资源管理器删除字段

在数据表设计窗口中，每次可以删除数据表中的一个字段，操作过程比较简单，与在数据表中增加字段相似，打开数据表设计窗口之后，选中要删除的字段，再右击之，在弹出的快捷菜单中选择【删除列】菜单命令。例如，这里删除 authors 数据表中的 auth_phone 字段，如图 3-22 所示。

删除字段操作成功后，效果如图 3-23 所示。

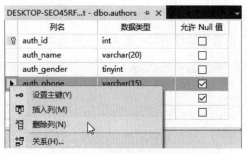

图 3-22　【删除列】菜单命令

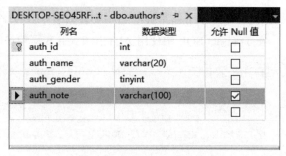

图 3-23　删除字段后的效果

（2）使用 Transact-SQL 语句删除数据表中的字段

在 Transact-SQL 中使用 ALTER TABLE 语句删除数据表中的字段，基本语法格式如下：

```
ALTER TABLE [ database_name. schema_name . ] table_name
{
```

```
    DROP COLUMN column_name
}
```

其中，各参数的含义如下：

● table_name：要删除字段所在数据表的名称。
● column_name：要删除字段的名称。

【例 3.5】删除 authors 数据表中的 auth_phone 字段，输入如下语句：

```
ALTER TABLE authors
DROP  COLUMN auth_phone
```

在查询编辑器中输入上面的程序语句并执行，执行成功之后，auth_phone 字段将被删除。

3.3.2 修改数据表的约束

约束是用来保证数据库完整性的一种方法，设计数据表时，需要定义列的有效值，并通过限制字段中数据、记录中数据以及数据表之间的数据来保证数据的完整性，约束是独立于数据表结构的，它作为数据库定义的一部分在创建数据表时声明，可以通过对象资源管理器或者 ALTER TABLE 语句进行添加或删除。

SQL Server 2019 中有 5 种约束，分别是：主键约束（Primary Key Constraint）、唯一性约束（Unique Constraint）、检查约束（Check Constraint）、默认约束（Default Constraint）和外键约束（Foreign Key Constraint）。

1. 主键约束

主键约束（PRIMARY KEY）可以在表中定义一个主键值，它可以唯一确定表中每一条记录，也是最重要的一种约束。每张数据表中只能有一个主键约束，并且主键约束的列不能接受空值。如果主键约束定义在不止一列上，则一列中的值可以重复，但主键约束定义中，所有列的组合值必须唯一。

2. 唯一性约束

唯一性约束（UNIQUE）确保在非主键列中不输入重复的值。用于指定一个或者多个列的组合值具有唯一性，以防止在列中输入重复的值。可以对一个数据表定义多个唯一性约束，但只能定义一个主键约束。唯一性约束允许 NULL 值，但是当和参与唯一性约束的任何值一起使用时，每列只允许一个空值。

因此，当表中已经有一个主键值时，就可以使用唯一性约束。当使用唯一性约束时，需要考虑以下几个因素：

（1）使用唯一性约束的字段允许为空值。
（2）一个数据表中可以允许有多个唯一性约束。
（3）可以把唯一性约束定义在多个字段上。
（4）唯一性约束用于强制在指定字段上创建一个唯一性索引。

（5）默认情况下，创建的索引类型为非聚集索引。

3. 检查约束

检查约束对输入列或者整个数据表中的值设置检查条件，以限制输入值，保证数据库数据的完整性。检查约束通过数据的逻辑表达式确定有效值。例如，定义一个 age 年龄字段，可以通过创建检查约束条件，将 age 列中值的范围限制为从 0 到 150 之间。这将防止输入的年龄值超出正常的年龄范围。可以通过任何的逻辑表达式（返回 TRUE 或 FALSE 布尔值）来创建检查约束。对于上面的示例，逻辑表达式为：age≥0 AND age≤150。

当使用检查约束时，应注意以下几点：

（1）一个列级检查约束只能与限制的字段有关；一个表级检查约束只能与限制的数据表中字段有关。

（2）一个数据表中可以定义多个检查约束。

（3）每条 CREATE TABLE 语句中的每个字段只能定义一个检查约束。

（4）在多个字段上定义检查约束，则必须将检查约束定义为表级约束。

（5）当执行 INSERT 语句或者 UPDATE 语句时，检查约束将验证数据。

（6）检查约束中不能包含子查询。

4. 默认约束

默认约束指定在插入操作中如果没有提供输入值时，系统会自动指定插入值，即使该值是 NULL。当必须向数据表中加载一行数据但不知道某一列的值，或该值尚不存在，此时可以使用默认值约束。默认约束可以包括常量、函数、不带变量的内建函数或者空值。使用默认约束时，应注意以下几点：

（1）每个字段只能定义一个默认约束。

（2）如果定义的默认值长于其对应字段的允许长度，则输入到数据表中的默认值将被截断。

（3）不能加入到带有 IDENTITY 属性或者数据类型为 timestamp 的字段上。

（4）如果字段定义为用户定义的数据类型，而且有一个默认绑定到这个数据类型上，则不允许该字段有默认约束。

5. 外键约束

外键约束用于强制引用完整性（或称为参照完整性），提供单个字段或者多个字段的引用完整性。定义时，该约束参考同一个数据表或者另外一个数据表中主键约束字段或者唯一性约束字段，而且外键表中的字段数目和每个字段指定的数据类型都必须和 REFERENCES 表中的字段相匹配。当使用外键约束时，应考虑以下几个因素：

（1）外键约束提供了字段引用完整性。

（2）外键从句中的字段数目和每个字段指定的数据类型都必须和 REFERENCES 从句中的字段相匹配。

（3）外键约束不能自动创建索引，需要用户手动创建。

（4）用户想要修改外键约束的数据，必须只使用 REFERENCES 从句，不能使用外键子句。

（5）一个数据表中最多可以有 31 个外键约束。

（6）在临时表中，不能使用外键约束。

（7）主键和外键的数据类型必须严格匹配。

讲解了 5 种约束之后，下文将对增加和删除约束分别进行介绍。

1. 增加约束

增加约束有两种方法，可以分别使用对象资源管理器和使用 Transact-SQL 语句来创建。这里以 member 表为例，介绍增加主键约束和唯一性约束的过程。

（1）使用对象资源管理器创建主键约束和唯一性约束

使用对象资源管理器创建主键约束，对 test 数据库中的 member 表中的 id 字段建立主键约束，具体操作步骤如下：

01 在【对象资源管理器】窗口中选择 member 表节点，右击，在弹出的快捷菜单中选择【设计】菜单命令，打开表设计窗口。在表设计窗口中选择【id】字段对应的行，右击，在弹出的快捷菜单中选择【设置主键】菜单命令，如图 3-24 所示。

图 3-24　选择【设置主键】菜单命令

02 设置完成之后，id 所在行会有一个钥匙图标，表示这是主键列，如图 3-25 所示。

03 如果主键由多列组成，可以选中某一列的同时，按 Ctrl 键选择多行，然后右击，在弹出的快捷菜单中选择【主键】菜单命令，即可将多列设为主键，如图 3-26 所示。

图 3-25　设置【主键】列　　　　　　　　图 3-26　设置多列为主键

使用对象资源管理器创建唯一性约束，具体操作步骤如下：

01 在【对象资源管理器】窗口中选择 member 表节点，右击，在弹出的快捷菜单中选择【设计】菜单命令，打开表设计窗口。在 FirstName 行上右击，在弹出的快捷菜单中选择【索引/键】菜单命令，如图 3-27 所示。

02 打开【索引/键】对话框，在该对话框中显示了刚才通过表设计窗口添加的一个名为 PK_member_1 的主键约束，如图 3-28 所示。

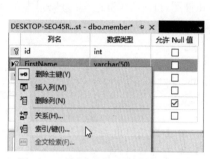

图 3-27　选择【索引/键】菜单命令

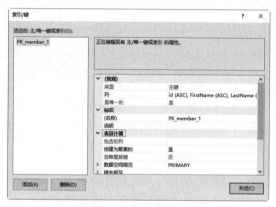

图 3-28　【索引/键】对话框 1

03 单击【添加】按钮，添加一个新的唯一性约束，然后单击【列】右侧的按钮，如图 3-29 所示。

04 打开【索引列】对话框，在【列名】中列出了 member 表中所有的字段，选择添加唯一性约束的字段 FirstName，排序顺序使用升序，然后单击【确定】按钮，如图 3-30 所示。

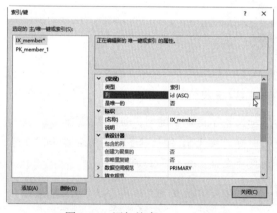

图 3-29　添加约束

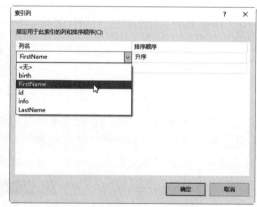

图 3-30　【索引列】对话框

05 返回到【索引/键】对话框，即可看到修改后的索引，在【名称】文本框中输入新的名称为 firstname1，设置完成之后，单击【关闭】按钮，如图 3-31 所示。

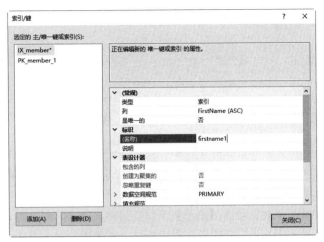

图 3-31 【索引/键】对话框 2

（2）使用 Transact-SQL 语句添加主键约束和唯一性约束

Transact-SQL 语句中可以在创建表的同时添加约束，其基本语法格式如下：

```
CREATE TABLE table name
column name datatype
[CONSTRAINT constraint_name] [NOT] NULL  PRIMARY KEY | UNIQUE
```

constraint_name 为用户定义的要创建的约束的名称。

【例 3.6】定义数据表 table_emp，并将表中 e_id 字段设为主键列，输入如下语句：

```
CREATE TABLE table emp
(
    e id      CHAR(18) PRIMARY KEY,
    e name    VARCHAR(25) NOT NULL,
    e deptId  INT,
    e phone   VARCHAR(15) CONSTRAINT uq phone UNIQUE
);
```

执行完成之后，刷新 test 数据库中的数据表，即可看到新创建的名为 table_emp 的数据表，查看该表的设计窗口，如图 3-32 所示。

列名	数据类型	允许 Null 值
e_id	char(18)	☐
e_name	varchar(25)	☐
e_deptId	int	☑
e_phone	varchar(15)	☑
		☐

图 3-32 创建带主键约束的 table_emp 数据表

从图 3-32 中可以看到，Transact-SQL 语句成功地在 e_id 字段建立了一个主键约束，用户可以选择工具栏上的【管理索引和键】命令，在【索引/键】对话框中可以看到表中的两个索引键，分别为以 PK_ 开头的表示主键约束的键和以 UQ_ 开头的表示唯一性约束的键，以及这两个键所在的表字段信息。

2．删除约束

当不再需要使用约束的时候，可以将其删除，删除约束的方法有两种，分别是使用对象资源管理器进行删除和使用 Transact-SQL 语句进行删除。

（1）使用对象资源管理器删除主键约束和唯一性约束

在对象资源管理器中删除主键约束或者唯一性约束，步骤如下：

01 打开 table_emp 数据表的表结构设计窗口。

02 单击工具栏上的【管理索引和键】按钮或者右击，在弹出的快捷菜单中选择【索引/键】菜单命令，打开【索引/键】对话框。

03 选择要删除的索引或键，单击【删除】按钮。用户在这里可以选择删除 table_emp 表中的主键索引或者是唯一性索引约束。

04 删除完成之后，单击【关闭】按钮，删除约束操作成功。

（2）使用 ALTER TABLE 语句删除主键约束和唯一性约束

使用 ALTER TABLE 语句对数据表进行操作，可以在修改数据表的时候删除表中的约束，其删除约束的基本语法格式如下：

```
ALTER TABLE table_name
DROP CONSTRAINT constraint_name [,……n]
```

- table_name：约束所在的数据表名称。
- constraint_name 需要删除的约束名称 n 在这里表示可以同时删除多个不同名称的约束。

【例 3.7】删除 member 表中的主键约束和唯一性约束，Transact-SQL 语句如下：

```
ALTER TABLE member
DROP CONSTRAINT PK_member, UQ_firstname
```

PK_member 和 UQ_firstname 分别为 member 表中两种约束的名称，用户可以在【索引/键】对话框中查看表中的所有索引和键的名称。

3.3.3　查看表中有关信息

数据表创建之后，可能会有不同的用户需要查看表的有关信息，比如查看表的结构、表的属性、表中存储的数据以及与其他数据对象之间的依赖关系等。

1．查看表的结构

打开数据库 test，在需要查看的表上右击，在弹出的快捷菜单中选择【设计】菜单命令，打开表设计窗口，在使用对象资源管理器创建数据表时，用户已经在前面的内容中看到过这个窗口，该窗口中显示了表定义中各个字段的名称、数据类型、是否允许空值以及主键唯一性约束等信息。另外，该页中的属性用户可以进行修改操作，最后单击【保存】按钮即可保存修改的操作，如图 3-33 所示。

2. 查看表的属性

在需要查看的表 member 上右击，并在弹出的快捷菜单中选择【属性】菜单命令，打开【表属性】对话框，在【常规】选项卡中显示了该表的数据库名称、当前连接到服务器的用户名称、表的创建时间和架构等属性，这里显示的属性不能修改，如图 3-34 所示。

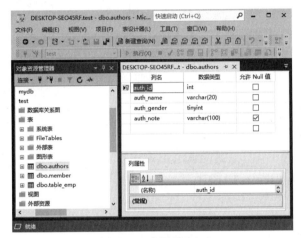

图 3-33　表设计窗口　　　　图 3-34　【表属性】对话框

3. 查看表中存储的数据

在 member 表上右击，在弹出的快捷菜单中选择【编辑前 200 行】菜单命令，将显示 member 表中的前 200 条记录，并允许用户编辑这些数据，如图 3-35 所示。

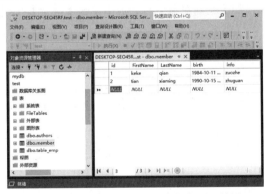

图 3-35　【编辑前 200 行】命令显示结果

4. 查看表与其他数据对象的依赖关系

在要查看的表上右击，在弹出的快捷菜单中选择【查看依赖关系】菜单命令，打开【对象依赖关系】对话框，该对话框显示了该表和其他数据对象的依赖关系。如果某个存储过程中使用了该表，该表的主键是被其他表的外键约束所依赖或者该表依赖其他数据对象时，这里会列出相关的信息，如图 3-36 所示。

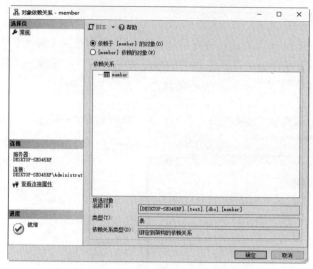

图 3-36　【对象依赖关系】对话框

3.3.4　删除数据表

当数据表不再使用时，可以将其删除。删除数据表有两种方法，分别是使用对象资源管理器和使用 DROP TABLE 语句删除。

1. 使用对象资源管理器删除数据表

在对象资源管理器中，展开指定的数据库和表，右击需要删除的表，从弹出的快捷菜单中选择【删除】菜单命令，在弹出的【删除对象】对话框中单击【确定】按钮，即可删除表，如图 3-37 所示。

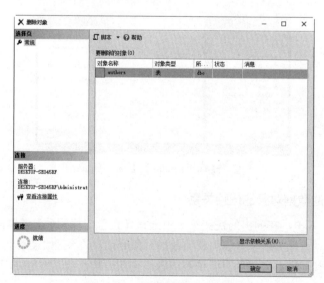

图 3-37　【删除对象】对话框

技 巧

当有对象依赖于该表时，该表不能被删除。单击【显示依赖关系】按钮，可以查看依赖于该表和该表依赖的对象。

2. 使用 DROP TABLE 语句删除数据表

Transact-SQL 语言中可以使用 DROP TABLE 语句删除指定的数据表，基本语法格式如下：

```
DROP TABLE table_name
```

table_name 是等待删除的表名称。

【例 3.8】删除 test 数据库中的 authors 表，输入如下语句：

```
USE test
GO
DROP TABLE authors
```

3.4 疑难解惑

1. 如何快速地为多个列定义完整性

如果完整性约束涉及数据表中的多个列，可以将其定义在列级别上，也可以将其定义在表级别上，这样可以简化定义的过程。

2. 删除用户定义数据类型时要当心

当表中的列还在使用用户定义的数据类型时，或者在其上面还绑定有默认规则时，这时用户定义的数据类型不能删除。

3.5 经典习题

1. 创建数据库 Market，在 Market 中创建数据表 customers，customers 表结构如表 3-2 所示，按要求进行操作。

表 3-2　customers 表结构

字段名	数据类型	主键	非空	唯一
c_id	INT	是	是	是
c_name	VARCHAR(50)	否	否	否
c_contact	VARCHAR(50)	否	否	否
c_city	VARCHAR(50)	否	否	否
c_birth	DATETIME	否	是	否

（1）创建数据库 Market。

（2）创建数据表 customers，在 c_id 字段上添加主键约束，在 c_birth 字段上添加非空约束。

（3）将 c_name 字段数据类型改为 VARCHAR(70)。

（4）将 c_contact 字段改名为 c_phone。

（5）增加 c_gender 字段，数据类型为 CHAR(1)。

（6）将表名修改为 customers_info。

（7）删除字段 c_city。

2. 在 Market 中创建数据表 orders，orders 表结构如表 3-3 所示，按要求进行操作。

表 3-3　orders 表结构

字段名	数据类型	主键	非空	唯一
o_num	INT(11)	是	是	是
o_date	DATE	否	否	否
c_id	VARCHAR(50)	否	否	否

（1）创建数据表 orders，在 o_num 字段上添加主键约束，在 c_id 字段上添加外键约束，关联 customers 表中的主键 c_id。

（2）删除 orders 表的外键约束，然后删除表 customers。

第4章 Transact-SQL语言基础

学习目标 | Objective

Transact-SQL 语言是结构化查询语言的增强版本，与多种 ANSI SQL 标准兼容，而且在标准的基础上还进行了许多扩展。Transact-SQL 代码是 SQL Server 的核心，使用 Transact-SQL 可以实现关系数据库中的数据查询、操作和添加功能。本章将详细介绍 Transact-SQL 语言的基础，包括：什么是 Transact-SQL、Transact-SQL 中的常量和变量、运算符和表达式以及如何在 Transact-SQL 中使用通配符和注释。

内容导航 | Navigation

- 了解 Transact-SQL 基本概念
- 熟悉标识符起名规则
- 掌握常量的使用方法
- 掌握变量的使用方法
- 掌握通配符的使用方法
- 掌握注释的使用方法

4.1 Transact-SQL 概述

在前面的章节中，其实已经使用了 Transact-SQL 语言，只是没有系统地对该语言进行介绍。事实上，无论应用程序的用户界面如何，与 SQL Server 实例通信的所有应用程序都将通过 Transact-SQL 语句发送到服务器进行通信。

对数据库进行查询和修改操作的语言叫作 SQL，其含义是结构化查询语言（Structured Query Language）。SQL 有许多不同的类型，有 3 个主要的标准：① ANSI（美国国家标准机构）SQL；② 对 ANSI SQL 修改后在 1992 年采纳的标准，称为 SQL92 或 SQL2；③ 最近的 SQL99 标准。SQL99 标准从 SQL2 扩充而来并增加了对象关系特征和许多其他新功能。其次，各大数据库厂商提供不同版本的 SQL。这些版本的 SQL 支持都原始的 ANSI 标准，而且在很大程度上也支持新推出的 SQL92 标准。

Transact-SQL 语言是 SQL 的一种实现形式，它包含了标准的 SQL 语言部分。标准的 SQL 语句几乎完全可以在 Transact-SQL 语言中执行，因为包含了这些标准的 SQL 语言的实现，所以提高了这些应用程序和脚本的可移植性。Transact-SQL 语言在具有 SQL 的主要特点的同时，还增加了变量、运算符、函数、流程控制和注释等语言因素，使得 Transact-SQL 的功能更加强大。另外，在标准的 ANSI SQL99 之外，Transact-SQL 语言根据需要又增加了一些非标准的 SQL 语言。在有些情况下，使用非标准的 SQL 语言，可以简化一些操作步骤。

4.1.1　什么是 Transact-SQL

Transact-SQL 是 Microsoft 公司在关系型数据库管理系统 SQL Server 中的 SQL3 标准的实现，是微软对 SQL 的扩展。在 SQL Server 中，所有与服务器实例的通信，都是通过发送 Transact-SQL 语句到服务器来实现的。根据其完成的具体功能，可以将 Transact-SQL 语句分为 4 大类，分别为数据操作语句、数据定义语句、数据控制语句和一些附加的语言元素。

数据操作语句：

```
SELECT, INSERT, DELETE, UPDATE
```

数据定义语句：

```
CREATE TABLE, DROP TABLE, ALTER TABLE, CREATE VIEW, DROP VIEW, CREATE INDEX,
DROP INDEX, CREATE PROCEDURE, ALTER PROCEDURE, DROP PROCEDURE, CREATE TRIGGER, ALTER
TRIGGER, DROP TRIGGER
```

数据控制语句：

```
GRANT, DENY, REVOKE
```

附加的语言元素：

```
BEGIN TRANSACTION/COMMIT, ROLLBACK, SET TRANSACTION, DECLARE OPEN, FETCH, CLOSE,
EXECUTE
```

4.1.2　Transact-SQL 语法的约定

表 4-1 列出了 Transact-SQL 参考的语法关系图中使用的约定，并进行了说明。

表 4-1　语法约定及说明

约定	说明
大写	Transact-SQL 关键字
斜体	用户提供的 Transact-SQL 语法的参数
粗体	数据库名、表名、列名、索引名、存储过程、实用工具、数据类型名以及必须按所显示的原样输入的文本
下画线	指示当语句中省略了带下画线的值的子句时，应用的默认值
|（竖线）	分隔括号或大括号中的语法项。只能使用其中一项
[ ]（方括号）	可选语法项。不要输入方括号
{ }（大括号）	必选语法项。不要输入大括号
[,...n]	指示前面的项可以重复 n 次。各项之间以逗号分隔
[...n]	指示前面的项可以重复 n 次。每一项由空格分隔

（续表）

约定	说明
;	Transact-SQL 语句终止符
<label> ::=	语法块的名称。此约定用于对语句中的多个位置使用的过长语法段或语法单元进行分组和标记。可用于语法块的每个位置，由括在尖括号内的标签指示：<标签>

除非另外指定，否则，所有对数据库对象名的 Transact-SQL 引用将由 4 部分名称组成，格式如下：

```
server_name .[database_name].[schema_name].object_name
| database_name.[schema_name].object_name
| schema_name.object_name
| object_name
```

- server_name: 指定连接的服务器或远程服务器。
- database_name: 表示如果对象驻留在 SQL Server 的本地实例中，则指定 SQL Server 数据库。如果对象在连接的服务器中，则 database_name 将指定 OLE DB 目录。
- schema_name: 表示如果对象在 SQL Server 数据库中，则指定包含对象的架构名称。如果对象在连接的服务器中，则 schema_name 将指定 OLE DB 架构名称。
- object_name: 表示对象名称。

引用某个特定对象时，不必总是指定服务器、数据库和架构供 SQL Server 数据库引擎来标识该对象。但是，如果找不到对象，就会返回错误消息。

除了使用时完全限定引用时的 4 个部分，在引用时若要省略中间节点，需要使用句点来指示这些位置。表 4-2 显示了引用对象名的有效格式及说明。

表 4-2　引用对象名格式及说明

引用对象名格式	说明
server . database . schema . object	4 个部分的名称
server . database .. object	省略架构名称
server .. schema . object	省略数据库名称
server ... object	省略数据库和架构名称
database . schema . object	省略服务器名
database .. object	省略服务器和架构名称
schema . object	省略服务器和数据库名称
object	省略服务器、数据库和架构名称

许多代码示例用字母 N 作为 Unicode 字符串常量的前缀。如果没有 N 前缀，则字符串被转换为数据库的默认代码页。此默认代码页可能不识别某些字符。

4.2 如何给标识符起名

为了提供完善的数据库管理机制，SQL Server 设计了严格的对象命名规则。在创建或引用数据库实例（如表、索引、约束等）时，必须遵守 SQL Server 的命名规则，否则可能发生一些难以预料的错误。

1. 标识符分类

SQL Server 的所有对象，包括服务器、数据库及数据对象，如表、视图、列、索引、触发器、存储过程、规则、默认值和约束等都可以有一个标识符，对绝大多数对象来说，标识符是必不可少的，但对某些对象来说，是否规定标识符是可以选择的。对象的标识符一般在创建对象时定义，作为引用对象的工具使用。

SQL Server 一共定义了两种类型的标识符：规则标识符和界定标识符。

（1）规则标识符

规则标识符严格遵守标识符有关的规定，所以在 Transact-SQL 中凡是规则标识符都不必使用界定符，对于不符合标识符格式的标识符要使用界定符[]或单引号''。

（2）界定标识符

界定标识符是那些使用了如[]和' '等界定符号来进行位置限定的标识符，使用界定标识符既可以遵守标识符命名规则，也可以不遵守标识符命名规则。

2. 标识符规则

标识符的首字符必须是以下两种情况之一：

- 第一种情况：所有在 Unicode 2.0 标准规定的字符，包括 26 个英文字母 a~z 和 A~Z，以及其他一些语言字符，如中文文字。例如，可以给一个数据表命名为"员工基本情况"。
- 第二种情况："_"、"@"或"#"。

标识符首字符后的字符可以是下面 3 种情况：

- 第一种情况：所有在 Unicode 2.0 标准规定的字符，包括 26 个英文字母 a~z 和 A~Z，以及其他一些语言字符，如汉字。
- 第二种情况："_"、"@"或"#"。
- 第三种情况：0，1，2，3，4，5，6，7，8，9。

标识符不允许是 Transact-SQL 的保留字：Transact-SQL 不区分字母大小写，所以无论是保留字的大写还是小写都不允许使用。

标识符内部不允许有空格或特殊字符：某些以特殊符号开头的标识符在 SQL Server 中具有特定的含义。如"@"开头的标识符表示这是一个局部变量或是一个函数的参数；以"#"开头的标识符表示这是一个临时表或存储过程；一个以"##"开头的标识符表示这是一个全局的临时数据库对象。Transact-SQL 的全局变量以标识符"@@"开头，为避免同这些全局变量混淆，建议不要使用"@@"作为标识符的开始。

无论是界定标识符还是规则标识符都最多只能容纳 128 个字符，对于本地的临时表最多可以有 116 个字符。

3. 对象命名规则

SQL Server 数据库管理系统中的数据库对象名称由 1～128 个字符组成，不区分字母大小写。在一个数据库中创建了一个数据库对象后，数据库对象的前面应该有服务器名、数据库名、包含对象的架构名和对象名 4 个部分组成。

4. 实例的命名规则

在 SQL Server 数据库管理系统中，默认实例的名字采用计算机名，实例的名字一般由计算机名和实例名两部分组成。

正确掌握数据库的命名和引用方式是用好 SQL Server 数据库管理系统的前提，也便于用户理解 SQL Server 数据库管理系统中的其他内容。

4.3　常　量

常量也称为文字值或标量值，是表示一个特定数据值的符号。常量的格式取决于它所表示的值的数据类型。一个常量通常有一种数据类型和长度，这二者取决于常量格式。根据数据类型的不同，常量可以分为如下几类：数字常量、字符串常量、日期和时间常量和符号常量。本节将介绍这些不同常量的表示方法。

4.3.1　数字常量

数字常量包括有符号和无符号的整数、定点数和浮点小数。

integer 常量不用引号引起来，用不包含小数点的数字字串来表示。integer 常量必须全部为数字，不能包含小数。

```
1894
2
```

decimal 常量不用引号引起来，用包含小数点的数字字串来表示。

```
1894.1204
2.0
```

float 和 real 常量使用科学计数法来表示。

```
101.5E5
0.5E-2
```

若要指示一个数是正数还是负数，对数值常量应用"+"或"-"一元运算符。可用于一个表示有符号数字值的表达式。如果没有应用"+"或"-"一元运算符，数值常量将默认为正数。

money 常量以前缀为可选的小数点和可选的货币符号的数字字串来表示。money 常量不使用引号引起来。

```
$12
¥542023.14
```

4.3.2　字符串常量

1. 字符串常量

字符串常量括在单引号内，包含字母和数字字符（a~z、A~Z 和 0~9）以及特殊字符，如!、@和#。将为字符串常量分配当前数据库的默认排序规则，除非使用 COLLATE 子句为其指定排序规则。用户输入的字符串通过计算机的代码页计算，如有必要，将被转换为数据库的默认代码页。

```
'Cincinnati'
'O''Brien'
'Process X is 50% complete.'
'The level for job_id: %d should be between %d and %d.'
"O'Brien"
```

2. Unicode 字符串

Unicode 字符串的格式与普通字符串相似，但它前面有一个 N 标识符（N 代表 SQL92 标准中的区域语言）。N 前缀必须是大写字母。例如，'Michél' 是字符串常量而 N'Michél'则是 Unicode 常量。Unicode 常量被解释为 Unicode 数据，并且不使用代码页进行计算。Unicode 常量有排序规则，该排序规则主要用于控制比较和如何区分字母大小写。为 Unicode 常量分配当前数据库的默认排序规则，除非使用 COLLATE 子句为其指定了排序规则。对于字符数据，存储 Unicode 数据时每个字符使用 2 个字节，而不是每个字符 1 个字节。

4.3.3　日期和时间常量

日期和时间常量使用特定格式的字符日期值来表示，并用单引号引起来。

```
'December 5, 1985'
'5 December, 1985'
'851205'
'12/5/85'
```

4.3.4　符号常量

1. 分隔标识符

在 Transact-SQL 中，双引号有两层意思，除了用于表示字符串之外，双引号还能用来做分隔标识符（Delimited Identifier）。分隔标识符是标识符的一种特殊类型。

<table>
<tr><td colspan="1" align="center">提　示</td></tr>
<tr><td>

　　单引号和双引号之间的区别在于 SQL92 标准中的规定，单引号只能用来包含字符串，不能用于分隔标识符。对于不符合常规标识符规则的标识符必须用双引号来分隔。分隔标识符是用双引号引出的，而且区分字母大小写（Transact-SQL 还支持用方括号代替双引号作为分隔标识符）。另外，双引号用于分隔字符串时，可以在其中包含不合规定的字符，如空格。

</td></tr>
</table>

在 Transact-SQL 中，双引号可用来定义 SET 语句中的 QUOTED_IDENTIFIER 选项，如果该选项设置为 ON（即默认值），那么双引号只能用于分隔标识符，而不能用于分隔字符串。

<table>
<tr><td colspan="1" align="center">技　巧</td></tr>
<tr><td>

　　说明一个 Transact-SQL 语句的注释有两种方法：一种方法是使用一对字符/**/，注释就是用附着在里面的内容进行提示说明（这种情况下，注释内容可以扩展成很多行）；另一种方法是使用字符"--"（两个连字符）表示当前行剩下的就是注释（两个连字符就符合 ANSI SQL 标准，而/和/是 Transact-SQL 语言的扩展）。

</td></tr>
</table>

2. 标识符

在 Transact-SQL 语句中，标识符用于标识数据库对象如数据库、数据表和索引。它们是字符序列，这些字符序列的长度可以达到 128 个字符，其中可包含字母、数字或者这些字符："_""@""#"和"$"。每个标识符都必须以一个字母或者这些字符中的一个作为开头："_""@"和"#"。以"#"开头的标识符作为表名或存储程序名时表示一个临时对象，而以"@"开头的标识符则表示一个变量。如前文所述，这些规则并不适用于分隔标识符（也称为引用标识符），分隔标识符可以将这些字符包含在内或者以其中的任意字符开头。

4.4　变　　量

变量可以保存查询之后的结果，可以在查询语句中使用变量，也可以将变量中的值插入到数据表中，在 Transact-SQL 中变量的使用非常灵活方便，可以在任何 Transact-SQL 语句集合中声明使用，根据其生命周期，可以分为全局变量和局部变量。

4.4.1　全局变量

全局变量是 SQL Server 系统中使用的变量，其作用范围并不仅仅局限于某一程序，而是任何程序均可以随时调用。全局变量通常存储一些 SQL Server 的配置设定值和统计数据。用户可以在程序中使用全局变量来测试系统的设定值或者是 Transact-SQL 命令执行后的状态值。在使用全局变量时应注意以下几点。

全局变量不是由用户的程序定义的，它们是在服务器级定义的。用户只能使用预先定义的全局变量，而不能修改全局变量。引用全局变量时，必须以标记符"@@"开头。

SQL Server 2019 中常用的全局变量及其含义如下：

- @@CONNECTIONS：返回 SQL Server 自上次启动以来尝试的连接数，无论连接是成功还是失败。

- @@CPU_BUSY：返回 SQL Server 自上次启动后的工作时间。其结果以 CPU 时间增量或"滴答数"来表示，此值为 CPU 工作时间的累积值，因此，可能会超出实际占用 CPU 的时间。乘以@@TIMETICKS 即可转换为微秒。

- @@CURSOR_ROWS：返回连接的数据库上打开的上一个游标中的当前限定行的数目。为了提高性能，SQL Server 可异步填充大型键集和静态游标。可调用@@CURSOR_ROWS 以确定当其被调用时检索了游标符合条件的行数。

- @@DATEFIRST：针对会话返回 SET DATEFIRST 的当前值。

- @@DBTS：返回当前数据库的当前 timestamp 数据类型的值。这一时间戳值在数据库中必须是唯一的。

- @@ERROR：返回执行的上一个 Transact-SQL 语句出现错误时对应的错误编号。

- @@FETCH_STATUS：返回针对连接的数据库当前打开的任何游标，发出的上一条游标 FETCH 语句的状态。

- @@IDENTITY：返回插入到数据表的 IDENTITY 列的最后一个值。

- @@IDLE：返回 SQL Server 自上次启动后的空闲时间。结果以 CPU 时间增量或"时钟周期"来表示，是所有的累积值，因此该值可能超过实际经过的时间。乘以 @@TIMETICKS 即可转换为微秒。

- @@IO_BUSY：返回自 SQL Server 最近一次启动以来，SQL Server 已经用于执行输入和输出操作的时间。其结果是 CPU 时间增量（时钟周期），是 CPU 执行操作的累积值，这个值可能超过实际消逝的时间。乘以@@TIMETICKS 即可转换为微秒。

- @@LANGID：返回当前使用的语言对应的本地语言标识符（ID）。

- @@LANGUAGE：返回当前所用语言的名称。

- @@LOCK_TIMEOUT：返回当前会话的锁定超时的设置值（单位为毫秒）。

- @@MAX_CONNECTIONS：返回 SQL Server 实例允许同时进行的最大用户连接数。返回的数值不一定是当前配置的数值。

- @@MAX_PRECISION：按照服务器中的当前设置，返回 decimal 和 numeric 数据类型所用的精度级别。默认情况下，最大精度级别 38。

- @@NESTLEVEL：返回在本地服务器上执行的当前存储过程的嵌套级别（初始值为 0）。

- @@OPTIONS：返回有关当前 SET 选项的信息。

- @@PACK_RECEIVED：返回 SQL Server 自上次启动后从网络读取的输入数据包数。

- @@PACK_SENT：返回 SQL Server 自上次启动后写入网络的输出数据包个数。

- @@PACKET_ERRORS：返回自上次启动 SQL Server 后，在 SQL Server 连接上发生的网络数据包错误数。

- @@ROWCOUNT：返回上一次语句影响的数据行的行数。

- @@PROCID：返回 Transact-SQL 当前模块的对象标识符（ID）。Transact-SQL 模块可以是存储过程、用户定义函数或触发器。不能在 CLR 模块或进程内的数据访问接口中指定 @@PROCID 。
- @@SERVERNAME：返回运行 SQL Server 的本地服务器的名称。
- @@SERVICENAME：返回 SQL Server 正在运行的注册表项的名称。若当前实例为默认实例，则@@SERVICENAME 返回 MSSQLSERVER；若当前实例是命名实例，则该函数返回该实例名。
- @@SPID：返回当前用户进程的会话 ID。
- @@TEXTSIZE：返回 SET 语句的 TEXTSIZE 选项的当前值，它指定 SELECT 语句返回的 text 或 image 数据类型的最大长度，其单位为字节。
- @@TIMETICKS：返回每个时钟周期的微秒数。
- @@TOTAL_ERRORS：返回自上次启动 SQL Server 之后，SQL Server 所遇到的磁盘写入错误数。
- @@TOTAL_READ：返回 SQL Server 自上次启动后，由 SQL Server 读取（非缓存读取）的磁盘的数目。
- @@TOTAL_WRITE：返回自上次启动 SQL Server 以来，SQL Server 所执行的磁盘写入数。
- @@TRANCOUNT：返回当前连接的活动事务数。
- @@VERSION：返回当前安装的日期、版本和处理器类型。

【例 4.1】查看当前 SQL Server 的版本信息和服务器名称，输入如下语句：

```
SELECT @@VERSION AS 'SQL Server版本', @@SERVERNAME AS '服务器名称'
```

使用 Windows 身份验证登录到 SQL Server 服务器之后，新建立一个对当前连接的数据库的查询，输入上面的语句，单击【执行】按钮，执行结果如图 4-1 所示。

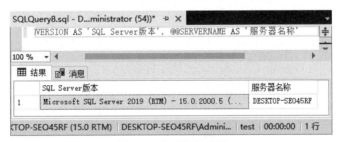

图 4-1　查看执行结果

4.4.2　局部变量

局部变量是一个能够拥有特定数据类型的对象，它的作用范围仅限制在程序内部。在批处理和脚本中变量可以有如下用途：作为计数器计算循环执行的次数或控制循环执行的次数，保存数据值供控制流语句测试，以及保存由存储过程代码返回的数据值或者函数返回值。局部变量被引用时要在其名称前加上标志"@"，而且必须先用 DECLARE 命令声明后才可以使用。定义局部变量的语法形式如下：

```
DECLARE {@local-variable data-type} [...n]
```

@local-variable 参数用于指定局部变量的名称，变量名必须以符号"@"开头，且必须符合 SQL Server 的命名规则。

data-type 参数用于设置局部变量的数据类型及其大小。data-type 可以是任何由系统提供的或用户定义的数据类型。但是，局部变量不能是 text、ntext 或 image 数据类型。

提 示

局部变量的名称不能与全局变量的名称相同，否则会在应用程序中出现不可预测的结果。

【例 4.2】使用 DECLARE 语句创建 int 数据类型的名为@MyCounter 的局部变量，输入如下语句：

```
DECLARE @MyCounter int;
```

若要声明多个局部变量，在定义的第一个局部变量后使用一个逗号，然后指定下一个局部变量名称和数据类型。

【例 4.3】声明 3 个名为@Name、@Phone 和@Address 的局部变量，并将每个变量都初始化为 NULL，输入如下语句：

```
DECLARE @Name varchar(30), @Phone varchar(20), @Address char(2);
```

使用 DECLARE 命令声明并创建局部变量之后，会将其初始值设为 NULL，如果想要设置局部变量的值，必须使用 SELECT 命令或者 SET 命令。其语法形式为：

```
SET {@local-variable=expression} 或者SELECT {@local-variable=expression }
[, ...n]
```

其中，@local-variable 是给其赋值并声明的局部变量。expression 是任何有效的 SQL Server 表达式。

【例 4.4】使用 SELECT 语句为@MyCount 变量赋值，最后输出@MyCount 变量的值，输入如下语句：

```
DECLARE @MyCount INT
SELECT @MyCount =100
SELECT @MyCount
GO
```

执行结果如图 4-2 所示。

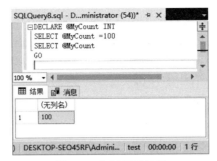

图 4-2   执行后的结果

【例 4.5】通过查询语句给变量赋值，输入如下语句：

```
DECLARE @rows int
SET @rows=(SELECT COUNT(*) FROM Member)
SELECT @rows
GO
```

该语句查询出 Member 表中总的记录数，并将其保存在 rows 局部变量中。

【例 4.6】在 SELECT 查询语句中，使用由 SET 赋值的局部变量，输入如下语句：

```
USE test
GO
DECLARE @memberType varchar(100)
SET @memberType ='VIP'
SELECT RTRIM(FirstName)+' '+RTRIM(LastName) AS Name, @memberType
FROM member
GO
```

4.4.3   批处理和脚本

批处理是同时从应用程序发送到 SQL Server 并得以执行的一组单条或多条的 Transact-SQL 语句。这些语句为了达到一个整体的目标而同时执行。GO 命令表示批处理的结束。如果 Transact-SQL 脚本中没有 GO 命令，那么它将被作为单个批处理来执行。

SQL Server 将批处理中的语句作为一个整体，编译为一个执行计划，批处理中的语句是一起提交给服务器的，所以可以节省系统开销。

批处理中的语句如果在编译时出现错误，则不能产生执行计划，那么批处理中的任何一个语句都不会执行。批处理运行时出现错误将有如下影响：

● 大多数运行时错误将停止执行批处理中当前语句和它之后的语句。

● 某些运行时错误（如违反约束）仅停止执行当前语句，而继续执行批处理中其他所有语句。

● 在遇到运行时错误的语句之前执行的语句不受影响。唯一例外的情况是批处理位于事务中并且错误导致事务回滚。在这种情况下，所有在运行时错误之前执行的未提交数据修改都将回滚。

批处理使用时有如下限制规则：

- CREATE DEFAULT、CREATE FUNCTION、CREATE PROCEDURE、CREATE RULE、CREATE SCHEMA、CREATE TRIGGER 和 CREATE VIEW 语句不能在批处理中与其他语句组合使用。批处理必须以 CREATE 语句开始。所有跟在该批处理后的其他语句将被解释为第一个 CREATE 语句定义的一部分。
- 不能在同一个批处理中更改表，然后引用新列。
- 如果 EXECUTE 语句是批处理中的第一句，则不需要 EXECUTE 关键字。如果 EXECUTE 语句不是批处理中的第一条语句，则需要 EXECUTE 关键字。

脚本是存储在文件中的一系列 Transact-SQL 语句。Transact-SQL 脚本包含一个或多个批处理。Transact-SQL 脚本主要有以下用途：

- 在服务器上保存用来创建和填充数据库的程序的永久副本，作为一种备份机制。
- 必要时将语句从一台计算机传输到另一台计算机。
- 通过让新员工发现代码中的问题、了解代码或更改代码从而快速对其进行培训。

脚本可以看作一个单元，以文本文件的形式存储在系统中，在脚本中可以使用系统函数和局部变量，例如一个脚本中包含了如下代码：

```
USE test_db
GO
DECLARE @mycount int
CREATE TABLE person
(
  id     INT NOT NULL PRIMARY KEY,
  name   VARCHAR(40) NOT NULL DEFAULT '',
  age    INT NOT NULL DEFAULT 0,
  info   VARCHAR(50) NULL
);
INSERT INTO person (id ,name, age ) VALUES (1,'Green', 21);
INSERT INTO person (age ,name, id , info) VALUES (22, 'Suse', 2, 'dancer');
SET @mycount =(SELECT COUNT(*) FROM person)
GO
```

该脚本中使用了 6 条语句，分别包含了 USE 语句、局部变量的定义、CREATE 语句、INSERT 语句、SELECT 语句以及 SET 赋值语句，所有的这些语句在一起完成了 person 数据表的创建、数据的插入并统计了插入的记录总数。

USE 语句用来设置当前使用的数据库，可以看到，因为使用了 USE 语句，所以在执行 INSERT 和 SELECT 语句时，它们将在指定的数据库（test_db）中进行操作。

4.5　运算符和表达式

运算符是一些符号，它们能够用于执行算术运算、字符串连接、赋值以及在字段、常量和变量之间进行比较运算。在 SQL Server 2019 中，运算符主要有算术运算符、比较运算符、逻辑运算符、连接运算符以及按位运算符等。表达式在 SQL Server 2019 中也具有非常重要的作用，SQL 语言中的许多重要操作也都需要使用表达式来完成，本节将介绍各类运算符的用法和有关表达式的详细信息。

4.5.1　算术运算符

算术运算符可以在两个表达式上执行数学运算，这两个表达式可以是任何数值数据类型。Transact-SQL 中的算术运算符如表 4-3 所示。

表 4-3　Transact-SQL 中的算术运算符

运算符	作用
+	加法运算
-	减法运算
*	乘法运算
/	除法运算，返回商
%	求余运算，返回余数

加法和减法运算符也可以对 datetime 和 smalldatetime 类型的数据执行算术运算。求余运算即返回一个除法运算的整数余数，例如表达式 14%3 的结果等于 2。

4.5.2　比较运算符

比较运算符用来比较两张表达式的大小，表达式可以是字符、数字或日期数据，其比较结果是布尔值。

比较运算符测试两个表达式是否相同。除了 text、ntext 或 image 数据类型的表达式外，比较运算符可以用于所有的表达式。表 4-4 列出了 Transact-SQL 中的比较运算符。

表 4-4　Transact-SQL 中的比较运算符

运算符	含义
=	等于
>	大于
<	小于
>=	大于等于
<=	小于等于
<>	不等于
!=	不等于（非 ISO 标准）
!<	不小于（非 ISO 标准）
!>	不大于（非 ISO 标准）

4.5.3　逻辑运算符

逻辑运算符可以把多个逻辑表达式连接起来测试，以获得逻辑结果值。返回带有 TRUE、FALSE

或 UNKNOWN 值的 Boolean 数据类型。Transact-SQL 中包含如下一些逻辑运算符：

- ALL：如果一组的比较都为 TRUE，那么结果为 TRUE。
- AND：如果两个逻辑表达式都为 TRUE，那么结果为 TRUE。
- ANY：如果一组的比较中任何一个为 TRUE，那么结果为 TRUE。
- BETWEEN：如果操作数在某个范围之内，那么结果为 TRUE。
- EXISTS：如果子查询包含一些行，那么结果为 TRUE。
- IN：如果操作数等于表达式列表中的一个，那么结果为 TRUE。
- LIKE：如果操作数与一种模式相匹配，那么结果为 TRUE。
- NOT：对任何其他逻辑运算符的值取反。
- OR：如果两个逻辑表达式中的一个为 TRUE，那么结果为 TRUE。
- SOME：如果在一组比较中，有些为 TRUE，那么结果为 TRUE。

4.5.4 连接运算符

加号（+）是字符串串接运算符，可以将两个或两个以上字符串合并串接成一个字符串。其他所有字符串操作则可以调用字符串函数（如 SUBSTRING）进行处理。

默认情况下，对于 varchar 数据类型的数据，在 INSERT 或赋值语句中，空的字符串将被解释为空字符串。在串接 varchar、char 或 text 数据类型的数据时，空的字符串被解释为空字符串。例如，'abc' + '' + 'def'被存储为'abcdef'。

4.5.5 按位运算符

按位运算符在两个表达式之间执行位运算，这两个表达式可以为整数大类型中的任何子类型。Transact-SQL 中的按位运算符如表 4-5 所示。

表 4-5　按位运算符

运算符	含义
&	按位"与"
|	按位"或"
^	按位"异或"
~	按位"非"，即按位求反运算

4.5.6 运算符的优先级

当一个复杂的表达式中有多个运算符时，运算符的优先级决定了执行运算的先后次序。执行运算的顺序决定了最终所得到的值。

运算符的优先级如表 4-6 所示。较高优先级的运算符先于较低优先级的运算符进行求值运算，表 4-6 按运算符从高到低的顺序列出了 SQL Server 中的运算符优先级。

表 4-6 SQL Server 中运算符的优先级

级别	运算符
1	~（按位"非"）
2	*（乘）、/（除）、%（取模）
3	+（正）、-（负）、+（加）、+（连接）、-（减）、&（按位"与"）、^（按位"异或"）、|（按位"或"）
4	=、>、<、>=、<=、<>、!=、!>、!<（比较运算符）
5	NOT
6	AND
7	ALL、ANY、BETWEEN、IN、LIKE、OR、SOME
8	=（赋值）

当一个表达式中的两个运算符具有相同的优先级时，将按照它们在表达式中的位置从左到右进行求值运算。当然，在无法确定优先级的情况下，可以使用圆括号"()"来改变优先级，并且这样会使计算过程更加清晰。

4.5.7　什么是表达式

表达式是指用运算符和圆括号把变量、常量和函数等运算成分连接起来的具有意义的运算式，即使是单个的常量、变量和函数也可以看成是一个表达式。表达式有多方面的用途，如执行计算、提供查询记录条件等。

4.5.8　Transact-SQL 表达式的分类

根据连接表达式的运算符进行分类，可以将表达式分为算术表达式、比较表达式、逻辑表达式、按位运算表达式和混合表达式等；根据表达式的作用进行分类，可以将表达式分为字段名表达式、目标表达式和条件表达式。

1. 字段名表达式

字段名表达式可以是单个字段或几个字段的组合，还可以是由字段、作用于字段的集合函数和常量的任意算术运算（+、-、*、/）组成的运算表达式。主要包括数值表达式、字符表达式、逻辑表达式和日期表达式 4 种。

2. 目标表达式

目标表达式有 4 种构成方式。

（1）*：表示选择相应基表和视图的所有字段。

（2）<表名>.*：表示选择指定的基表和视图的所有字段。

（3）集函数()：表示在相应的表中按集函数操作和运算。

（4）[<表名>.]字段名表达式[, [<表名>.]<字段名表达式>]……：表示按字段名表达式在多个指定的表中选择。

3. 条件表达式

常用的条件表达式有以下 6 种：

（1）比较大小——应用比较运算符构成表达式，主要的比较运算符有=、>、>=、<、<=、!=、<>、!>（不大于）、!<（不小于）、NOT（与比较运算符相同，对条件求非）。

（2）指定范围——（NOT）BETWEEN…AND…运算符查找字段值在或者不在指定范围内的记录。BETWEEN 后面指定范围的最小值，AND 后面指定范围的最大值。

（3）集合（NOT）IN——查询字段值属于或者不属于指定集合内的记录。

（4）字符匹配——（NOT）LIKE '<匹配字符串>' [ESCAPE '<换码字符>'] 查找字段值满足<匹配字符串>中指定匹配条件的记录。<匹配字符串>可以是一个完整的字符串，也可以包含通配符"_"和"%"，"_"代表任意单个字符，"%"代表任意长度的字符串。

（5）空值 IS（NOT）NULL——查找字段值为空（不为空）的记录。NULL 不能用来表示无形值、默认值、不可用值、以及取最低值或取最高值。SQL 规定，在含有运算符+、-、*、/的算术表达式中，若有一个值是空值，则该算术表达式的值也是空值；任何一个含有 NULL 比较操作结果的取值都为 FALSE。

（6）多重条件 AND 和 OR——AND 表达式用来找出字段值同时满足 AND 相连接的查询条件的记录。OR 表达式用来找出字段值满足 OR 连接的查询条件中的记录。AND 运算符的优先级高于 OR 运算符。

4.6 Transact-SQL 利器——通配符

查询时，有时无法指定一个清楚的查询条件，此时可以使用 SQL 通配符，通配符用来代替一个或多个字符，在使用通配符时，要与 LIKE 运算符一起使用。Transact-SQL 中常用的通配符如表 4-7 所示。

表 4-7　Transact-SQL 中的通配符

通配符	说明	例子	匹配值示例
%	匹配任意长度的字符，甚至包括零个字符	'f%n'匹配字符 n 前面有任意个字符 f	fn、fan、faan、abcn
_	匹配任意单个字符	'b_'匹配以 b 开头长度为两个字符的值	ba、by、bx、bp
[字符集合]	匹配字符集合中的任何一个字符	'[xz]' 匹配 x 或者 z	dizzy、zebra、x-ray、extra
[^]或[!]	匹配不在括号中的任何字符	'[^abc]'匹配任何不包含 a、b 或 c 的字符串	desk、fox、f8ke

4.7 Transact-SQL 语言中的注释

通过注释可以添加对 SQL 程序代码的解释性说明文字，这些文字可以插入单独一行 Transact-SQL 语句中，即可以在一条 Transact-SQL 语句的结尾，也可以嵌套在一条 Transact-SQL 语句的中间。注释不会被 SQL 解释器执行。为 SQL 程序代码添加注释可以增强代码的可读性和清晰度，特别是在团队开发时，使用注释更能够加强开发同伴之间的沟通，提高团队的工作效率。

SQL 中的注释分为以下两种。

1. 单行注释

单行注释以两个连字符 "--" 开始，作用范围是从注释符号开始到一行的结束。例如：

```
--CREATE TABLE temp
--( id INT PRIMAYR KEY, hobby VARCHAR(100) NULL)
```

该段代码表示创建一个数据表，但是因为加了注释符号"--"，所以该段代码是不会被执行的。

```
--查找表中的所有记录
SELECT * FROM member WHERE id=1
```

该段代码中的第二行将被 SQL 解释器执行，而第一行作为第二行语句的解释性说明文字，不会被执行。

2. 多行注释

多行注释作用于某一代码块，该注释使用斜杠星型（/**/），使用这种注释时，编译器将忽略从（/*）开始后面的所有内容，直至遇到（*/）为止。例如：

```
/*CREATE TABLE temp
--( id INT PRIMAYR KEY, hobby VARCHAR(100) NULL)*/
```

该段代码被当作注释内容，不会被解释器执行。

4.8 疑难解惑

1. 串接字符串时要保证数据类型可转换吗

串接字符串时，多个表达式必须具有相同的数据类型，或者其中一个表达式必须能够隐式地转换为另一表达式的数据类型，若要连接两个数值，这两个数值都必须显式转换为某种字符串数据类型。

2. 使用比较运算符要保证数据类型的一致吗

在 SQL Server 2019 中，比较运算符几乎可以连接所有的数据类型，但是，比较运算符两边的数据类型必须保持一致。如果连接的数据类型不是数字值时，必须用单引号将比较运算符后面的数据引起来。

4.9　经典习题

1. SQL Server 系统数据类型都有哪些，各种数据类型都有什么特点？
2. 局部变量和全局变量有什么区别？
3. SQL Server 运算符有哪几类，每一种运算符的使用方法和特点是什么？

第5章 轻松掌握Transact-SQL语句

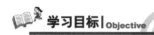 学习目标 | Objective

Transact-SQL 是标准 SQL 的增强版，是应用程序与 SQL Server 沟通的主要语言，本章将以 Transact-SQL 语句为基础，分别从数据定义语句、数据操作语句、数据控制语句、其他基本语句、流程控制语句和批处理语句等几个方面来详细介绍。

内容导航 | Navigation

- 掌握数据定义语句（DDL）的使用方法
- 掌握数据操作语句（DML）的使用方法
- 掌握数据控制语句（DCL）的使用方法
- 掌握其他基本语句的使用方法
- 掌握流程控制语句的使用方法
- 掌握批处理语句的使用方法

5.1 数据定义语句

数据定义语句，是用于描述数据库中要存储的现实世界实体的语言。作为数据库管理系统的一部分，DDL 用于定义数据库的所有特性和属性，例如行布局、字段定义、文件位置，常见的数据定义语句有：CREATE DATABASE、CREATE TABLE、CREATE VIEW、DROP VIEW、ALTER TABLE 等，下面将分别介绍各种数据定义语句。

5.1.1 CREATE 的应用

作为数据库操作语言中非常重要的部分，CREATE 用于创建数据库、数据表以及约束等，下面将详细介绍 CREATE 的具体应用。

1. 创建数据库

创建数据库是在系统磁盘上划分一块区域用于数据的存储和管理，创建数据库时需要指定数据库的名称、文件名、数据文件大小、初始大小、是否自动增长等内容。在 SQL Server 中可以使用 CREATE DATABASE 语句创建数据库，也可以通过对象资源管理创建数据库。这里主要介绍 CREATE DATABASE 的用法。CREAETE DATABASE 语句的基本语法格式如下：

```
CREATE DATABASE database_name
[ ON [ PRIMARY ]
NAME = logical_file_name
    [ , NEWNAME = new_logical_name ]
    [ , FILENAME = {'os_file_name' | 'filestream_path' } ]
    [ , SIZE = size [ KB | MB | GB | TB ] ]
    [ , MAXSIZE = { max_size [ KB | MB | GB | TB ] | UNLIMITED } ]
    [ , FILEGROWTH = growth_increment [ KB | MB | GB | TB| % ] ]
] [ ,...n ]
```

- database_name：数据库的名称，不能与 SQL Server 中现有的数据库实例名称相冲突，数据库的名称中最多可以包含 128 个字符。
- ON：指定用来存储数据库中数据的磁盘文件。
- PRIMARY：指定关联的<filespec>列表定义的主文件，在主文件组<filespec>项中指定的第一个文件将生成主文件，一个数据库只能有一个主文件。如果没有指定 PRIMARY，那么 CREATE DATABASE 语句中列出的第一个文件将成为主文件。
- LOG ON：指定用来存储数据库日志的日志文件。LOG ON 后跟以逗号分隔的用以定义日志文件的 <filespec> 项列表。如果没有指定 LOG ON，将自动创建一个日志文件，其大小为该数据库的所有数据文件大小总和的 25%或 512KB，取两者之中的较大者。
- NAME：指定文件的逻辑名称。引用文件时在 SQL Server 中使用的逻辑名称。
- FILENAME：指定创建文件时由操作系统使用的路径和文件名，执行 CREATE DATABASE 语句前，指定路径必须存在。
- SIZE：指定数据库文件的初始大小，如果没有为主文件提供 size 的值，那么数据库引擎将使用 model 数据库中的主文件的大小。
- MAXSIZE：指定文件可增大到的最大大小（即容量）。可以使用 KB、MB、GB 和 TB 作为后缀来指定容量单位，默认容量单位为 MB，max_size 是整数值。如果不指定 max_size，则文件将不断增长直至整个磁盘被占满。UNLIMITED 表示文件一直增长到磁盘被占满。
- FILEGROWTH：指定文件的自动增量。文件的 FILEGROWTH 设置不能超过 MAXSIZE 设置。该值可以用 MB、KB、GB、TB 或%来指定容量单位。默认容量单位为 MB。如果指定为%，则表示增量大小按文件大小的百分比增量来计算。值为 0 时，表明自动增长被设置为关闭，不允许增加额外的存储空间。

【例 5.1】创建名为 test_db 的数据库，输入如下语句：

```
CREATE DATABASE test_db ON  PRIMARY
(
NAME = test_db_data1,   --数据库逻辑文件名称
FILENAME ='C:\SQL Server 2019\test_db_data.mdf',    --主数据文件的存储位置
SIZE = 5120KB ,        --主数据文件大的小
MAXSIZE =20,           --主数据文件最大可增长到为20MB
FILEGROWTH =1          --文件增长大小设置为1MB
)
```

该段程序代码创建一个名为 test_db 的数据库，数据库的主数据文件名设置为 test_db_data1，主数据文件大小为 5MB，增长大小为 1MB；注意，该段程序代码没有指定创建事务日志文件，但是系统默认会创建一个以数据库名加上_log 作为文件名的日志文件，该日志文件的大小为系统默认值 2MB，增量为 10%，因为没有设置增长限制，所以事务日志文件的最大增长空间将是指定磁盘上所有剩余的可用存储空间。

2. 创建数据表

在创建完数据库之后，接下来的工作就是创建数据表。所谓创建数据表，就在已经创建好了的数据库中建立新表。创建数据表的过程是规定数据列的属性的过程，同时也是实施数据完整性约束的过程。创建数据表使用 CREATE TABLE 语句，CREATE TABLE 语句的基本语法格式如下：

```
CREATE TABLE  [database_name.[ schema_name ].] table_name
{column_name  <data_type>
[ NULL | NOT NULL ] | [ DEFAULT constant_expression ] | [ ROWGUIDCOL ]
{ PRIMARY KEY | UNIQUE } [CLUSTERED | NONCLUSTERED]
 [ ASC | DESC ]
}[ ,...n ]
```

- database_name：指定要在其中创建数据表的数据库（通过数据库名来指定），不指定数据库时，则默认使用当前数据库。
- schema_name：指定新数据表所属架构（通过架构名来指定），若此项为空，则默认为新表的创建者在当前架构。
- table_name：指定要创建的数据表（通过数据表名来指定）。
- column_name：数据表中各个列的名称，列名必须唯一。
- data_type：指定字段的数据类型，可以是系统数据类型，也可以是用户自定义的数据类型。
- NULL | NOT NULL：确定列中是否允许使用空值。
- DEFAULT：用于指定列的默认值。
- ROWGUIDCOL：指示新列是行 GUID 列。对于每个数据表，只能将其中的一个 uniqueidentifier 列指定为 ROWGUIDCOL 列。
- PRIMARY KEY：主键约束，每个数据表只能创建一个主键约束。主键约束中定义的所有列都必须定义为 NOT NULL，即非空。
- UNIQUE：唯一性约束，该约束通过唯一索引为一个或多个指定列提供实体完整性。一个数据表可以有多个唯一性约束。
- CLUSTERED | NONCLUSTERED：指示为主键约束或唯一性约束创建聚集索引还是非聚集索引。主键约束默认为 CLUSTERED，唯一性约束默认为 NONCLUSTERED。在 CREATE TABLE 语句中，只可为一个约束指定 CLUSTERED。如果在唯一性约束指定 CLUSTERED 的同时又指定了主键约束，则主键约束将默认为 NONCLUSTERED。
- [ASC | DESC]：指定加入到数据表约束中的一列或多列的排列顺序，ASC 为升序排列，DESC 为降序排列，默认值为 ASC。

【例 5.2】在 test_db 数据库中创建员工表 tb_emp1，结构如表 5-1 所示。

表 5-1　tb_emp1 表结构

字段名称	数据类型	备注
id	INT(11)	员工编号
name	VARCHAR(25)	员工名称
deptId	CHAR(2)	所在部门编号
salary	SMALLMONEY	工资

输入如下语句：

```
USE test_db
CREATE TABLE tb_emp1
(
id      INT PRIMARY KEY,
name    VARCHAR(25) NOT NULL,
deptId  CHAR(2) NOT NULL,
salary  SMALLMONEY NULL
);
```

该段程序代码将在 test_db 数据库中添加一个名为 tb_emp1 的数据表。读者可以打开表设计窗口，即可看到该表的结构，如图 5-1 所示。

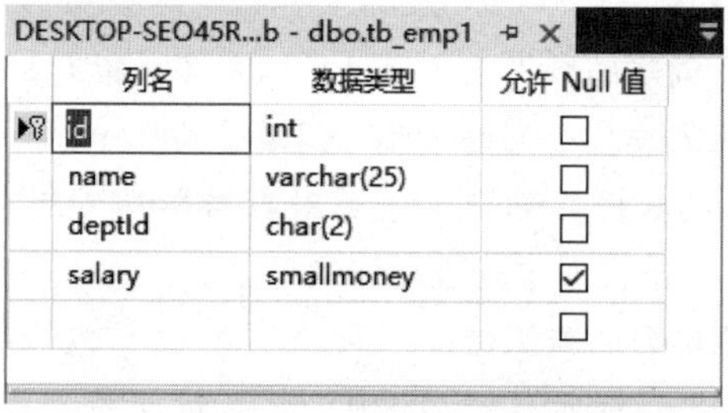

图 5-1　查看 tb_emp1 数据表的表结构

5.1.2　DROP 的功能

既然能够创建数据库和数据表，那么也能将其删除，DROP 语句可以轻松地删除数据库和数据表。下面介绍如何使用 DROP 语句。

1. 删除数据表

删除数据表是将数据库中已经存在的表从数据库中删除。注意，删除表的同时，表的定义和表中数据、索引和视图也会被删除，因此，在删除操作前，最好对表中的数据做个备份，以免造成无法挽回的后果（如果要删除的表是其他表的参照表，此表将无法删除，需要先删除表中的外键约束或者将其他表删除）。删除表的语法格式如下：

```
DROP TABLE table_name
```

table_name 用于指定要删除的数据表。

【例 5.3】删除 test_db 数据库中的 table_emp 表，输入如下语句：

```
USE test_db
GO
DROP TABLE dbo.table_emp
```

2. 删除数据库

删除数据库是将已经存在的数据库从磁盘空间上清除，清除之后，数据库中的所有数据也将一同被删除，删除数据库的基本语法格式为：

```
DROP DATABASE database_name
```

database_name 用于指定要删除的数据库。

【例 5.4】删除 test_db 数据库，输入如下语句：

```
DROP DATABASE test_db
```

5.1.3 ALTER 的功能

用户可以使用 ALTER 语句对数据库和数据表进行修改，下面将介绍如何使用 ALTER 语句修改数据库和数据表。

1. 修改数据库

修改数据库可以使用 ALTER DATABASE 语句，其基本语法格式如下：

```
ALTER DATABASE database_name
{
  ADD FILE <filespec> [ ,...n ] [ TO FILEGROUP { filegroup_name } ]
  | ADD LOG FILE <filespec> [ ,...n ]
  | REMOVE FILE logical_file_name
  | MODIFY FILE <filespec>
| MODIFY NAME = new_database_name
| ADD FILEGROUP filegroup_name
| REMOVE FILEGROUP filegroup_name
| MODIFY FILEGROUP filegroup_name
}
<filespec>::=
(
NAME = logical_file_name
[ , NEWNAME = new_logical_name ]
[ , FILENAME = {'os_file_name' | 'filestream_path' } ]
 [ , SIZE = size [ KB | MB | GB | TB ] ]
[ , MAXSIZE = { max_size [ KB | MB | GB | TB ] | UNLIMITED } ]
[ , FILEGROWTH = growth_increment [ KB | MB | GB | TB| % ] ]
[ , OFFLINE ]
)
```

- database_name：指定要修改的数据库。
- ADD FILE...TO FILEGROUP：添加新数据库文件到指定的文件组中。
- ADD LOG FILE：添加日志文件。
- REMOVE FILE：从 SQL Server 的实例中删除逻辑文件说明并删除物理文件。除非文件为空，否则无法删除文件。
- MODIFYFILE：指定应修改的文件。一次只能更改一个<filespec>属性。必须在 <filespec> 属性中指定 NAME，以标识要修改的文件。如果指定了 SIZE，那么新大小必须比文件当前大小要大。
- MODIFY NAME ：使用指定的名称重命名数据库。
- ADD FILEGROUP：向数据库中添加文件组。
- REMOVE FILEGROUP：从数据库中删除文件组。除非文件组为空，否则无法将该文件组删除。
- MODIFY FILEGROUP：通过将状态设置为 READ_ONLY 或 READ_WRITE，将文件组设置为数据库的默认文件组或者通过更改文件组名称来修改文件组。

【例 5.5】将 test_db 数据库的名称修改为 company，输入如下语句：

```
ALTER DATABASE test_db
MODIFY NAME=company
```

2. 修改数据表

修改表结构可以在已经定义的表中增加新的字段或删除多余的字段。实现这些操作可以使用 ALTER TABLE 语句，其基本语法格式如下：

```
ALTER TABLE [ database_name . [ schema_name ] . ] table_name
{
ALTER
{
[COLUMN  column_name type_name  [column_constraints] ] [,……n]
}
| ADD
{
[ column_name1 typename [column_constraints],[table_constraint] ] [, ……n]
}
| DROP
{
[COLUMN column_name1] [, ……n]
}
}
```

- ALTER：修改字段属性。
- ADD：表示向数据表中添加新的字段，后面可以跟多个字段的定义信息，多个字段之间使用逗号隔开。
- DROP：删除数据表中的字段，可以同时删除多个字段，多个字段之间使用逗号隔开。

【例 5.6】在更改过名称的 company 数据库中，向 tb_emp1 数据表中添加名为 birth 的字段，数据类型为 date，并要求为非空，输入如下语句：

```
USE company
GO
ALTER TABLE tb_emp1
ADD  birth DATE NOT NULL
```

【例 5.7】删除 tb_emp1 表中的 birth 字段，输入如下语句：

```
USE company
GO
ALTER TABLE tb_emp1
DROP COLUMN birth
```

5.2 数据操作语句

数据操作语言（Data Manipulation Language，DML）是提供给用户用于查询数据库及操作已有数据库中数据的语言，其中包括数据库插入语句、数据更改语句、数据删除语句和数据查询语句等。本节将介绍这些内容。

5.2.1 数据的插入——INSERT

向已创建好的数据表中插入记录，可以一次插入一条记录，也可以一次插入多条记录。插入表中的记录值必须符合各个字段值数据类型及相应的约束。INSERT 语句基本语法格式如下：

```
INSERT INTO table_name ( column_list )
VALUES (value_list);
```

● table_name：指定要插入数据的数据表。
● column_list：指定要插入数据的那些列。
● value_list：指定每个列对应插入的数据。

提 示

使用该语句时字段数量和数据值的数量必须相同，value_list 中的这些值可以是 DEFAULT、NULL 或者是表达式。DEFAULT 表示插入该列在定义时的默认值；NULL 表示插入空值；表达式将插入表达式计算之后的结果。

在演示插入操作之前，将数据库的名称 company 重新修改为 test_db，语句如下：

```
ALTER DATABASE company
MODIFY NAME= test_db
```

准备一个数据表，定义名称为 teacher，可以在 test_db 数据库中创建该数据表，创建表的语句如下：

```
CREATE  TABLE  teacher
(
id       INT  NOT NULL PRIMARY KEY,
name    VARCHAR(20)  NOT NULL ,
birthday DATE ,
sex      VARCHAR(4) ,
cellphone VARCHAR(18)
);
```

执行上述语句后刷新表节点，即可看到新添加的 teacher 数据表，如图 5-2 所示。

【例 5.8】向 teacher 表中插入一条新记录，输入如下语句：

```
INSERT INTO teacher VALUES(1, '张三', '1978-02-14', '男', '0018611')  --插入一
条记录
SELECT * FROM teacher
```

执行结果如图 5-3 所示。

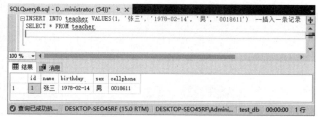

图 5-2　添加 teacher 数据表　　　　　图 5-3　向 teacher 表中插入一条记录

插入操作成功，可以从 teacher 表中查询出一条记录。

【例 5.9】向 teacher 表中新插入多条记录，输入如下语句：

```
SELECT * FROM teacher
INSERT INTO teacher
VALUES (2, '李四', '1978-11-21','女', '0018624') ,
(3, '王五','1976-12-05','男', '0018678') ,
(4, '赵纤','1980-6-5','女', '0018699') ;
SELECT * FROM teacher
```

执行结果如图 5-4 所示。

图 5-4　向 teacher 表中插入多条记录

对比插入前后的查询结果，可以看到现在该数据表中已经多了 3 条记录，由此可知插入操作成功。

5.2.2　数据的更改——UPDATE

数据表中有数据之后，接下来可以对表中的数据进行更新操作，SQL Server 使用 UPDATE 语句更新表中的记录，可以更新特定的行或者更新所有的行。UPDATE 语句的基本语法结构如下：

```
UPDATE table_name
SET column_name1 = value1,column_name2=value2,……,column_nameN=valueN
WHERE search_condition
```

column_name1,column_name2,……,column_nameN 为指定的要更新的各个字段（即各个列）；value1,value2,……valueN 为各个字段对应的更新值；condition 用于指定更新的记录需要满足的条件。更新多个列时，每个"列=值"对之间用逗号隔开，最后一列之后则不需要逗号。

1. 指定条件修改

【例 5.10】在 teacher 表中，更新 id 值为 2 的记录，将 birthday 字段值更改为'1980-8-8'，将 cellphone 字段值更改为'0018600'，输入如下语句：

```
SELECT * FROM teacher WHERE id =1;
UPDATE teacher
SET birthday = '1980-8-8',cellphone='0018600' WHERE id = 1;
SELECT * FROM teacher WHERE id =1;
```

对比执行前后的结果如图 5-5 所示。

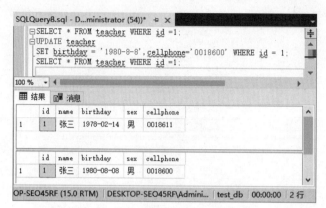

图 5-5 按指定条件修改前后的对比

对比修改前后的查询结果，可以看到，更新指定记录成功了。

2. 修改数据表中的所有记录

【例 5.11】在 teacher 表中，将所有老师的电话都修改为'01008611'，输入如下语句：

```
SELECT * FROM teacher;
UPDATE teacher SET cellphone='01008611';
SELECT * FROM teacher;
```

执行结果如图 5-6 所示。

图 5-6 同时修改 teacher 表中所有记录的 cellphone 字段

从执行结果可以看到，现在数据表中所有记录的 cellphone 字段都是相同的值，也即是修改操作成功了。

5.2.3　数据的删除——DELETE

数据的删除是将删除数据表中的部分记录或全部记录，删除时可以指定删除条件，从而删除一条或多条记录；如果不指定删除条件，DELETE 语句将删除数据表中的所有记录，清空数据表。DELETE 语句的基本语法格式如下：

```
DELETE FROM table_name
[WHERE condition]
```

- table_name：指定要执行删除操作的数据表。
- WHERE：子句指定欲删除的记录所要满足的条件。
- condition：为条件表达式。

1. 按指定条件删除一条或多条记录

【例 5.12】删除 teacher 表中 id 等于 1 的记录，输入如下语句：

```
DELETE FROM teacher WHERE id=1;
SELECT * FROM teacher WHERE id=1;
```

执行结果如图 5-7 所示。

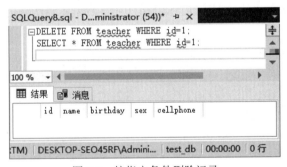

图 5-7　按指定条件删除记录

从执行结果可以看到，代码执行之后，SELECT 语句的查询结果为空，表明删除记录成功。

2. 删除表中的所有记录

使用不带 WHERE 子句的 DELETE 语句可以删除表中的所有记录。

【例 5.13】删除 teacher 表中的所有记录，输入如下语句：

```
SELECT * FROM teacher;
DELETE FROM teacher;
SELECT * FROM teacher;
```

执行结果如图 5-8 所示。

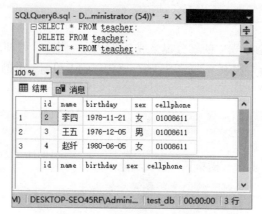

图 5-8　删除表中的所有记录

对比删除前后的查询结果，可以看到，执行 DELETE 语句之后，表中的记录被全部删除，所以第二条 SELECT 语句的查询结果为空。

5.2.4　数据的查询——SELECT

对于数据库管理系统来说，数据查询是执行频率最高的操作，是数据库中非常重要的部分。T-SQL 中使用 SELECT 语句进行数据查询，SELECT 语句的基本语法结构如下：

```
SELECT [ALL | DISTINCT] {* | <字段列表>}
FROM  table_name | view_name
[WHERE <condition>]
[GROUP BY <字段名>] [HAVING <expression> ]
[ORDER BY <字段名>] [ASC | DESC]
```

- ALL：指定在结果集中可以包含重复行。
- DISTINCT：指定在结果集中只能包含唯一行。对于 DISTINCT 关键字来说，NULL 值是相等的。
- {*|<字段列表>}：包含星号通配符和选字段列表，"*"表示查询所有的字段，"字段列表"表示查询指定的字段，字段列表至少包含一个子段名称，如果要查询多个字段，那么多个字段之间用逗号隔开，最后一个字段后不要加逗号。
- FROM table_name | view_name：表示查询数据的来源。table_name 表示从数据表中查询数据，view_name 表示从视图中查询。对于数据表和视图，在查询时均可指定单个或者多个。
- WHERE <condition>：指定查询结果需要满足的条件。
- GROUP BY <字段名>：该子句告诉 SQL Server 显示查询出来的数据时，按照指定的字段分组。
- [ORDER BY <字段名>]：该子句告诉 SQL Server 按什么样的顺序显示查询出来的数据，可以进行的排序有：升序（ASC）、降序（DESC）。

为了演示本节介绍的内容，可以在指定的数据库中创建下面的数据表，并插入数据记录。

```
CREATE TABLE stu_info
```

```
(
  s_id     INT PRIMARY KEY,
  s_name   VARCHAR(40),
  s_score  INT,
  s_sex    CHAR(2) ,
  s_age    VARCHAR(90)
);
INSERT INTO stu_info
VALUES (1,'许三',98,'男',18),
       (2,'张靓',70, '女',19),
       (3,'王宝',25, '男',18),
       (4,'马华',10, '男',20),
       (5,'李岩',65, '女',18),
       (6,'刘杰',88, '男',19);
```

执行这段程序代码后，查看 stu_info 数据表中的数据，结果如图 5-9 所示。

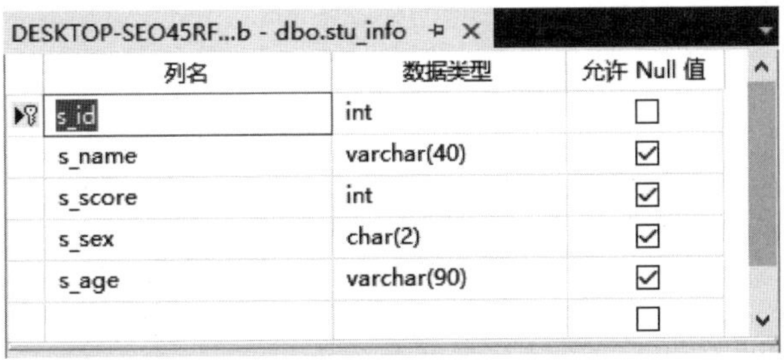

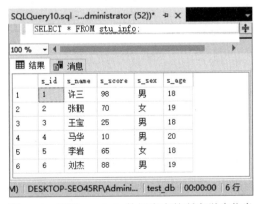

图 5-9　创建 stu_info 数据表

1. 基本 SELECT 查询

【例 5.14】查询 stu_info 数据表中的所有学生信息，输入如下语句：

```
SELECT * FROM stu_info;
```

执行结果如图 5-10 所示。

图 5-10　查询 stu_info 数据表中的所有学生信息

从执行结果可以看到，使用星号（*）通配符时，将返回所有列，列按照定义表时的顺序显示。

2. 查询记录中指定的字段

有时并不需要数据表中所有字段的值，此时，可以通过字段名指定需要查询的字段，这样不仅显示的结果更清晰，而且能提高查询的效率。

【例 5.15】查询 stu_info 数据表中学生的姓名和成绩，输入如下语句：

```
SELECT s_name, s_score FROM stu_info;
```

执行结果如图 5-11 所示。

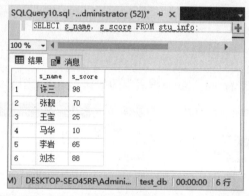

图 5-11　查询 stu_info 数据表中学生的姓名和成绩

3. 在查询结果中使用表达式

【例 5.16】不修改数据表，查询并显示所有学生的成绩降低 5 分后的结果，输入如下语句：

```
SELECT s_name, s_score, s_score-5 AS new_score FROM stu_info;
```

执行结果如图 5-12 所示。

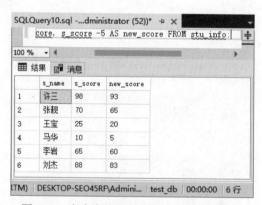

图 5-12　在查询结果中使用表达式后的结果

这里 s_score-5 表达式后面使用了 AS 关键字，该关键字表示为表达式结果指定一个用于显示的字段名，这里 AS 为一个可选参数，也可以不使用。

4. 显示部分查询结果

当数据表中包含大量的数据时，可以通过指定显示记录数限制返回的结果集中的行数，方法是在 SELECT 语句中使用 TOP 关键字，其语法格式如下：

```
SELECT TOP [n | PERCENT] FROM table_name;
```

TOP 后面有两个可选参数，n 表示从查询结果集返回指定的 n 行，PERCENT 表示从结果集中返回指定的百分比数目的行。

【例 5.17】查询 stu_info 数据表中所有的记录，但只显示前 3 条，输入如下语句：

```
SELECT TOP 3 * FROM stu_info;
```

执行结果如图 5-13 所示。

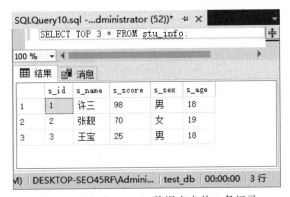

图 5-13　显示 stu_info 数据表中前 3 条记录

5. 带限定条件的查询

数据库中如果包含大量的数据，根据特殊要求，可能只需查询表中的指定数据，即对数据进行过滤。在 SELECT 语句中通过 WHERE 子句，对数据进行过滤。

【例 5.18】查询 stu_info 数据表中所有性别为 '男' 的学生的信息，输入如下语句：

```
SELECT * FROM stu_info WHERE s_sex='男';
```

执行结果如图 5-14 所示。

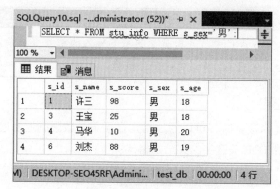

图 5-14　带限定条件的查询

从返回结果可以看到，返回了 4 条记录，这些记录有一个共同的特点，就是其 s_sex 字段值都为'男'。

相反的，可以使用关键字 NOT 来查询与条件范围之外的记录。

【例 5.19】查询 stu_info 数据表中所有性别不为 '男' 的学生的信息，输入如下语句：

```
SELECT * FROM stu_info WHERE NOT  s_sex='男';
```

执行结果如图 5-15 所示。

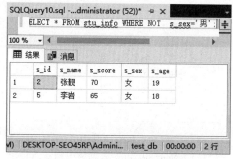

图 5-15　NOT 限定条件查询

从执行结果可以看到，在返回的结果集中，所有记录的 s_sex 字段值为非 '男'，即查询女同学的信息。当然，这里只是为了说明 NOT 运算符的使用方法，读者也可以在 WHERE 子句中直接指定查询条件为 s_sex='女'。

6. 带 AND 的多条件查询

使用 SELECT 查询时，可以增加查询的限制条件，这样可以使查询的结果更加精确。SQL Server 在 WHERE 子句中使用 AND 操作符，限定必须满足所有查询条件的记录才会被返回。可以使用 AND 连接两个甚至多个查询条件，多个条件表达式之间用 AND 连接。

【例 5.20】查询 stu_info 数据表中性别为 '男' 并且成绩大于 80 的学生信息，输入如下语句：

```
SELECT * FROM stu_info WHERE s_sex='男' AND s_score > 80;
```

执行结果如图 5-16 所示。

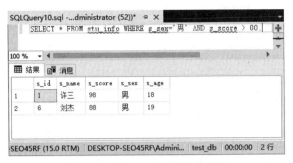

图 5-16　带 AND 运算符的查询

返回查询结果中所有记录的 s_sex 字段值为 '男'，同时其成绩都大于 80，即同时满足这两个查询条件。

7. 带 OR 的多条件查询

与 AND 相反，在 WHERE 声明中使用 OR 逻辑运算符，表示只需要满足其中一个条件的记录即可返回。OR 也可以连接两个甚至多个查询条件，多个条件表达式之间用 OR 连接。

【例 5.21】查询 stu_info 数据表中成绩大于 80，年龄大于 18 的学生信息，输入如下语句：

```
SELECT * FROM stu_info WHERE s_score > 80 OR s_age>18;
```

执行结果如图 5-17 所示。

图 5-17　带 OR 运算符的多条件查询

从返回结果可以看到，第 1 条和第 4 条记录满足 WHERE 子句中的第一个大于 80 分的条件，第 2 条和第 3 条记录虽然其 s_score 字段值不满足大于 80 分的条件，但是其 s_age 年龄字段满足了 WHERE 子句中第二个年龄大于 18 岁的条件，因此也是符合 OR 查询条件的。

8. 使用 LIKE 运算符进行匹配查询

前面介绍的各种查询条件中，限定条件是确定的，但是某些时候，不能明确地指明查询的限定条件，此时，可以使用 LIKE 运算符进行模式匹配查询，在查询时可以使用如下的通配符，如表 5-2 所示。

表 5-2　各种通配符的含义

通配符	说明
%	包含零个或多个字符的任意字符串
_（下画线）	任何单个字符
[ ]	指定范围（[a-f]）或集合（[abcdef]）中的任何单个字符
[^]	不属于指定范围（[a-f]）或集合（[abcdef]）的任何单个字符

【例 5.22】在 stu_info 数据表中，查询所有姓 '马' 的学生信息，输入如下语句：

```
SELECT * FROM stu_info WHERE s_name LIKE '马%'
```

执行结果如图 5-18 所示。

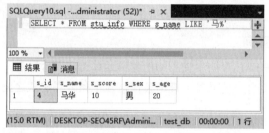

图 5-18　查询所有姓名以 '马' 开头同学的记录

数据表中只有一条记录的 s_name 字段值以字符 '马' 开头，符合匹配字符串 '马%'。

【例 5.23】查询 stu_info 数据表中所有姓 '张'、姓 '王'、姓 '李' 的学生信息，输入如下语句：

```
SELECT * FROM stu_info WHERE s_name LIKE '[张王李]%'
```

执行结果如图 5-19 所示。

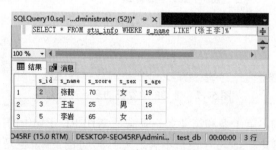

图 5-19　查询所有姓名以 '张'、 '王' 或 '李' 开头同学的记录

从返回结果可以看到，这里返回的 3 条记录的 s_name 字段值分别是以 '张'、'王' 或 '李' 这 3 个姓中的某一个开头的，只要是以这 3 个姓开头的，无论后面还有多少个字符都是满足 LIKE 运算符中匹配条件的。

9. 使用 BETWEEN AND 运算符进行查询

BETWEEN AND 运算符可以对查询值限定一个查询区间。

【例 5.24】查询 stu_info 数据表中成绩大于 50 小于 90 的学生信息，输入如下语句：

```
SELECT * FROM stu_info WHERE s_score BETWEEN 50 AND 90;
```

执行结果如图 5-20 所示。

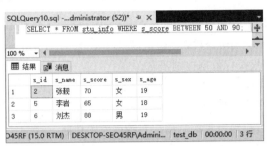

图 5-20　使用 BETWEEN AND 运算符查询

从返回结果可以看到，这里 3 条记录的 s_score 字段的值都是大于 50 且小于 90，满足 BETWEEN AND 设置的查询条件。

10. 对查询结果排序

在说明 SELECT 语句语法时介绍了 ORDER BY 子句，使用该子句可以根据指定的字段的值，对查询的结果进行排序，并且可以指定排序方式（降序或者升序）。

【例 5.25】查询 stu_info 数据表中所有的学生信息，并按照成绩由高到低进行排序，输入如下语句：

```
SELECT * FROM stu_info ORDER BY s_score DESC;
```

执行结果如图 5-21 所示。

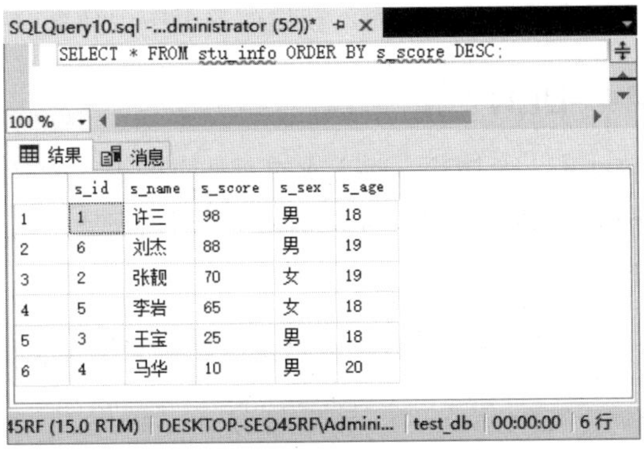

图 5-21　对查询结果由高到低排序

查询结果中返回了 stu_info 数据表的所有记录，这些记录根据 s_score 字段的值进行了降序排序。ORDER BY 子句也可以对查询结果进行升序排序，升序排序是默认的排序方式，在使用 ORDER BY 子句升序排序时，可以使用 ASC 关键字，也可以省略该关键字。读者可以自己编写升序排序的代码，和上面的结果进行对比。

5.3　数据控制语言

数据控制语言（DCL）用来设置、更改用户或角色权限，包括 GRANT、DENY、REVOKE 等语句。

GRANT 语句用来对用户授予权限，DENY 语句用于防止主体通过 GRANT 获得特定权限，REVOKE 语句用于删除已授予的权限。默认状态下，只有 sysadmin、dbcreater、db_owner、db_securityadmin 等成员有权执行数据控制语言。

5.3.1　授予权限操作——GRANT

SQL Server 服务器通过权限表来控制用户对数据库的访问。在数据库中添加一个新用户之后，该用户可以查询系统表的权限，而不具有操作数据库对象的任何权限。

GRANT 语句可以授予对数据库对象的操作权限，这些数据库对象包括数据表、视图、存储过程、聚合函数等，允许执行的权限包括查询、更新、删除等。

【例 5.26】对名为 guest 的用户进行授权，允许该用户对 stu_info 数据表执行更新和删除的操作，输入如下语句：

```
GRANT UPDATE,DELETE ON stu_info
TO guest WITH GRANT OPTION
```

- UPDATE 和 DELETE：被授予的操作权限。
- stu_info：授权可执行对象。
- guest：被授予权限的用户。
- WITH GRANT OPTION：表示该用户还可以向其他用户授予其自身所拥有的权限。

这里只是对 GRANT 语句进行了简要说明，在后面章节中会详细介绍该语句的用法。

5.3.2　拒绝权限操作——DENY

出于安全性的考虑，可能不太希望让一些人来查看特定的表，此时可以使用 DENY 语句来禁止对指定数据表的查询操作，数据库管理员可以用 DENY 语句来禁止某个用户对指定对象的访问，即限制该用户对指定对象的所有访问权限。

【例 5.27】禁止 guest 用户对 stu_info 数据表的操作更新，输入如下语句：

```
DENY UPDATE ON stu_info TO guest CASCADE;
```

5.3.3　收回权限操作——REVOKE

既然可以授予用户权限，同样可以收回用户的权限，例如收回用户的查询、更新或者删除权限。Transact-SQL 中可以使用 REVOKE 语句来实现收回权限的操作。

【例 5.28】收回 guest 用户对 stu_info 数据表的删除权限，输入如下语句：

```
REVOKE DELETE ON stu_info FROM guest;
```

5.4　其他基本语句

Transact-SQL 中除了这些重要的数据定义、数据操作和数据控制语句之外，还提供了一些其他的基本语句，以此来丰富 Transact-SQL 语句的功能。本节将介绍数据声明、数据赋值和数据输出语句。

5.4.1　数据声明——DECLARE

数据声明语句可以声明局部变量、游标变量、函数和存储过程等，除非在声明中提供值，否则声明之后所有变量将初始化为 NULL。可以使用 SET 或 SELECT 语句对声明的变量赋值。DECLARE 语句声明变量的基本语法格式如下：

```
DECLARE
{{ @local_variable [AS] data_type } | [ = value ] }[,...n]
```

- @ local_variable：变量的名称。变量名必须以符号@开头。
- data_type：系统提供数据类型或是用户定义的数据表类型或别名数据类型。变量的数据类型不能是 text、ntext 或 image。AS 指定变量的数据类型，为可选关键字。
- = value：声明的同时为变量赋值。值可以是常量或表达式，但它必须与变量声明的数据类型匹配，或者可隐式转换为该数据类型。

【例 5.29】声明两个局部变量，名为 username 和 pwd，并为这两个变量赋值，输入如下语句：

```
DECLARE @username VARCHAR(20)
DECLARE @pwd VARCHAR(20)
SET    @username = 'newadmin'
SELECT @pwd = 'newpwd'
SELECT '用户名：'+@username +'　密码：'+@pwd
```

这里定义了两个变量，其中保存了用户名和验证密码，输出结果如图 5-22 所示。

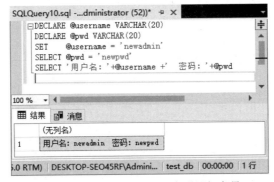

图 5-22　使用 DECLARE 声明局部变量

上面程序代码段中第一个 SELECT 语句用来对定义的局部变量@pwd 赋值，第二个 SELECT 语句显示局部变量的值。

5.4.2 数据赋值——SET

SET 语句用于对局部变量进行赋值，也可以在用户执行 SQL 命令时用于设置 SQL Server 中的系统处理选项，SET 赋值语句的语法格式如下：

```
SET {@local_variable = value | expression}
SET 选项 {ON | OFF}
```

第一条 SET 语句表示对局部变量赋值，value 是一个具体的值，expression 是一个表达式；第二条语句表示对执行 SQL 命令时的选项赋值，ON 表示启动选项功能，OFF 表示禁用选项功能。

SET 语句可以同时对一个或多个局部变量赋值。

SELECT 语句也可以为变量赋值，其语法格式与 SET 语句格式相似。

```
SELECT {@local_variable = value | expression}
```

> **提　示**
>
> 在 SELECT 赋值语句中，当 expression 为字段名时，SELECT 语句可以使用其查询功能返回多个值，但是变量保存的是最后一个值；如果 SELECT 语句没有返回值，则变量值不变。

【例 5.30】查询 stu_info 数据表中的学生成绩，并将其保存到局部变量 stuScore 中，输入如下语句：

```
DECLARE @stuScore INT
SELECT   s_score FROM stu_info
SELECT   @stuScore = s_score FROM stu_info
SELECT   @stuScore AS Lastscore
```

执行结果如图 5-23 所示。

图 5-23　使用 SELECT 语句为变量赋值

从图 5-23 可以看到，SELECT 语句查询的结果中最后一条记录的 s_score 字段值为 88，给
stuScore 赋值之后，其显示值为 88。

5.4.3 数据输出——PRINT

PRINT 语句可以向客户端返回用户定义信息，可以显示局部或全局变量的字符串值。其语法
格式如下：

```
PRINT msg_str | @local_variable | string_expr
```

- msg_str：是一个字符串或 Unicode 字符串常量。
- @local_variable：任何有效的字符数据类型的变量。它的数据类型必须为 char 或 varchar，
  或者必须能够隐式转换为这些数据类型。
- string_expr：字符串的表达式。可包括串联的文字值、函数和变量。

【例 5.31】定义字符串变量 name 和整数变量 age，使用 PRINT 输出变量和字符串表达式值，
输入如下语句：

```
DECLARE @name VARCHAR(10)='小明'
DECLARE @age INT = 21
PRINT '姓名    年龄'
PRINT @name+'    '+CONVERT(VARCHAR(20), @age)
```

执行结果如图 5-24 所示。

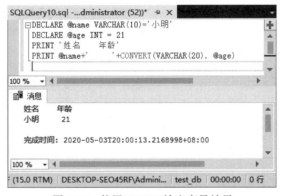

图 5-24　使用 PRINT 输出变量结果

这段程序代码中的第 3 行输出字符串常量值，第 4 行 PRINT 的输出参数为一个字符串的串联
表达式。

5.5　流程控制语句

截至目前，介绍的 Transact-SQL 代码都是按从上到下的顺序执行，但是通过 Transact-SQL 中
的流程控制语句，可以根据业务的需要改变代码的执行顺序，Transact-SQL 中可以用来编写流程控

制模块的语句有：BEGIN...END 语句、IF...ELSE 语句、CASE 语句、WHILE 语句、GOTO 语句、WAITFOR 语句和 RETURN 语句。本节将分别介绍各种不同控制语句的用法。

5.5.1 BEGIN...END 语句

语句块是多条 Transact-SQL 语句组成的代码段，从而可以执行一组 Transact-SQL 语句。BEGIN 和 END 是控制流程语言的关键字。BEGIN...END 语句块通常包含在其他控制流程中，用来完成不同流程中有差异的代码功能。例如，对于 IF...ELSE 语句或执行重复语句的 WHILE 语句，如果不是有语句块，这些语句中只能包含一条语句，但是实际的情况可能需要复杂的处理过程。BEGIN...END 语句块允许嵌套。

【例 5.32】定义局部变量@count，如果@count 值小于 10，执行 WHILE 循环操作中的语句块，输入如下语句：

```
DECLARE @count INT;
SELECT @count=0;
WHILE @count < 10
BEGIN
    PRINT 'count = ' + CONVERT(VARCHAR(8), @count)
    SELECT @count= @count +1
END
PRINT 'loop over count = ' + CONVERT(VARCHAR(8), @count);
```

执行结果如图 5-25 所示。

图 5-25　执行程序代码后的结果

该段程序代码执行了一个循环过程，当局部变量@count 值小于 10 时，执行 WHILE 循环内的 PRINT 语句打印输出当前@count 变量的值，对@count 执行加 1 操作之后回到 WHILE 语句的开始重复执行 BEGIN...END 语句块中的内容。直到@count 的值大于等于 10，此时 WHILE 后面的表达式不成立，将不再执行循环。最后打印输出当前的@count 值，结果为 10。

5.5.2　IF…ELSE 语句

IF…ELSE 语句用于在执行一组代码之前进行条件判断，根据判断的结果执行不同的程序代码。IF…ELSE 语句对布尔表达式进行判断，如果布尔表达式返回 TRUE，则执行 IF 关键字后面的语句块；如果布尔表达式返回 FALSE，则执行 ELSE 关键字后面的语句块。语法格式如下：

```
IF Boolean_expression
{ sql_statement | statement_block }
[ ELSE
{ sql_statement | statement_block } ]
```

Boolean_expression 是一个表达式，表达式计算的结果为逻辑真值（TRUE）或假值（FALSE）。当条件成立时，执行某段程序代码；条件不成立时，执行另一段程序代码。IF…ELSE 语句可以嵌套使用。

【例 5.33】IF…ELSE 流程控制语句的使用，输入如下语句：

```
DECLARE @age INT;
SELECT @age=40
IF  @age <30
    PRINT 'This is a young man!'
ELSE
    PRINT 'This is an old man!'
```

执行结果如图 5-26 所示。

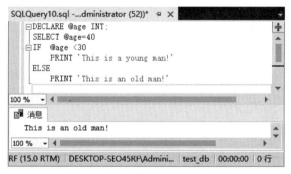

图 5-26　执行程序代码后的结果

从执行结果可以看到，变量@age 值为 40，大于 30，因此表达式@age<30 不成立，返回结果为逻辑假值（FALSE），所以执行第 6 行的 PRINT 语句，输出结果为字符串"This is an old man!"。

5.5.3　CASE 语句

CASE 是多条件分支语句，相比 IF…ELSE 语句，CASE 语句进行分支流程控制可以使程序代码更加清晰，易于理解。CASE 语句也是根据表达式逻辑值的真假来决定执行的代码流程，CASE 语句有两种格式。

1. 格式1

```
CASE input_expression
    WHEN when_expression1 THEN result_expression1
    WHEN when_expression2 THEN result_expression2
    [ ...n ]
    [    ELSE else_result_expression   ]
END
```

在第一种格式中，CASE 语句在执行时，将 CASE 后的表达式的值与各 WHEN 子句的表达式值比较，如果相等，则执行 THEN 后面的表达式或语句，然后跳出 CASE 语句；否则，返回 ELSE 后面的表达式。

【例 5.34】使用 CASE 语句根据学生姓名判断学生在班级的职位，输入如下语句：

```
USE test_db
SELECT s_id,s_name,
CASE s_name
    WHEN '马华' THEN '班长'
    WHEN '许三' THEN '学习委员'
    WHEN '刘杰' THEN '体育委员'
    ELSE '无'
END
AS '职位'
FROM stu_info
```

执行结果如图 5-27 所示。

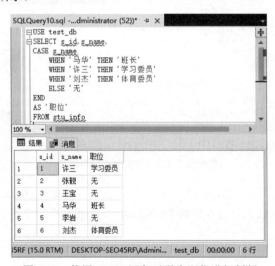

图 5-27　使用 CASE 语句对学生职位进行判断

2. 格式2

```
CASE
    WHEN Boolean_expression1 THEN result_expression1
    WHEN Boolean_expression2 THEN result_expression2
```

```
        [ ...n ]
    [    ELSE else_result_expression       ]
END
```

在第二种格式中，CASE 关键字后面没有表达式，多个 WHEN 子句中的表达式依次执行，如果表达式结果为 TRUE（真值），则执行相应 THEN 关键字后面的表达式或语句，执行完毕后跳出 CASE 语句。如果所有 WHEN 语句都为 FALSE（假值），则执行 ELSE 子句中的语句。

【例 5.35】使用 CASE 语句对考试成绩进行评定，输入如下语句：

```
SELECT s_id,s_name,s_score,
CASE
    WHEN s_score > 90 THEN '优秀'
    WHEN s_score > 80 THEN '良好'
    WHEN s_score > 70 THEN '一般'
    WHEN s_score > 60 THEN '及格'
    ELSE '不及格'
END
AS '评价'
FROM stu_info
```

执行结果如图 5-28 所示。

图 5-28　使用 CASE 语句对考试成绩进行评定

5.5.4　WHILE 语句

WHILE 语句根据条件重复执行一条或多条 Transact-SQL 语句，只要条件表达式为真值，就循环执行语句。在 WHILE 语句中可以通过 CONTINUE 或者 BREAK 语句跳出循环。WHILE 语句的基本语法格式如下：

```
WHILE Boolean_expression
{ sql_statement | statement_block }
[ BREAK | CONTINUE ]
```

- Boolean_expression：是返回 TRUE 或 FALSE 的表达式。如果布尔表达式中含有 SELECT 语句，则必须用括号将 SELECT 语句括起来。

- {sql_statement | statement_block}：Transact-SQL 语句或用语句块定义的语句分组。若要定义语句块，需要使用控制流关键字 BEGIN 和 END。

- BREAK：用于从最内层的 WHILE 循环中退出。将执行出现在 END 关键字（循环结束的标记）后面的任何语句，即循环体外的语句。

- CONTINUE：使 WHILE 循环开始下一轮循环的执行，忽略本轮循环在 CONTINUE 关键字后面的任何循环内尚未执行的语句。

【例 5.36】WHILE 循环语句的使用，输入如下语句：

```sql
DECLARE @num INT;
SELECT @num=10;
WHILE @num > -1
BEGIN
    If @num > 5
        BEGIN
            PRINT '@num 等于' +CONVERT(VARCHAR(4), @num)+ '大于5 循环继续执行';
            SELECT @num = @num - 1;
            CONTINUE;
        END
    else
        BEGIN
            PRINT '@num 等于'+ CONVERT(VARCHAR(4), @num);
            BREAK;
        END
END

PRINT '循环终止之后@num 等于' + CONVERT(VARCHAR(4), @num);
```

该段程序代码的执行过程如图 5-29 所示。

图 5-29　WHILE 循环语句中的语句块嵌套

5.5.5 GOTO 语句

GOTO 语句表示将执行流程跳转到指定的标签处。跳过 GOTO 后面的 Transact-SQL 语句，并从标签位置继续执行。GOTO 语句和标签可在过程、批处理或语句块中的任何位置使用。GOTO 语句的语法格式如下。

定义标签名称，使用 GOTO 语句跳转时，要指定跳转标签名。

```
label :
```

使用 GOTO 语句跳转到标签处。

```
GOTO label
```

【例 5.37】GOTO 语句的使用，输入如下语句：

```
USE test_db;
BEGIN
SELECT s_name FROM stu_info;
GOTO jump
SELECT s_score FROM stu_info;
jump:
PRINT '第二条SELECT语句没有执行';
END
```

执行结果如图 5-30 所示。

图 5-30　执行程序代码后的结果

5.5.6 WAITFOR 语句

WAITFOR 语句用来暂时停止程序的执行，直到所设定的等待时间已过或所设定的时刻快到才继续往下执行。延迟时间和时刻的格式为"HH:MM:SS"。在 WAITFOR 语句中不能指定日期，并且时间长度不能超过 24 小时。WAITFOR 语句的语法格式如下：

```
WAITFOR
```

```
{
    DELAY 'time_to_pass'
  | TIME 'time_to_execute'
  | [ ( receive_statement ) | ( get_conversation_group_statement ) ]
    [ , TIMEOUT ]
}
```

- DELAY：暂停指定的时间方可继续执行批处理、存储过程或事务，最长的暂停时间为 24 小时。
- TIME：指定运行批处理、存储过程或事务的时间点。只能使用 24 小时制的时间值，即只能指定未来一天内的时间点。

【例 5.38】在 10 秒钟的延迟后执行 SET 语句，输入如下语句：

```
DECLARE @name VARCHAR(50);
SET @name='admin';
BEGIN
WAITFOR DELAY '00:00:10';
PRINT @name;
END;
```

执行结果如图 5-31 所示。

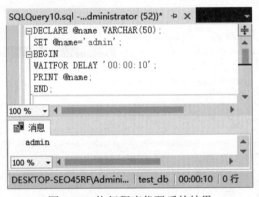

图 5-31　执行程序代码后的结果

该段程序代码为@name 赋值后，并不能立刻显示该变量的值，在延迟 10 秒钟之后，方可看到输出结果。

5.5.7　RETURN 语句

RETURN 表示从查询或过程中无条件退出。RETURN 的执行是即时的，可在任何时候用于从过程、批处理或语句块中退出，RETURN 之后的语句将不会被执行的。语法格式如下：

```
RETURN [ integer_expression ]
```

integer_expression 为返回的整数值，即向执行调用的过程或应用程序返回一个整数值。

提 示

除非另有说明，所有系统过程均返回 0 值。此值表示成功，而非零值则表示失败。RETURN 语句不能返回空值。

5.6 批处理语句

批处理是从应用程序发送到 SQL Server 并得以执行的一条或多条 Transact-SQL 语句。使用批处理时，有下面一些注意事项：

- 一个批处理中只要存在一处语法错误，整个批处理都无法通过编译。
- 批处理中可以包含多个存储过程，但除第一个过程外，其他存储过程前面都必须使用 EXECTUE 关键字。
- 某些特殊的 SQL 指令不能和别的 SQL 语句共存在一个批处理中，如 CREATE TABLE 和 CREATE VIEW 语句。这些语句只能独自存在于一个单独的存储过程中。
- 所有的批处理使用 GO 作为结束的标志，当编译器读到 GO 的时候就把 GO 前面的所有语句当成一个批处理，然后打包成一个数据包发给服务器。
- GO 本身不是 Transact-SQL 语言的组成部分，它只是一个用于表示批处理结束的前端指令。
- 不能在删除一个对象之后，还执行同一个批处理。
- CREATE DEFAULT、CREATE FUNCTION、CREATE PROCEDURE、CREATE RULE、CREATE SCHEMA、CREATE TRIGGER 和 CREATE VIEW 语句不能在批处理中与其他语句组合使用。批处理必须以 CREATE 语句开头，所有跟在该批处理后的其他语句将被解释为第一个 CREATE 语句定义的一部分。
- 不能在删除一个对象之后，还在同一个批处理中再次引用这个对象。
- 如果 EXECUTE 语句是批处理中的第一句，则不需要 EXECUTE 关键字。如果 EXECUTE 语句不是批处理中的第一条语句，则需要 EXECUTE 关键字。
- 不能在定义一个 CHECK 约束之后，还在同一个批处理中使用。
- 不能在修改时间表的一个字段之后，立即在同一个批处理中引用这个字段。
- 使用 SET 语句设置的某些选项值不能应用于同一个批处理中的查询。

在编写批处理程序时，最好能够以分号结束相关的语句。数据库虽然不强制要求，但是笔者还是强烈建议如此处理。一是有利于提高批处理程序的可读性。批处理程序往往用来完成一些比较复杂的成套的功能，而每条语句则完成一项独立的功能。此时为了提高其可读性，最好能够利用分号来进行语句与语句之间的分隔。二是与未来版本的兼容性。SQL Server 数据库在设计的时候，一开始这方面就把关不严。现在大部分的标准程序编辑器都实现了类似的强制控制。根据现在微软官方提供的资料来看，在以后的 SQL Server 数据库版本中，这个规则可能会成为一个强制执行的规则，即必须在每条语句后面利用分号来进行分隔。因此为了能够跟后续的 SQL Server 数据库版本进行兼容，最好从现在开始就采用分号来分隔批处理程序中的每条语句。

SQL Server 提供了语句级重新编译功能。也就是说，如果一条语句触发了重新编译，则只重新编译该语句而不是整个批处理。考虑下面的例子，其中在同一批处理中包含 1 条 CREATE TABLE 语句和 3 条 INSERT 语句。

```
CREATE TABLE dbo.t3(a int) ;
INSERT INTO dbo.t3 VALUES (1) ;
INSERT INTO dbo.t3 VALUES (1,1) ;
INSERT INTO dbo.t3 VALUES (3) ;
GO
SELECT * FROM dbo.t3 ;
```

在 SQL Server 中，首先，对批处理进行编译。对 CREATE TABLE 语句进行编译，但由于数据表 dbo.t3 尚不存在，因此，未编译 INSERT 语句。然后，批处理开始执行。数据表已创建，编译第一条 INSERT 语句，然后立即执行，数据表中现在有了一行数据。然后，编译第二条 INSERT 语句。编译失败，批处理终止。SELECT 语句返回一行。

在 SQL Server 2019 中，批处理开始执行，同时创建了数据表。逐一编译 3 条 INSERT 语句，但不执行。因为第二条 INSERT 语句导致了一个编译错误，因此，整个批处理都将终止。SELECT 语句未返回任何行。

5.7   疑难解惑

1. 如何在 SQL Server 中学习 SQL 语句

SQL 语句是 SQL Server 的核心，是进行 SQL Server 2019 数据库编程的基础。SQL 是一种面向集合的说明式语言，与常见的过程式编程语言在思维上有明显不同。所以开始学习 SQL 时，最好先对各种数据库对象和 SQL 的查询有个基本理解，再开始编写 SQL 代码。

2. 如何选择不包含姓"刘"的学生

可以使用 NOT LIKE 语句实现上述要求，语句如下：

```
SELECT * FROM 表名
WHERE 字段名 NOT LIKE '%刘%'
```

5.8   经典习题

1. Transact-SQL 语句包含哪些具体内容？

2. 使用 Transact-SQL 语句创建名为 zooDB 的数据库，指定数据库参数如下：

● 逻辑文件名称：zooDB_data。

● 主文件大小：5MB。

- 最大增长空间：15MB。
- 文件增长大小为：5%。

3. 使用 Transact-SQL 语句删除 zooDB 数据库。

4. 声明整数变量@var，使用 CASE 流程控制语句判断@var 值等于 1、等于 2，或者两者都不等。当@var 值为 1 时，输出字符串"var is 1"；当@var 值为 2 时，输出字符串"var is 2"，否则输出字符串"var is not 1 or 2"。

第6章 认识函数

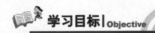

SQL Server 提供了众多功能强大、方便易用的函数。使用这些函数，可以极大地提高用户对数据库的管理。SQL Server 中的函数从功能方面主要分为以下几类：字符串函数、数学函数、数据类型转换函数、文本和图像函数、日期和时间函数、系统函数等。本章将介绍 SQL Server 中的这些函数的功能和用法。

内容导航 | Navigation

- 了解 SQL Server 2019 函数的基本概念
- 掌握字符串函数的使用方法
- 掌握数学函数的使用方法
- 掌握数据类型转换函数的使用方法
- 掌握文本和图像函数的使用方法
- 掌握日期和时间函数的使用方法
- 掌握系统函数的使用方法

6.1　SQL Server 2019 函数简介

函数表示对输入参数值返回一个具有特定关系的值，SQL Server 提供了大量丰富的函数，在进行数据库管理以及数据的查询和操作时将会经常用到各种函数。通过对数据的处理，数据库的功能可以变得更加强大，更加灵活地满足不同用户的需求。下面详细介绍这几种函数。

6.2　字符串函数

字符串函数用于对字符和二进制字符串进行各种操作，它们返回对字符数据进行操作时通常所需要的值。大多数字符串函数只能用于 char、nchar、varchar 和 nvarchar 数据类型，或隐式转换为上述数据类型。某些字符串函数还可用于 binary 和 varbinary 数据类型。字符串函数可以用在 SELECT 或者 WHERE 语句中。本节将介绍各种字符串函数的功能和使用方法。

6.2.1　ASCII()函数

ASCII(character_expression)函数用于返回字符串表达式中最左侧字符的 ASCII 代码值。参数 character_expression 必须是一个 char 或 varchar 类型的字符串表达式。新建查询，运行下面的例子。

【例 6.1】查看指定字符的 ASCII 值，输入如下语句：

```
SELECT ASCII('s'),ASCII('sql'), ASCII(1);
```

执行结果如图 6-1 所示。字符 's' 的 ASCII 值为 115，所以第一条语句和第二条语句返回结果相同。对于第三条语句中的纯数字的字符串，可以不使用单引号括起来。

6.2.2　CHAR()函数

CHAR(integer_expression)函数将整数类型的 ASCII 值转换为对应的字符，integer_expression 是一个介于 0 和 255 之间的整数。如果该整数表达式不在此范围内，将返回 NULL 值。

【例 6.2】查看 ASCII 值 115 和 49 对应的字符，输入如下语句：

```
SELECT CHAR(115), CHAR(49);
```

执行结果如图 6-2 所示。可以看到，这里返回值与 ASCII()函数的返回值正好相反。

图 6-1　ASCII()函数　　　　　　　　　图 6-2　CHAR()函数

6.2.3　LEFT()函数

LEFT(character_expression , integer_expression)函数返回字符串左边开始指定个数的字符串、字符或二进制数据表达式。character_expression 是字符串表达式，可以是常量、变量或字段。integer_expression 为正整数，指定 character_expression 将返回的字符数。

【例 6.3】使用 LEFT()函数返回字符串中左边的字符，输入如下语句：

```
SELECT  LEFT('football', 4);
```

执行结果如图 6-3 所示。函数返回字符串 'football' 左边开始的长度为 4 的子字符串，结果为"foot"。

图 6-3　LEFT()函数

6.2.4　RIGHT()函数

与 LEFT() 函数相反，RIGHT(character_expression, integer_expression) 返回字符串 character_expression 最右边 integer_expression 个字符。

【例 6.4】使用 RIGHT()函数返回字符串中右边的字符，输入如下语句：

```
SELECT  RIGHT('football', 4);
```

执行结果如图 6-4 所示。函数返回字符串 'football' 右边开始的长度为 4 的子字符串，结果为 "ball"。

图 6-4　RIGHT()函数

6.2.5　LTRIM()函数

LTRIM(character_expression)用于去除字符串左边多余的空格。字符数据表达式 character_expression 是一个字符串表达式，也可以是常量、变量，或者是字符字段、二进制数据序列。

【例 6.5】使用 LTRIM()函数删除字符串左边的空格，输入如下语句：

```
SELECT '(' + ' book ' + ')', '(' + LTRIM (' book ') + ')';
```

执行结果如图 6-5 所示。

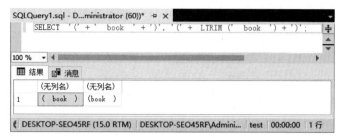

图 6-5　LTRIM()函数

对比两个值，LTRIM()函数只删除字符串左边的空格，右边的空格不会被删除，字符串' book '左边的空格被删除之后的结果为' book '。

6.2.6　RTRIM()函数

RTRIM(character_expression) 用 于 去 除 字 符 串 右 边 多 余 的 空 格 。 字 符 数 据 表 达 式 character_expression 是一个字符串表达式，可以是常量、变量，也可以是字符字段或二进制数据列。

【例 6.6】使用 RTRIM()函数删除字符串右边的空格，输入如下语句：

```
SELECT '(' + ' book ' + ')', '(' + RTRIM (' book ') + ')';
```

执行结果如图 6-6 所示。对比两个值，RTRIM()函数只删除字符串右边的空格，左边的空格不会被删除，字符串' book '右边的空格被删除之后的结果为' book'。

图 6-6　RTRIM()函数

6.2.7　STR()函数

STR(float_expression[,length[,decimal]])函数用于将数值数据转换为字符数据。float_expression 是一个浮点（float）数据类型的表达式。length 表示总长度。它包括小数点、符号、数字以及空格。默认值为 10。decimal 指定小数点后的位数。decimal 必须小于或等于 16。如果 decimal 大于 16，则会被截断，使其保持为小数点后有 16 位。

【例 6.7】使用 STR()函数将数字数据转换为字符数据，输入如下语句：

```
SELECT STR(3141.59,6,1), STR(123.45, 2, 2);
```

执行结果如图 6-7 所示。第一条语句 6 个数字和一个小数点组成的数值 3141.59，将它转换为长度为 6 的字符串，数字的小数部分舍入为一个小数位。

第二条语句中的表达式超出指定的总长度时，返回的字符串为指定长度的两个星号**。

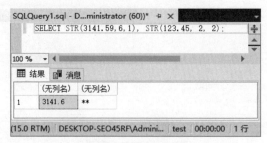

图 6-7　STR()函数

6.2.8　字符串逆序的 REVERSE(s)函数

REVERSE(s)将字符串 s 反转，返回的字符串的顺序和 s 字符串的顺序相反。

【例 6.8】使用 REVERSE()函数反转字符串，输入如下语句：

```
SELECT REVERSE('abc');
```

执行结果如图 6-8 所示。从执行结果可以看到，字符串 'abc' 经过 REVERSE()函数处理之后，所有字符串顺序被反转，结果为“cba”。

图 6-8　REVERSE()函数

6.2.9　计算字符串长度的函数 LEN(str)

LEN()函数返回字符表达式中的字符数。如果字符串中包含前导空格和尾随空格，LEN()函数会将这些空格包含在字符计数内。LEN()函数对相同的单字节和双字节字符串返回相同的值。

【例 6.9】使用 LEN()函数计算字符串的长度，输入如下语句：

```
SELECT LEN ('no'), LEN('日期'),LEN(12345);
```

执行结果如图 6-9 所示。可以看到，LEN()函数在对待英文字符和中文字符时，返回的字符串长度是相同的。一个中文字符算作一个字符。LEN()函数在处理纯数字时也将其作为字符串，但是使用纯数字时可以不使用引号。

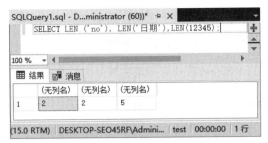

图 6-9 LEN()函数

6.2.10 匹配子串开始位置的函数

CHARINDEX(str1,str,[start])函数返回子字符串 str1 在字符串 str 中的开始位置,start 为搜索的开始位置,如果指定 start 参数,则从指定位置开始搜索;如果不指定 start 参数或者指定为 0 甚至为负值,则从字符串开始位置搜索。

【例 6.10】使用 CHARINDEX()函数查找字符串中指定子字符串的开始位置,输入如下语句:

```
SELECT CHARINDEX('a','banana'), CHARINDEX('a','banana',4),CHARINDEX('na',
'banana',4);
```

执行结果如图 6-10 所示。

图 6-10 CHARINDEX()函数

CHARINDEX('a','banana')返回字符串'banana'中子字符串'a'第一次出现的位置,结果为 2;CHARINDEX('a','banana',4)返回字符串'banana'中从第 4 个位置开始子字符串'a'的位置,结果为 4;CHARINDEX('na', 'banana',4)返回从第 4 个位置开始子字符串'na'第一次出现的位置,结果为 5。

6.2.11 SUBSTRING()函数

SUBSTRING(value_expression, start_expression, length_expression)函数返回字符串、二进制串、文本或图像的一部分。

value_expression 可以是 character、binary、text、ntext 或 image 或这些类型的表达式。

start_expression 指定返回字符串的起始位置,可是整数或表达式。如果 start_expression 小于 0,会产生错误并终止语句。如果 start_expression 大于值表达式中的字符数,将返回一个零长度的表达式。

length_expression 指定要从 value_expression 中返回的字符数,可以是正整数或表达式。如果

length_expression 是负数，会产生错误并终止语句。如果 start_expression 与 length_expression 的总和大于 value_expression 中的字符数，则返回整个 value_expression。

【例 6.11】使用 SUBSTRING() 函数获取指定位置处的子字符串，输入如下语句：

```
SELECT  SUBSTRING('breakfast',1,5),SUBSTRING('breakfast',LEN('breakfast')/2,
LEN('breakfast'));
```

执行结果如图 6-11 所示。

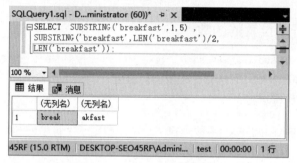

图 6-11　SUBSTRING() 函数

第一条返回字符串从第一个位置开始长度为 5 的子字符串，结果为"break"。第二条语句返回整个字符串的后半段子字符串，结果为"akfast"。

6.2.12　LOWER() 函数

LOWER(character_expression) 将大写字符数据转换为小写字符数据后返回字符表达式。character_expression 是指定要进行转换的字符串。

【例 6.12】使用 LOWER 函数将字符串中所有字母字符转换为小写，输入如下语句：

```
SELECT LOWER('BEAUTIFUL'), LOWER('Well');
```

执行结果如图 6-12 所示。

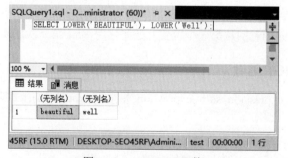

图 6-12　LOWER() 函数

从执行结果可以看到，经过 LOWER() 函数转换之后，大写字母都变成了小写字母，其中的小写字母保持不变。

6.2.13 UPPER()函数

UPPER(character_expression)将小写字母转换为大写字母后返回字符串。character_expression
是指定要进行转换的字符串。

【例6.13】使用UPPER()函数或者UCASE()函数将字符串中所有小写字母转换为大写字母,
输入如下语句:

```
SELECT UPPER('black'), UPPER ('BLacK');
```

执行结果如图6-13所示。

图6-13 UPPER()函数

从执行结果可以看到,经过UPPER()函数转换之后,小写字母都变成了大写字母,其中的大
写字母保持不变。

6.2.14 替换函数 REPLACE(s,s1,s2)

REPLACE(s,s1,s2)使用字符串s2替代字符串s中所有的字符串s1。

【例6.14】使用REPLACE()函数进行字符串替代操作,输入如下语句:

```
SELECT REPLACE('xxx.sqlserver2019.com', 'x', 'w');
```

执行结果如图6-14所示。

图6-14 REPLACE()函数

REPLACE('xxx.sqlserver2019.com', 'x', 'w')将 'xxx.sqlserver2019.com' 字符串中的 'x' 字符替换
为 'w' 字符,结果为 'www.sqlserver2019.com'。

6.3 数学函数

数学函数主要用来处理数值数据，主要的数学函数有：绝对值函数、三角函数（包括正弦函数、余弦函数、正切函数、余切函数等）、对数函数、随机数函数等。在产生错误时，数学函数将会返回空值 NULL。本节将介绍各种数学函数的功能和用法。

6.3.1 绝对值函数 ABS(x)和返回圆周率的函数 PI()

ABS(X)返回 X 的绝对值。

【例 6.15】求 2，-3.3 和-33 的绝对值，输入如下语句：

```
SELECT ABS(2), ABS(-3.3), ABS(-33);
```

执行结果如图 6-15 所示。

正数的绝对值为其本身，2 的绝对值为 2；负数的绝对值为其相反数，-3.3 的绝对值为 3.3；-33 的绝对值为 33。

PI()返回圆周率 π 的值，默认时显示的位数是 16 位（含小数点）。

【例 6.16】返回圆周率值，输入如下语句：

```
SELECT  pi();
```

执行结果如图 6-16 所示。

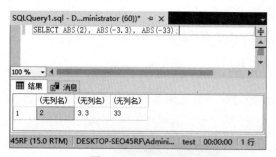

图 6-15 ABS()函数

图 6-16 PI()函数

6.3.2 平方根函数 SQRT(x)

SQRT(x)返回非负数 x 的二次方根。

【例 6.17】求 9 和 40 的二次平方根，输入如下语句：

```
SELECT SQRT(9), SQRT(40);
```

执行结果如图 6-17 所示。

图 6-17　SQRT()函数

6.3.3　获取随机数的函数 RAND()和 RAND(x)

RAND(x)返回一个随机浮点值 v，范围在 0 到 1 之间（即 0≤v≤1.0）。若指定一个整数参数 x，则它被用作种子数，使用相同的种子数将产生重复的随机数序列，也就是说，如果用同一种子数多次调用 RAND()函数，它将返回同一组随机数生成值。

【例 6.18】使用 RAND()函数产生随机数，输入如下语句：

```
SELECT RAND(),RAND(),RAND();
```

执行结果如图 6-18 所示。可以看到，不带参数的 RAND()每次产生的随机数序列都是不同的。

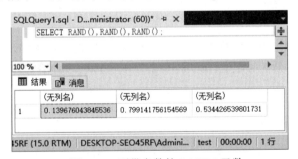

图 6-18　不带参数的 RAND()函数

【例 6.19】使用 RAND(x)函数产生随机数，输入如下语句：

```
SELECT RAND(10),RAND(10),RAND(11);
```

执行结果如图 6-19 所示。

图 6-19　带参数的 RAND()函数

可以看到，当 RAND(x)的参数相同时，将产生相同的随机数序列，而不同的 x 参数将产生不同的随机数序列。

6.3.4　四舍五入函数 ROUND(x, y)

ROUND(x, y)返回最接近于参数 x 的数，其值保留到小数点后面 y 位，若 y 为负值，则将保留 x 值到小数点左边 y 位。

【例 6.20】使用 ROUND(x, y)函数对操作数进行四舍五入操作，结果保留到小数点后面指定的 y 位，输入如下语句：

```
SELECT ROUND(1.38, 1), ROUND(1.38, 0), ROUND(232.38, -1), ROUND(232.38,-2);
```

执行结果如图 6-20 所示。

图 6-20　ROUND()函数

ROUND(1.38, 1)保留小数点后面 1 位，四舍五入的结果为 1.4；ROUND(1.38, 0)保留小数点后面 0 位，即返回四舍五入后的整数值；ROUND(232.38, -1)和 ROUND (232.38,-2)分别保留小数点左边 1 位和 2 位。

6.3.5　符号函数 SIGN(x)

SIGN(x)返回参数的符号，x 的值为负、零或正时，返回结果依次为-1、0 或 1。

【例 6.21】使用 SIGN()函数返回参数的符号，输入如下语句：

```
SELECT SIGN(-21),SIGN(0), SIGN(21);
```

执行结果如图 6-21 所示。

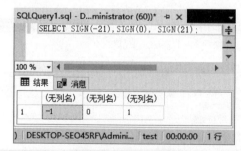

图 6-21　SIGN()函数

SIGN(-21)返回-1；SIGN(0)返回 0；SIGN(21)返回 1。

6.3.6 获取整数的函数 CEILING(x)和 FLOOR(x)

CEILING(x)返回不小于 x 的最小整数值。

【例 6.22】使用 CEILING()函数返回不小 x 的最小整数，输入如下语句：

```
SELECT  CEILING (-3.35),CEILING(3.35);
```

执行结果如图 6-22 所示。

图 6-22　CEILING()函数

-3.35 为负数，不小于-3.35 的最小整数为-3，因此返回值为-3；不小于 3.35 的最小整数为 4，因此返回值为 4。

FLOOR(x)返回不大于 x 的最大整数值。

【例 6.23】使用 FLOOR()函数返回不大于 x 的最大整数，输入如下语句：

```
SELECT FLOOR(-3.35), FLOOR(3.35);
```

执行结果如图 6-23 所示。

图 6-23　FLOOR()函数

-3.35 为负数，不大于-3.35 的最大整数为-4，因此返回值为-4；不大于 3.35 的最大整数为 3，因此返回值为 3。

6.3.7 幂运算函数 POWER(x, y)、SQUARE (x)和 EXP(x)

POWER(x, y)函数返回 x 的 y 次乘方的结果值。

【例 6.24】使用 POWER()函数进行乘方运算，输入如下语句：

```
SELECT POWER(2,2), POWER(2.00,-2);
```

执行结果如图 6-24 所示。

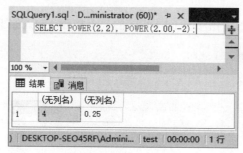

图 6-24　POWER()函数

从执行结果可以看到，POWER(2,2)返回 2 的 2 次方，结果为 4；POWER(2,-2)返回 2 的-2 次方，结果为 4 的倒数，即 0.25。

SQUARE(x)返回指定浮点值 x 的平方。

【例 6.25】使用 SQUARE()函数进行平方运算，输入如下语句：

```
SELECT SQUARE (3), SQUARE (-3), SQUARE (0);
```

执行结果如图 6-25 所示。

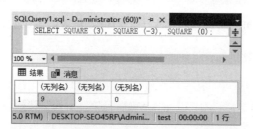

图 6-25　SQUARE()函数

EXP(x)返回 e 的 x 乘方后的值。

【例 6.26】使用 EXP()函数计算 e 的乘方，输入如下语句：

```
SELECT EXP(3),EXP(-3),EXP(0);
```

执行结果如图 6-26 所示。

图 6-26　EXP()函数

EXP(3)返回以 e 为底的 3 次方，结果为 20.085536923187；EXP(-3)返回以 e 为底的-3 次方，结果为 0.0497870683678639；EXP(0)返回以 e 为底的 0 次方，结果为 1。

6.3.8　对数运算函数 LOG(x)和 LOG10(x)

LOG(x)返回 x 的自然对数，即返回 x 相对于基数 e 的对数。

【例 6.27】使用 LOG(x)函数计算自然对数，输入如下语句：

```
SELECT LOG(3), LOG(6);
```

执行结果如图 6-27 所示。

图 6-27　LOG(x)函数

对数定义域不能为负数。

LOG10(x)返回 x 的基数为 10 的对数。

【例 6.28】使用 LOG10(x)函数计算以 10 为基数的对数，输入如下语句：

```
SELECT LOG10(1), LOG10(100), LOG10(1000);
```

执行结果如图 6-28 所示。

图 6-28　LOG10(x)函数

10 的 0 次乘方等于 1，因此 LOG10(1)返回结果为 0，10 的 2 次乘方等于 100，因此 LOG10(100)
返回结果为 2。10 的 3 次乘方等于 1000，因此 LOG10(1000)返回结果为 3。

6.3.9　角度与弧度相互转换的函数 RADIANS(x)和 DEGREES(x)

RADIANS(x)将参数 x 由角度转换为弧度。

【例 6.29】使用 RADIANS()函数将角度转换为弧度，输入如下语句：

```
SELECT RADIANS(90.0),RADIANS(180.0);
```

执行结果如图 6-29 所示。

图 6-29　RADIANS()函数

DEGREES(x)将参数 x 由弧度转换为角度。

【例 6.30】使用 DEGREES()函数将弧度转换为角度，输入如下语句：

```
SELECT DEGREES(PI()), DEGREES(PI() / 2);
```

执行结果如图 6-30 所示。

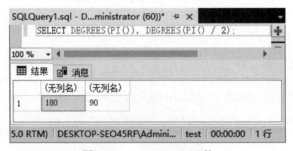

图 6-30　DEGREES()函数

6.3.10　正弦函数 SIN(x)和反正弦函数 ASIN(x)

SIN(x)返回 x 的正弦，其中 x 为弧度值。

【例 6.31】使用 SIN()函数计算正弦值，输入如下语句：

```
SELECT SIN(PI()/2), ROUND(SIN(PI()),0);
```

执行结果如图 6-31 所示。

图 6-31　SIN()函数

ASIN(x)返回 x 的反正弦，即正弦为 x 的值。若 x 不在-1 到 1 的范围之内，则返回 NULL。

【例 6.32】使用 ASIN()函数计算反正弦值，输入如下语句：

```
SELECT ASIN(1), ASIN(0);
```

执行结果如图 6-32 所示。

图 6-32　ASIN()函数

从执行结果可以看到，ASIN()函数的值域正好是 SIN()函数的定义域。

6.3.11　余弦函数 COS(x)和反余弦函数 ACOS(x)

COS(x)返回 x 的余弦，其中 x 为弧度值。

【例 6.33】使用 COS()函数计算余弦值，输入如下语句：

```
SELECT COS(0),COS(PI()),COS(1);
```

执行结果如图 6-33 所示。

图 6-33　COS()函数

从执行结果可以看到，COS(0)值为 1；COS(PI())值为-1；COS(1)值为 0.54030230586814。
ACOS(x)返回 x 的反余弦，即余弦是 x 的值。若 x 不在-1 到 1 的范围之内，则返回 NULL。

【例 6.34】使用 ACOS()函数计算反余弦值，输入如下语句：

```
SELECT ACOS(1),ACOS(0), ROUND(ACOS(0.5403023058681398),0);
```

执行结果如图 6-34 所示。

图 6-34　ACOS()函数

从执行结果可以看到，函数 ACOS()和 COS()互为反函数。

6.3.12　正切函数、反正切函数和余切函数

TAN(x)返回 x 的正切，其中 x 为给定的弧度值。

【例 6.35】使用 TAN()函数计算正切值，输入如下语句：

```
SELECT TAN(0.3), ROUND(TAN(PI()/4),0);
```

执行结果如图 6-35 所示。

图 6-35　TAN()函数

ATAN(x)返回 x 的反正切，即正切为 x 的值。

【例 6.36】使用 ATAN()函数计算反正切值，输入如下语句：

```
SELECT ATAN(0.30933624960962325), ATAN(1);
```

执行结果如图 6-36 所示。

图 6-36 ATAN()函数

从执行结果可以看到，函数 ATAN()和 TAN()互为反函数。

COT(x)返回 x 的余切。

【例 6.37】使用 COT()函数计算余切值，输入如下语句：

```
SELECT COT(0.3), 1/TAN(0.3),COT(PI() / 4);
```

执行结果如图 6-37 所示。

图 6-37 COT()函数

从执行结果可以看到，函数 COT()和 TAN()互为倒函数。

6.4 数据类型转换函数

在同时处理不同数据类型的值时，SQL Server 一般会自动进行隐式类型转换。这种隐式类型转换对于数据类型相近的数值是有效的，比如 int 和 float，但是对于其他数据类型，例如整数类型和字符数据类型，这种隐式转换就无法实现了，此时必须使用显式转换。为了实现这种转换，Transact-SQL 提供了两个显式转换的函数，分别是 CAST()函数和 CONVERT()函数。

CAST(x AS type)和 CONVERT(type, x)函数将一个类型的值转换为另一个类型的值。

【例 6.38】使用 CAST()和 CONVERT()函数进行数据类型的转换，输入如下语句：

```
SELECT CAST('201231' AS DATE), CAST(100 AS CHAR(3)), CONVERT(TIME,'2020-05-01
12:11:10');
```

执行结果如图 6-38 所示。

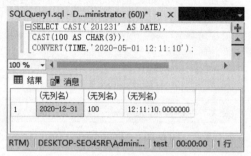

图 6-38　CAST()函数和 CONVERT()函数

从执行结果可以看到，CAST('201231' AS DATE)将字符串值转换为相应的日期值；CAST(100 AS CHAR(3))将整数数据 100 转换为带有 3 个显示宽度的字符串类型，结果为字符串'100'；CONVERT(TIME,'2020-05-01 12:11:10')将 datetime 类型的值，转换为 time 类型的值，结果为"12:11:10.0000000"。

6.5　文本函数和图像函数

文本函数和图像函数用于对文本或图像输入值或字段进行操作，并提供该值的基本信息。Transact-SQL 中常用的文本函数有两个：TEXTPTR()函数和 TEXTVALID()函数。

6.5.1　TEXTPTR()函数

TEXTPTR(column)函数用于返回对应 varbinary 格式的 text、ntext 或者 image 字段的文本指针值。查找到的文本指针值可应用于 READTEXT、WRITETEXT 和 UPDATETEXT 语句。其中参数 column 是一个数据类型为 text、ntext 或者 image 的字段。

【例 6.39】查询 t1 数据表中 c2 字段十六字节文本指针，输入如下语句。

首先创建数据表 t1，c2 字段为 text 类型，Transact-SQL 程序语句如下：

```
CREATE TABLE t1 (c1 int, c2 text)
INSERT t1 VALUES ('1', 'This is text.')
```

使用 TEXTPTR()函数查询 t1 数据表中 c2 字段的十六字节文本指针。

```
SELECT c1,TEXTPTR(c2) FROM t1 WHERE c1 = 1
```

执行结果如图 6-39 所示。

图 6-39　TEXTPTR()函数

该语句返回值为 0xFFFFD107000000007001000001000000。

6.5.2　TEXTVALID()函数

TEXTVALID('table.column', text_ptr)函数用于检查特定文本指针是否为有效的 text、ntext 或 image。table.column 为指定的数据表和字段，text_ptr 为要检查的文本指针。

【例 6.40】检查是否存在用于 t1 数据表的 c2 字段中各个值的有效文本指针，输入如下语句：

```
SELECT c1, 'This is text.' = TEXTVALID('t1.c2', TEXTPTR(c2))FROM t1;
```

执行结果如图 6-40 所示。

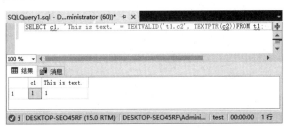

图 6-40　TEXTVALID()函数

第一个 1 为 c1 字段的值，第二个 1 表示查询的值存在。

6.6　日期和时间函数

日期和时间函数主要用于处理日期和时间值，本节将介绍各种日期和时间函数的功能和用法。一般的日期函数除了使用 date 类型的参数外，也可以使用 datetime 类型的参数，但会忽略这些值的时间部分。相同的，以 time 类型值为参数的函数，可以接受 datetime 类型值的参数，但会忽略日期部分。

6.6.1　获取系统当前日期的函数 GETDATE()

GETDATE()函数用于返回当前数据库系统的日期和时间，返回值的类型为 datetime。

【例 6.41】使用日期函数获取系统当前日期，输入如下语句：

```
SELECT GETDATE();
```

执行结果如图 6-41 所示。

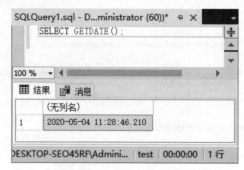

图 6-41   GETDATE()函数

这里返回的值为笔者计算机上的当前系统时间。

6.6.2   返回 UTC 日期的函数 UTCDATE()

UTCDATE()函数返回当前 UTC（世界标准时间）日期值。

【例 6.42】使用 UTCDATE()函数返回当前 UTC 日期值，输入如下语句：

```
SELECT GETUTCDATE();
```

执行结果如图 6-42 所示。

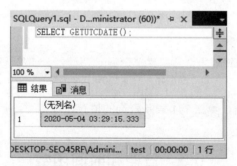

图 6-42   UTCDATE()函数

对比 GETDATE()函数的返回值，可以看到，因为笔者位于东 8 时区，当前系统时间比 UTC 提前 8 个小时，所以这里显示的 UTC 时间需要减去 8 个小时的时差。

6.6.3   获取天数的函数 DAY(d)

DAY(d)函数用于返回指定日期 d 是一个月中的第几天，范围是从 1 到 31，该函数在功能上等价于 DATEPART(dd, d)。

【例6.43】使用DAY()函数返回指定日期中的天数，输入如下语句：

```
SELECT DAY('2020-11-12 01:01:01');
```

执行结果如图6-43所示。

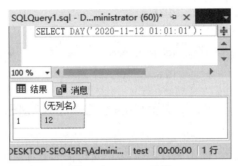

图6-43　DAY()函数

返回结果为12，即11月中的第12天。

6.6.4　获取月份的函数MONTH(d)

MONTH(d)函数返回指定日期d中月份的整数值。

【例6.44】使用MONTH()函数返回指定日期中的月份，输入如下语句：

```
SELECT MONTH('2020-04-12 01:01:01');
```

执行结果如图6-44所示。

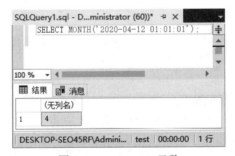

图6-44　MONTH()函数

6.6.5　获取年份的函数YEAR(d)

YEAR(d)函数返回指定日期d中年份的整数值。

【例6.45】使用YEAR()函数返回指定日期对应的年份，输入如下语句：

```
SELECT YEAR('2020-02-03'),YEAR('2021-02-03');
```

执行结果如图6-45所示。

图 6-45　YEAR()函数

6.6.6　获取日期中指定部分字符串值的函数 DATENAME(dp, d)

DATENAME(dp, d)函数根据 dp 指定返回日期中相应部分的值，例如 YEAR()函数返回日期中的年份值，MONTH()函数返回日期中的月份值，dp 可以取的其他值有：quarter、dayofyear、day、week、weekday、hour、minute、second 等。

【例 6.46】使用 DATENAME()函数返回日期中指定部分的日期字符串值，输入如下语句：

```
SELECT DATENAME(year,'2020-11-12 01:01:01'),
DATENAME(weekday, '2020-11-12 01:01:01'),
DATENAME(dayofyear, '2020-11-12 01:01:01');
```

执行结果如图 6-46 所示。

图 6-46　DATENAME()函数

从执行结果可以看到，这里的 3 个 DATENAME()函数分别返回指定日期值中的年份值、星期值和该日是一年中的第几天。

6.6.7　获取日期中指定部分整数值的函数 DATEPART(dp, d)

DATEPART(dp, d)函数返回指定日期中相应部分的整数值。dp 的取值与 DATENAME()函数中的相同。

【例 6.47】使用 DATEPART()函数返回日期中指定部分的整数值，输入如下语句：

```
SELECT DATEPART (year,'2020-11-12 01:01:01'),
DATEPART (month, '2020-11-12 01:01:01'),
DATEPART (dayofyear, '2020-11-12 01:01:01');
```

执行结果如图 6-47 所示。

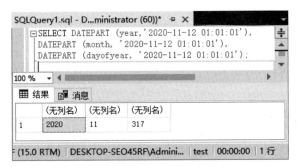

图 6-47　DATEPART()函数

6.6.8　计算日期和时间的函数 DATEADD(dp, num, d)

DATEADD(dp, num, d)函数用于执行日期的加运算，返回指定日期值加上一个时间段后的新日期。dp 指定日期中进行加法运算的部分值，例如 year、month、day、hour、minute、second、millisecond等；num 指定与 dp 相加的值，如果该值为非整数值，将舍弃该值的小数部分；d 为执行加法运算的日期。

【例 6.48】 使用 DATEADD()函数执行日期加操作，输入如下语句：

```
SELECT DATEADD(year,1,'2020-11-12 01:01:01'),
DATEADD(month,2,'2020-11-12 01:01:01'),
DATEADD(hour,1,'2020-11-12 01:01:01')
```

执行结果如图 6-48 所示。

图 6-48　DATEADD()函数

DATEADD(year,1,'2020-11-12 01:01:01')表示年值增加 1，2020 加 1 之后为 2021；DATEADD(month,2,'2020-11-12 01:01:01')表示月份值增加 2，11 月增加 2 个月之后为 1 月，同时，年值增加 1，结果为 2021-01-12；DATEADD(hour,1,'2020-11-12 01:01:01')表示时间部分的小时数增加 1。

6.7　系统函数

系统信息包括当前使用的数据库名称、主机名、系统错误信息以及用户名称等内容。使用 SQL Server 中的系统函数可以在需要的时候获取这些信息。本节将介绍常用的系统函数的作用和使用方法。

6.7.1　返回表中指定字段的长度值

COL_LENGTH(table, column)函数返回数据表中指定字段的长度值。其返回值为 int 类型。table 为要确定其列长度信息的数据表，可以是 nvarchar 类型的表达式。column 为要确定其长度的列，也可以是 nvarchar 类型的表达式。

【例 6.49】显示 test_db 数据库中 stu_info 数据表的 s_name 字段的长度，输入如下语句：

```
USE test_db
SELECT COL_LENGTH('stu_info','s_name');
```

执行结果如图 6-49 所示。

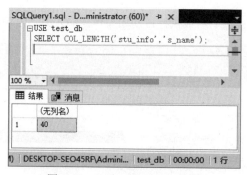

图 6-49　COL_LENGTH()函数

6.7.2　返回表中指定字段的名称

COL_NAME(table_id, column_id)函数返回数据表中指定字段的名称。table_id 是数据表的标识号，column_id 是列的标识号，类型为 int。

【例 6.50】显示 test_db 数据库中 stu_info 数据表的第一个字段的名称，输入如下语句：

```
SELECT COL_NAME(OBJECT_ID('test_db.dbo.stu_info'),1);
```

执行结果如图 6-50 所示。

图 6-50　COL_NAME()函数

6.7.3　返回数据表达式的数据的实际长度函数

DATALENGTH(expression)函数返回 expression 数据的实际长度，即字节数。其返回值类型为 int。NULL 的长度为 NULL。expression 可以是任何数据类型的表达式。

【例 6.51】查找 stu_info 数据表中 s_score 字段的长度，输入如下语句：

```
USE test_db;
SELECT DATALENGTH(s_name) FROM stu_info WHERE s_id=1;
```

执行结果如图 6-51 所示。

图 6-51　DATALENGTH()函数

6.7.4　返回数据库的编号

DB_ID(database_name)函数返回数据库的编号。其返回值为 smallint 类型。如果没有指定 database_name，则返回当前数据库的编号。

【例 6.52】查看 test_db 数据库的数据库编号，输入如下语句：

```
SELECT DB_ID('master'),DB_ID('test_db')
```

执行结果如图 6-52 所示。

图 6-52　DB_ID()函数

6.7.5　返回数据库的名称

DB_NAME(database_id)函数返回数据库的名称。其返回值类型为 nvarchar(128)。database_id 是 smallint 类型的数据。如果没有指定 database_id，则返回当前数据库的名称。

【例 6.53】返回指定 ID 的数据库的名称，输入如下语句：

```
USE master
SELECT DB_NAME(),DB_NAME(DB_ID('test_db'));
```

执行结果如图 6-53 所示。

图 6-53　DB_NAME()函数

USE 语句将 master 选择为当前数据库，因此 DB_NAME()返回值为当前数据库 master；DB_NAME(DB_ID('test_db'))返回值为 test_db 本身。

6.7.6　返回当前数据库默认的 NULL 值

GETANSINULL(database_name)函数返回当前数据库默认的 NULL 值，其返回值类型为 int。GETANSINULL()函数对 ANSI 空值 NULL 返回 1；如果没有定义 ANSI 空值，则返回 0。

【例 6.54】返回当前数据库默认是否允许空值，输入如下语句：

```
SELECT GETANSINULL('test_db')
```

执行结果如图 6-54 所示。

图 6-54　GETANSINULL()函数

6.7.7　返回服务器端计算机的标识号

HOST_ID()函数返回服务器端计算机的标识号，其返回值类型为char(10)。

【例6.55】查看当前服务器端计算机的标识号，输入如下语句：

```
SELECT HOST_ID();
```

执行结果如图6-55所示。

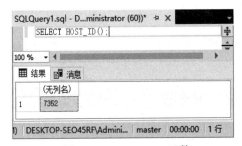

图 6-55　HOST_ID()函数

使用HOST_ID()函数可以记录那些向数据表中插入数据的计算机终端ID。

6.7.8　返回服务器端计算机的名称

HOST_NAME()函数返回服务器端计算机的名称，其返回值类型为nvarchar(128)。

【例6.56】查看当前服务器端计算机的名称，输入如下语句：

```
SELECT HOST_NAME();
```

执行结果如图6-56所示。

图 6-56　HOST_NAME()函数

笔者登录时使用的是 Windows 身份验证，这里显示的值为笔者的计算机名称。

6.7.9　返回数据库对象的编号

OBJECT_ID(database_name.schema_name.object_name, object_type)函数返回数据库对象的编号。其返回值类型为 int。object_name 为要使用的对象，它的数据类型为 varchar 或 nvarchar。如果 object_name 的数据类型为 varchar，则它将隐式转换为 nvarchar 类型。可以选择是否指定数据库和架构名称。object_type 指定架构范围的对象类型。

【例 6.57】返回 test_db 数据库中 stu_info 表的对象 ID，输入如下语句：

```
SELECT OBJECT_ID('test_db.dbo.stu_info');
```

执行结果如图 6-57 所示。

图 6-57　OBJECT_ID()函数

> **提　示**
>
> 　　当指定一个临时表的表名时，其表名的前面必须加上临时数据库名 tempdb，如：select object_id("tempdb..#mytemptable")。

6.7.10　返回用户的 SID（安全标识号）

SUSER_SID (login_name)函数根据用户登录名返回用户的 SID（Security Identification Number，安全标识号）。其返回值类型为 int。如果不指定 login_name，则返回当前用户的 SID。

【例 6.58】查看当前登录用户的安全标识号，输入如下语句：

```
SELECT SUSER_SID('DESKTOP-SEO45RF\Administrator');
```

执行结果如图 6-58 所示。

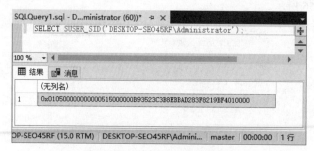

图 6-58　SUSER_SID()函数

因为笔者使用的是 Windows 用户登录，所以该语句查看了 Windows 用户
"DESKTOP-SEO45RF\Administrator"的安全标识号，如果使用 SQL Server 用户"sa"登录，则输入如下语句：

```
SELECT SUSER_SID('sa');
```

6.7.11　返回用户的登录名

SUSER_SNAME ([server_user_sid])函数返回与安全标识号（SID）关联的登录名。如果没有指定 server_user_sid，则返回当前用户的登录名。其返回值类型为 nvarchar(128)。

【例 6.59】返回与 Windows 安全标识号关联的登录名，输入如下语句：

```
SELECT
SUSER_SNAME(0x0105000000000000515000000B93523C3B8EBBAD283F8219BF4010000);
```

执行结果如图 6-59 所示。

图 6-59　SUSER_SNAME()函数

6.7.12　返回数据库对象的名称

OBJECT_NAME(object_id [, database_id])函数返回数据库对象的名称。database_id 用于指定要在其中查找对象的数据库（通过数据库的 ID 来指定），数据类型为 int。object_id 用于指定要查找的对象（通过 ID 来指定），数据类型为 int。假如指定了数据库对象的 ID（object_id）而没有指定数据库的 ID（database_id），则表示要查找当前数据库中架构范围内的对象。其返回值类型为 sysname。

【例 6.60】查看 test_db 数据库中对象 ID 值为 645577338 的对象名称，输入如下语句：

```
SELECT OBJECT_NAME(645577338,DB_ID('test_db')),
OBJECT_ID('test_db.dbo.stu_info');
```

执行结果如图 6-60 所示。

图 6-60　OBJECT_NAME()函数

6.7.13 返回数据库用户的 ID

USER_ID(user)函数根据用户名返回数据库用户的 ID。其返回值类型为 int。如果没有指定 user，则返回当前用户的数据库用户 ID。

【例 6.61】显示当前用户的数据库用户 ID，输入如下语句：

```
USE test_db;
SELECT USER_ID();
```

执行结果如图 6-61 所示。

图 6-61　USER_ID()函数

6.7.14 返回数据库用户名

USER_NAME(id)函数根据与数据库用户关联的 ID 号返回数据库用户名。其返回值类型为 nvarchar(256)。如果没有指定 ID，则返回当前的数据库用户名。

【例 6.62】查找当前的数据库用户名，输入如下语句：

```
USE test_db;
SELECT USER_NAME();
```

执行结果如图 6-62 所示。

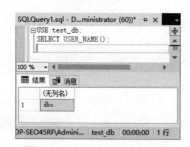

图 6-62　USER_NAME()函数

6.8 疑难解惑

1. STR()函数在遇到数字为小数时该如何处理

在使用 STR()函数时，如果数字为小数，则在转换为字符串数据类型时，只返回其整数部分；如果小数点后的数字大于等于 5，则四舍五入返回其整数部分。

2. 自定义函数支持输出参数吗

自定义函数可以接受零个或多个输入参数，其返回值可以是一个数值，也可以是一张表，但是自定义函数不支持输出参数。

6.9 经典习题

1. 使用数学函数进行如下运算

（1）计算 18 除以 5 的商和余数。

（2）将弧度值 PI()/4 转换为角度值。

（3）计算 9 的 4 次方值。

（4）保留浮点值 3.14159 到小数点后面 2 位。

2. 使用字符串函数进行如下运算

（1）分别计算字符串 'Hello World! ' 和 'University' 的长度。

（2）从字符串 'Nice to meet you! ' 中获取子字符串 'meet'。

（3）除去字符串 'h e l l o' 中的空格。

（4）将字符串 'SQLServer' 逆序输出。

（5）在字符串 'SQLServerSQLServer' 中，从第 4 个字母开始查找字母 Q 第一次出现的位置。

3. 使用日期和时间函数进行如下运算

（1）计算当前日期是一年的第几天。

（2）计算当前日期是一周中的第几个工作日。

（3）计算 '1929-02-14' 与当前日期之间相差的年份。

第7章 Transact-SQL查询

学习目标|Objective

数据库管理系统的一个最重要的功能就是提供数据查询，数据查询不是简单返回数据库中存储的数据，而是应该根据需要对数据进行筛选，以及数据将以什么样的格式显示。SQL Server 提供了功能强大、灵活的语句来实现这些操作，本章将介绍如何使用 SELECT 语句查询数据表中的一列或多列数据、使用集合函数显示查询结果、嵌套查询、多表连接查询等。

内容导航|Navigation

- 掌握查询工具的使用方法
- 掌握 SELECT 语句进行查询数据的方法
- 掌握使用 WHERE 子句进行条件查询的方法
- 掌握使用聚合函数统计汇总数据的方法
- 掌握嵌套查询的方法
- 掌握多表连接查询的方法
- 掌握外连接查询的方法
- 掌握使用排序函数的方法
- 掌握使用动态查询数据的方法

7.1 查询工具的使用

在第 1 章介绍 SQL Server 2019 中的图形管理工具时，介绍了查询编辑窗口，该窗口取代了以前版本的查询工具——查询分析器。查询窗口用来执行 Transact-SQL 语句。Transact-SQL 是结构化查询语言，在很大程度上遵循现代的 ANSI/ISO SQL 标准。本节将介绍如何在查询编辑窗口中进行查询，以及如何更改查询结果的显示方法。

7.1.1 编辑查询

编写查询语句之前，需要打开查询窗口。首先，打开 SSMS 并连接到 SQL Server 服务器。单击 SSMS 窗口左上部分的【新建查询】按钮，或者选择【文件】→【新建】→【使用当前连接查询】菜单命令，打开新的【查询】窗口，在窗口上边显示出与查询相关的菜单按钮。

首先，可以在 SQL 编辑窗口工具栏中的数据库下拉列表框中选择 test_db 数据库，然后在【查询】窗口的编辑窗口中输入以下代码：

```
SELECT * FROM test_db.dbo.stu_info;
```

输入时，编辑器会根据输入的内容改变字体颜色，同时，SQL Server 中的 IntelliSense 功能将提示接下来可能要输入的内容供用户选择，用户可以从列表中直接选择也可以自己手动输入，如图 7-1 所示。

在编辑窗口中的代码，SELECT 和 FROM 为关键字，显示为蓝色；星号"*"显示为黑色，对于一个无法确定的项，SQL Server 中都显示为黑色；而对于语句中使用到的参数和连接器则显示为红色。这些颜色的区分将有助于提高编辑代码的效率及及时发现错误。

SQL 编辑器工具栏上有一个带"√"图标的按钮，该按钮用来在实际执行查询语句之前对语法进行分析，如果有任何语法上的错误，在执行之前即可找到这些错误。

单击工具栏上的【执行】按钮，SSMS 界面的显示效果如图 7-2 所示。

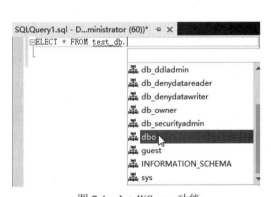

图 7-1　IntelliSense 功能

图 7-2　SSMS 界面

可以看到，现在查询窗口自动划分为两个子窗口，上面的子窗口中为执行的查询语句，下面的【结果】子窗口中显示了查询语句的执行结果。

7.1.2　查询结果的显示方法

默认情况下，查询的结果是以网格格式显示的。在查询窗口的工具栏中，提供了 3 种不同的查询结果的显示格式，如图 7-3 所示。

图 7-3　查询结果显示格式图标

图 7-3 所示的 3 个图标按钮，它们依次表示【以文本格式显示结果】、【以网格格式显示结果】和【将结果保存到文件】。也可以选择 SSMS 中的【查询】菜单中的【将结果保存到】子菜单下的选项来选择查询结果的显示方式。

1. 以文本格式显示结果

该种显示方式使得查询到的结果以文本页面的方式显示。选择该选项之后，再次单击【执行】按钮，查询结果显示格式如图 7-4 所示。

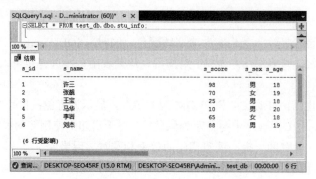

图 7-4　以文本格式显示查询结果

可以看到，这里返回的结果与前面是完全相同的，只是显示格式上有些差异。当返回结果只有一个结果集，且该结果只有很窄的几列或者想要以文本文件来保存返回的结果时，可以使用该显示格式。

2. 以网格格式显示结果

该种显示方式将返回结果的列和行以网格的形式排列。其显示方式有以下特点：

- 可以更改列的宽度，鼠标指针悬停到该列标题的边界处，单击拖动该列右边界，即可自定义列宽度，双击右边界使得该列可自动调整大小。
- 可以任意选择几个单元格，然后将其单独复制到其他网格，例如 Microsoft Excel。
- 可以选择一列或者多列。
- 默认情况下，SQL Server 使用该显示方式。

3. 将结果保存到文件

该选项与【以文本格式显示结果】相似，不过，它是将结果输出到文件而不是屏幕。使用这种方式可以直接将查询结果导出到外部文件。

7.2　使用 SELECT 语句进行查询

SQL Server 从数据表中查询数据的基本语句为 SELECT 语句。SELECT 语句的基本格式是：

```
SELECT {ALL | DISTINCT} *|列1 别名1 ，列2 别名2……
[TOP n [PERCENT]]
[INTO 表名]
FROM 表1 别名1 ，表2 别名2,
{WHERE 条件}
{GROUP BY 分组条件  {HAVING 分组条件}   }
```

```
{ORDER BY 排序字段 ASC|DESC }
```

- DISTINCT：去掉记录中的重复值，在有多列的查询语句中，可使多列组合后的结果唯一。
- TOP n [PERCENT]：表示只取前面的 n 条记录。如果指定 PERCENT，则表示取表中前面的 n%行。
- INTO：<表名>，表示是将查询结果插入到另一张表中。
- FROM 表 1 别名 1，表 2 别名 2：FROM 关键字后面指定查询数据的来源，可以是表、视图。
- WHERE 子句是可选项，如果选择该项，[查询条件]将限定查询行必须满足的查询条件；查询中尽量使用有索引的列以加速数据检索的速度。
- GROUP BY <字段>：该子句告诉 SQL Server 如何显示查询出来的数据，并按照指定的字段分组。
- HAVING：指定分组后的数据查询条件。
- ORDER BY <字段 >：该子句告诉 SQL Server 按什么样的顺序显示查询出来的数据，可以进行的排序有：升序（ASC）和降序（DESC）。

下面在 test_db 数据库中创建数据表 fruits，该表中包含了本章中需要用到的数据。

```
use test_db
CREATE TABLE fruits
(
f_id     char(10)    PRIMARY KEY,      --水果id
s_id     INT             NOT NULL,      --供应商id
f_name   VARCHAR(255)       NOT NULL,   --水果名称
f_price  decimal(8,2)  NOT NULL,        --水果价格
);
```

为了演示如何使用 SELECT 语句，读者需要插入如下数据：

```
INSERT INTO fruits (f_id, s_id, f_name, f_price)
VALUES('a1', 101,'apple',5.2),
  ('b1',101,'blackberry', 10.2),
  ('bs1',102,'orange', 11.2),
  ('bs2',105,'melon',8.2),
  ('t1',102,'banana', 10.3),
  ('t2',102,'grape', 5.3),
  ('o2',103,'coconut', 9.2),
  ('c0',101,'cherry', 3.2),
  ('a2',103, 'apricot',2.2),
  ('l2',104,'lemon', 6.4),
  ('b2',104,'berry', 7.6),
  ('m1',106,'mango', 15.6);
```

7.2.1　使用通配符（*）和列名查询字段

SELECT 语句在查询时允许指定查询的字段，即可以查询所有字段，也可以查询指定字段。查

询所有字段时有两种方法，分别是使用通配符（*）和指定所有字段名称。

1. 在 SELECT 语句中使用通配符（*）查询所有字段

SELECT 查询记录最简单的形式是从一张表中检索所有记录，实现的方法是使用通配符（*）指定查找所有的列。语法格式如下：

```
SELECT * FROM 表名;
```

【例 7.1】从 fruits 表中检索所有字段的数据，Transact-SQL 语句如下：

```
SELECT * FROM fruits;
```

执行结果如图 7-5 所示。

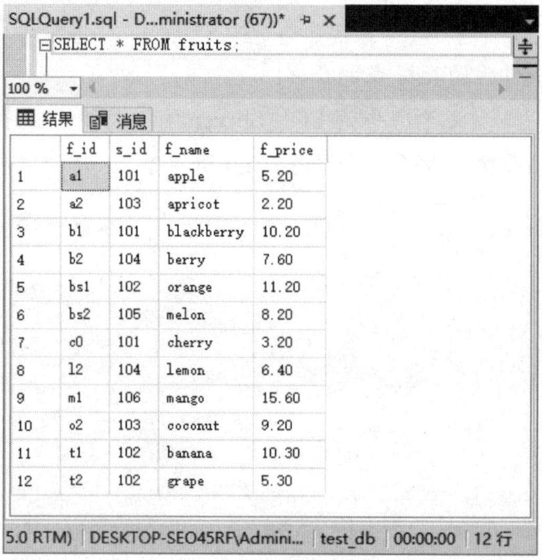

图 7-5　查询所有的记录

从执行结果可以看到，使用通配符（*）时，将返回所有列（即字段），列按照定义数据表时的顺序显示出来。

2. 在 SELECT 语句中指定所有字段

根据前面 SELECT 语句格式，SELECT 关键字后面字段名为将要查找的数据，因此可以将表中所有字段的名称跟在 SELECT 子句右边，有时候，可能表中的字段比较多，不一定能记得所有字段的名称，因此该方法有时候很不方便，不建议使用。例如查询 fruits 表中的所有数据，SQL 语句如下：

```
SELECT f_id, s_id ,f_name, f_price FROM fruits;
```

查询结果与例 7.1 相同。

3. 查询指定字段

使用 SELECT 语句，可以获取多个字段下的数据，只需要在关键字 SELECT 后面指定要查找的字段的名称，不同字段名称之间用逗号（,）分隔开，最后一个字段后面不需要加逗号，使用这种查询方式可以获得有针对性的查询结果，语法格式如下：

```
SELECT 字段名1,字段名2,…,字段名n  FROM 表名;
```

【例 7.2】从 fruits 表中获取 f_name 和 f_price 两列，Transact-SQL 语句如下：

```
SELECT f_name, f_price FROM fruits;
```

执行结果如图 7-6 所示。

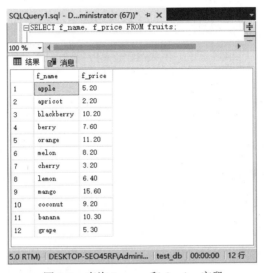

图 7-6　查询 f_name 和 f_price 字段

提　示

SQL Server 中的 SQL 语句是不区分字母大小写的，因此 SELECT 和 select 作用是相同的，但是，许多开发人员习惯将关键字使用大写字母，而字段名和表名使用小写字母，读者也应该养成一个良好的编程习惯，这样编写出来的程序代码更容易阅读和维护。

7.2.2　使用 DISTINCT 消除重复

从前面的例子可以看到，SELECT 查询返回所有匹配的行，假如查询 fruits 表中所有的 s_id 字段，Transact-SQL 语句如下：

```
SELECT s_id FROM fruits;
```

执行后结果如图 7-7 所示。

图 7-7　查询 s_id 字段

可以看到查询结果返回了 12 条记录，其中有一些重复的 s_id 值，有时，出于对数据分析的要求，需要消除重复的记录值，如何使查询结果没有重复呢？在 SELECT 语句中可以使用 DISTINCT 关键字指示 SQL Server 消除重复的记录值。语法格式为：

```
SELECT DISTINCT 字段名 FROM 表名;
```

【例 7.3】查询 fruits 数据表中 s_id 字段的值，返回的 s_id 字段值不得重复，Transact-SQL 语句如下：

```
SELECT DISTINCT s_id FROM fruits;
```

执行结果如图 7-8 所示。

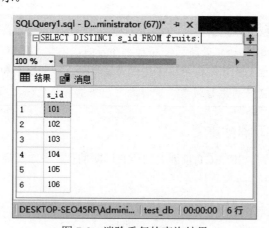

图 7-8　消除重复的查询结果

可以看到，这次查询结果只返回了 6 条记录的 s_id 值，而不再有重复的值，SELECT DISTINCT s_id 告诉 SQL Server 只返回不同的 s_id 值。

7.2.3　使用 TOP 返回前 n 行

SELECT 将返回所有匹配的行，可能是数据表中所有的行，如仅仅需要返回第一行或者前几行，可以使用 TOP 关键字，基本语法格式如下：

```
TOP n [PERCENT]
```

n 为指定返回行数的数值，如果指定了 PERCENT，则指示查询返回结果集中前 n%的行。

【例 7.4】从 fruits 表中选取前 3 行记录。

```
SELECT TOP (3) * FROM fruits;
```

执行结果如图 7-9 所示。

【例 7.5】从 fruits 表中选取前 30%的记录。

```
SELECT TOP 30 PERCENT * FROM fruits;
```

执行结果如图 7-10 所示。

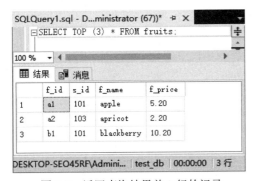
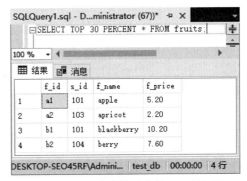

图 7-9　返回查询结果前 3 行的记录　　图 7-10　返回查询结果中前 30%的记录

fruits 表中一共有 12 行记录，返回总数的 30%的记录，即表中前 4 行记录。

7.2.4　修改列标题

查询数据时，有时会遇到如下的一些问题：

● 查询的数据表中有些字段名是英文，不易理解。
● 对多个表同时进行查询时，多个表中可能会出现名称相同的字段，引起混淆或者不能引用这些字段。
● SELECT 查询语句的选择字段为表达式时，此时在查询结果中没有字段名。

当出现上述问题时，为了突出数据处理后所代表的意义，可以为字段取一个别名。

1. 使用 AS 关键字

在字段名（即列名）表达式后，使用 AS 关键字接一个字符串为表达式来指定别名。AS 关键字也可以省略。为字段取别名的基本语法格式为：

```
字段名 [AS] 字段别名
```

"字段名"也被称为数据表中的列名，"字段别名"可以使用单引号，也可以不使用。

【例 7.6】查询 fruits 表，为 f_name 字段取别名为"名称"，f_price 字段取别名为"价格"，Transact-SQL 语句如下：

```
SELECT f_name AS '名称', f_price AS '价格'
FROM fruits;
```

执行结果如图 7-11 所示。

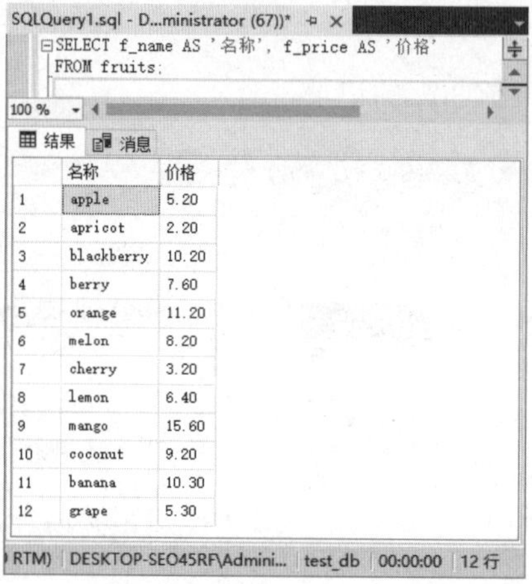

图 7-11　分别为 f_name 和 f_price 字段取别名

2. 使用 "=" 号

在字段的前面使用"="号为列表达式指定别名，别名可以用单引号括起来，也可以不用。fruits 表中的 f_name 和 f_price 字段分别指定别名为"名称"和"价格"：

```
SELECT '名称'=f_name,'价格'=f_price
FROM fruits;
```

该语句的执行结果与使用 AS 关键字时相同。

7.2.5　在查询结果集中显示字符串

为了查询结果更加容易理解，可以为查询的字段添加一些说明性文字。在 Transact-SQL 中，可以在 SELECT 语句的查询字段列表中，使用单引号为结果集加入字符串或常量，从而为特定的字段添加注释。

【例 7.7】查询 fruits 表，对表中的 s_id 和 f_id 字段添加说明信息。

```
SELECT '供应商编号：', s_id,'水果编号',f_id FROM fruits;
```

执行结果如图 7-12 所示。

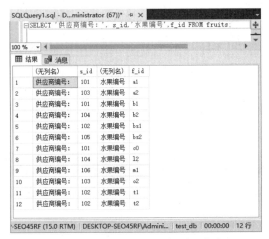

图 7-12　为查询结果添加说明信息

7.2.6　查询的列为表达式

在 SELECT 查询结果中，可以根据需要使用算术运算符或者逻辑运算符，对查询的结果进行处理。

【例 7.8】查询 fruits 表中所有水果的名称和价格，并对价格打八折。

```
SELECT f_name, f_price 原价,f_price * 0.8 折扣价
FROM fruits;
```

执行结果如图 7-13 所示。

图 7-13　查询的列为表达式

7.3　使用 WHERE 子句进行条件查询

数据库中包含大量的数据，根据特殊要求，可能只需查询数据表中的指定数据，即对数据进

行过滤。在 SELECT 语句中通过 WHERE 子句对数据进行过滤，语法格式为：

```
SELECT 字段名1,字段名2,...,字段名n
FROM 表名
WHERE 查询条件
```

在 WHERE 子句中，SQL Server 提供了一系列的判断条件，如表 7-1 所示。

表 7-1　WHERE 子句运算符

运算符	说明
=	相等
<>	不相等
<	小于
<=	小于或者等于
>	大于
>=	大于或者等于
BETWEEN AND	位于两值之间

本节将介绍如何在查询条件中使用这些判断条件。

7.3.1　使用关系表达式查询

WHERE 子句中，关系表达式由关系运算符和字段组成，可用于字段值的大小相等判断。主要的运算符有"="、"<>"、"<"、"<="、">"和">="。

【例 7.9】查询价格为 10.2 元的水果的名称，Transact-SQL 语句如下：

```
SELECT f_name, f_price
FROM fruits
WHERE f_price = 10.2;
```

该语句使用 SELECT 从 fruits 表中获取价格等于 10.2 元的水果的数据，从查询结果可以看到，价格为 10.2 元的水果的名称是 blackberry，其他的均不满足查询条件，查询结果如图 7-14 所示。

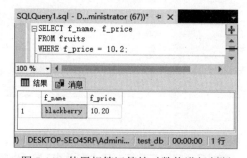

图 7-14　使用相等运算符对数值进行判断

本例采用了简单的相等过滤，查询一个指定字段 f_price 具有值 10.20。相等判断还可以用来比较字符串，如例 7.10 所示。

【例 7.10】查询名称为"apple"的水果的价格，Transact-SQL 语句如下：

```
SELECT f_name, f_price
FROM fruits
WHERE f_name = 'apple';
```

查询结果如图 7-15 所示。

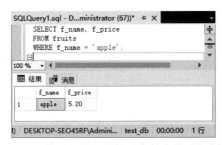

图 7-15 使用相等运算符对字符串值进行判断

该语句使用 SELECT 从 fruits 表中获取名称为"apple"的水果的价格，从查询结果可以看到，只有名称为"apple"的行被返回，其他均不满足查询条件。

【例 7.11】查询价格小于 10 元的水果的名称，Transact-SQL 语句如下：

```
SELECT f_name, f_price
FROM fruits
WHERE f_price < 10;
```

该语句使用 SELECT 从 fruits 表中获取价格低于 10 元的水果名称，即 f_price 字段值小于 10 元的水果信息被返回，查询结果如图 7-16 所示。

图 7-16 使用小于运算符查询

可以看到在查询结果中，所有记录的 f_price 字段值均小于 10.00 元。而大于或等于 10.00 元的记录没有被返回。

7.3.2　使用 BETWEEN AND 查询某范围内的数据

BETWEEN AND 用来查询某个范围内的值，该运算符需要两个参数，即范围的开始值和结束值，如果记录的字段值满足指定范围的查询条件，则这些记录被返回。

【例 7.12】查询价格在 2.00 元到 10.20 元之间水果的名称和价格，Transact-SQL 语句如下：

```
SELECT f_name, f_price FROM fruits WHERE f_price BETWEEN 2.00 AND 10.20;
```

执行结果如图 7-17 所示。

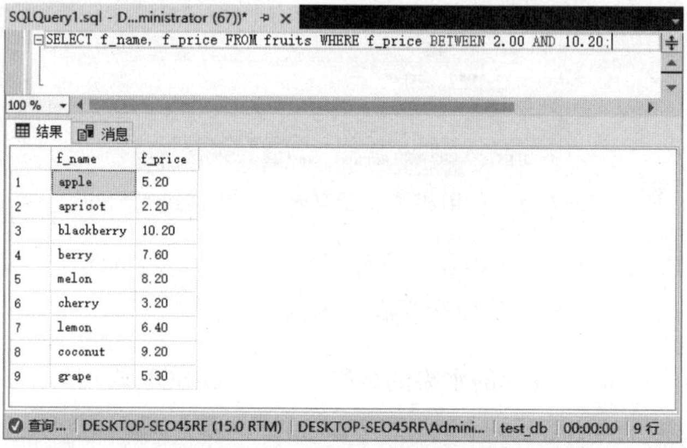

图 7-17　使用 BETWEEN AND 运算符进行查询

可以看到，返回结果包含了价格从 2.00 元到 10.20 元之间的字段值，并且端点值 10.20 也包括在返回结果中，即 BETWEEN 匹配范围中的所有值，包括开始值和结束值。

BETWEEN AND 运算符前可以加关键字 NOT，表示指定范围之外的值，如果字段值不在指定的范围内，则这些记录被返回。

【例 7.13】查询价格在 2.00 元到 10.20 元之外的水果名称和价格，Transact-SQL 语句如下：

```
SELECT f_name, f_price
FROM fruits
WHERE f_price NOT BETWEEN 2.00 AND 10.20;
```

查询结果如图 7-18 所示。

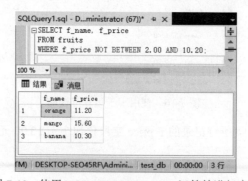

图 7-18　使用 NOT BETWEEN AND 运算符进行查询

从查询结果可以看到，虽然返回的只有其 f_price 字段值大于 10.20 元的记录，其实 f_price 字段值小于 2.00 元的记录也满足查询条件，只是我们的范例数据记录中没有这类记录。因此，如果表中有 f_price 字段值小于 2.00 的记录，也会出现在查询结果中。

7.3.3 使用 IN 关键字查询

IN 关键字用来查询满足指定条件范围内的记录，使用 IN 关键字时，将所有检索条件用括号括起来，检索条件用逗号分隔开，只要满足条件范围内的一个值即为匹配项。

【例 7.14】查询 s_id 字段值为 101 和 102 的记录，Transact-SQL 语句如下：

```
SELECT s_id,f_name, f_price
FROM fruits
WHERE s_id IN (101,102)
```

执行结果如图 7-19 所示。

相反的，可以使用关键字 NOT IN 来检索不在条件范围内的记录。

【例 7.15】查询所有 s_id 字段值不等于 101 也不等于 102 的记录，Transact-SQL 语句如下：

```
SELECT s_id,f_name, f_price
FROM fruits
WHERE s_id NOT IN (101,102);
```

查询结果如图 7-20 所示。

图 7-19　使用 IN 关键字进行查询　　　　图 7-20　使用 NOT IN 运算符进行查询

从查询结果可以看到，该语句在 IN 关键字前面加上了 NOT 关键字，这使得查询的结果与例 7.14 的结果正好相反，前面检索了 s_id 字段值等于 101 和 102 的记录，而这里所要求查询的记录中的 s_id 字段值不等于这两个值中的任何一个。

7.3.4 使用 LIKE 关键字查询

在前面的检索操作中，讲述了如何查询多个字段的记录，如何进行比较查询或者是查询一个条件范围内的记录，如果要查找所有的包含字符 "ge" 的水果名称，该如何查找呢？简单的比较操作已经行不通了，在这里，需要使用通配符进行匹配查找，通过创建查找匹配模式对数据表中的数据进行比较。执行这个任务的关键字是 LIKE。

通配符是一种在 SQL 的 WHERE 条件子句中拥有特殊意思的字符，SQL 语句中支持多种通配符，可以和 LIKE 一起使用的通配符如表 7-2 所示。

表 7-2　LIKE 关键字中使用的通配符

通配符	说明
%	包含零个或多个字符的任意字符串
_	任何单个字符
[ ]	指定范围（[a-f]）或集合（[abcdef]）中的任何单个字符
[^]	不属于指定范围（[a-f]）或集合（[abcdef]）的任何单个字符

1. 百分号通配符"%"，匹配任意长度的字符，甚至包括零个字符

【例 7.16】查找所有以 'b' 字母开头的水果，Transact-SQL 语句如下：

```
SELECT f_id, f_name
FROM fruits
WHERE f_name LIKE 'b%';
```

查询结果如图 7-21 所示。

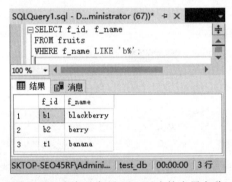

图 7-21　查询以字母 'b' 开头的水果名称

该语句查询的结果返回所有以 'b' 开头的水果的 id 和名称，'%'告诉 SQL Server，返回所有 f_name 字段值以字母 'b' 开头的记录，不管 'b' 后面有多少个字符。

在搜索匹配时，通配符"%"可以放在不同位置，如例 7.17 所示。

【例 7.17】在 fruits 数据表中，查询 f_name 字段值中包含字母 'g' 的记录，Transact-SQL 语句如下：

```
SELECT f_id, f_name
FROM fruits
WHERE f_name LIKE '%g%';
```

查询结果如图 7-22 所示。

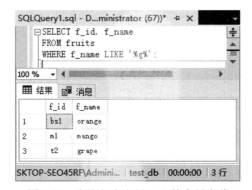

图 7-22 查询包含字母 'g' 的水果名称

该语句查询字符串中包含字母 'g' 的水果名称，只要水果名称中有字符 'g'，而前面或后面无论有多少个字符，都满足查询的条件。

【例 7.18】查询以字母 'b' 开头，并以 'y' 结尾的水果名称，Transact-SQL 语句如下：

```
SELECT f_name
FROM fruits
WHERE f_name LIKE 'b%y';
```

查询结果如图 7-23 所示。

图 7-23 查询以字母 'b' 开头，以字母 'y' 结尾的水果名称

通过查询结果可以看到，"%"用于匹配在指定位置的任意数目的字符。

2. 下画线通配符 "_"，一次只能匹配任意一个字符

下画线通配符 "_" 的用法和 "%" 相同，区别是 "%" 匹配多个字符，而 "_" 只匹配任意单个字符，如果要匹配多个字符，则需要使用相同个数的 "_"。

【例 7.19】在 fruits 表中，查询以字母 'y' 结尾，且 'y' 前面只有 4 个字符的水果名称，Transact-SQL 语句如下：

```
SELECT f_id, f_name FROM fruits WHERE f_name LIKE '_ _ _ _y';
```

查询结果如图 7-24 所示。

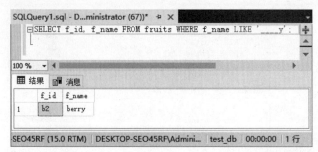

图 7-24　查询长度为 5 个字符，且以字符 'y' 结尾的水果名称

从查询结果可以看到，以 'y' 结尾且前面只有 4 个字符的记录只有一条。其他记录的 f_name 字段值也有以 'y' 结尾的，但它的总字符串长度不为 5，因此不在返回结果中。

3. 匹配指定范围中的任何单个字符

方括号"[]"指定一个字符集合，只要匹配其中任何一个字符，即为所查找的文本。

【例 7.20】在 fruits 数据表中，查找 f_name 字段值中以字母 'abc' 3 个字母中任意一个开头的水果名称，Transact-SQL 语句如下：

```
SELECT * FROM fruits
WHERE f_name LIKE '[abc]%';
```

查询结果如图 7-25 所示。

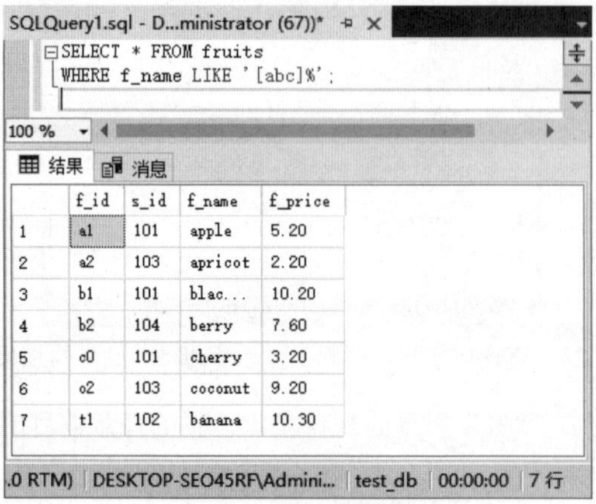

图 7-25　查询以 3 个字母 'abc' 中任意一个开头的水果名称

从查询结果可以看到，所有返回的记录其 f_name 字段值中都以 'abc' 3 个字母中的某一个字母开头。

4. 匹配不属于指定范围的任何单个字符

"[^字符集合]"匹配不在指定集合中的任何字符。

【例 7.21】在 fruits 数据表中，查找 f_name 字段值中不是以字母 'abc' 3 个字母中任意一个开头的水果名称，Transact-SQL 语句如下：

```
SELECT * FROM fruits
WHERE f_name LIKE '[^abc]%';
```

查询结果如图 7-26 所示。

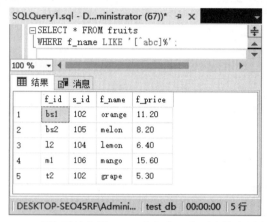

图 7-26　查询不以字母 'abc' 中任意一个开头的水果名称

从查询结果可以看到，所有返回的记录其 f_name 字段值中都不是以字母 'abc' 3 个字母中的某一个开头的。

7.3.5　使用 IS NULL 查询空值

数据表创建的时候，设计者可以指定某列中是否可以包含空值（NULL）。空值不同于 0，也不同于空字符串，空值一般表示数据未知、不适用或将在以后添加。在 SELECT 语句中使用 IS NULL 子句，可以查询某字段内容为空记录。

下面在 test_db 数据库中创建数据表 customers，该表中包含了本章中需要用到的数据。

```
CREATE TABLE customers
(
c_id     char(10)        PRIMARY KEY,
c_name   varchar(255)    NOT NULL,
c_email  varchar(50)     NULL,

);
```

为了演示需要插入的数据，可以执行以下的 INSERT 语句：

```
INSERT INTO customers (c_id, c_name, c_email)
VALUES('10001','RedHook', 'LMing@163.com'),
 ('10002','Stars', 'Jerry@hotmail.com'),
('10003','RedHook',NULL),
('10004','JOTO', ' sam@hotmail.com ');
```

【例 7.22】查询 customers 数据表中 c_email 字段为空的记录的 c_id、c_name 和 c_email 字段值，Transact-SQL 语句如下：

```
SELECT c_id, c_name, c_email FROM customers WHERE c_email IS NULL;
```

查询结果如图 7-27 所示。

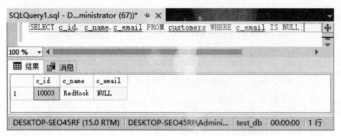

图 7-27　查询 c_email 字段为空的记录

与 IS NULL 相反的是 IS NOT NULL，该子句查找字段不为空的记录。

【例 7.23】查询 customers 数据表中 c_email 不为空的记录的 c_id、c_name 和 c_email 字段值，Transact-SQL 语句如下：

```
SELECT c_id, c_name, c_email FROM customers WHERE c_email IS NOT NULL;
```

查询结果如图 7-28 所示。

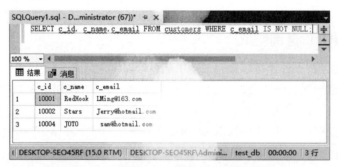

图 7-28　查询 c_email 字段不为空的记录

从查询结果可以看到，查询出来的记录的 c_email 字段值都不为空值。

7.3.6　使用 EXISTS 关键字查询

EXISTS 关键字后面的参数是一个任意的子查询，系统对子查询进行运算以判断它是否返回行，如果至少返回一行，那么 EXISTS 的结果为 TRUE，此时外层查询语句将进行查询；如果子查询没有返回任何行，那么 EXISTS 返回的结果是 FALSE，此时外层语句将不进行查询。

下面在 test_db 数据库中创建数据表 suppliers，该表中包含了本节中需要用到的数据。

```
CREATE TABLE suppliers
(
s_id     char(10)    PRIMARY KEY,
s_name   varchar(50) NOT NULL,
s_city   varchar(50) NOT NULL,
);
```

为了演示需要插入的数据，可以执行如下语句：

```
INSERT INTO suppliers (s_id, s_name, s_city)
VALUES('101','FastFruit Inc', 'Tianjin'),
('102','LT Supplies', 'shanghai'),
('103','ACME', 'beijing'),
('104','FNK Inc', 'zhengzhou'),
('105','Good Set', 'xinjiang'),
('106','Just Eat Ours', 'yunnan'),
('107','JOTO meoukou', 'guangdong');
```

【例 7.24】查询 suppliers 数据表中是否存在 s_id=107 的供应商，如果存在则查询 fruits 表中的记录，Transact-SQL 语句如下：

```
SELECT * FROM fruits
WHERE EXISTS
(SELECT s_name FROM suppliers WHERE s_id = 107);
```

查询结果如图 7-29 所示。

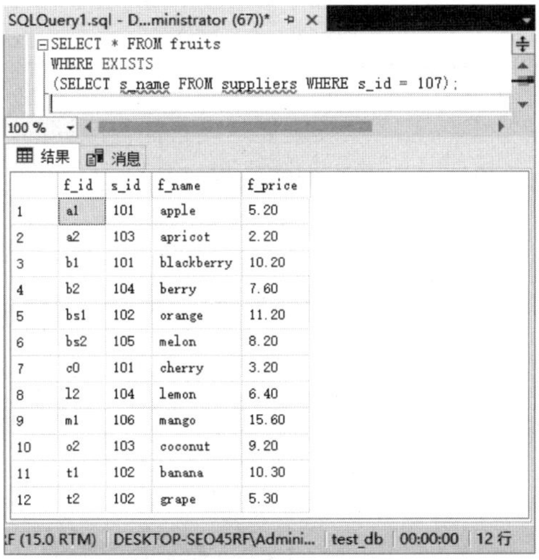

	f_id	s_id	f_name	f_price
1	a1	101	apple	5.20
2	a2	103	apricot	2.20
3	b1	101	blackberry	10.20
4	b2	104	berry	7.60
5	bs1	102	orange	11.20
6	bs2	105	melon	8.20
7	c0	101	cherry	3.20
8	l2	104	lemon	6.40
9	m1	106	mango	15.60
10	o2	103	coconut	9.20
11	t1	102	banana	10.30
12	t2	102	grape	5.30

图 7-29 在查询中使用 EXISTS 关键字

从查询结果可以看到，内层查询结果表明 suppliers 数据表中存在 s_id=107 的记录，因此 EXISTS 表达式返回 TRUE；外层查询语句接收 TRUE 之后对 fruits 数据表进行查询，返回所有的记录。

EXISTS 关键字可以和条件表达式一起使用。

【例 7.25】查询 suppliers 表中是否存在 s_id=107 的供应商，如果存在则查询 fruits 表中 f_price 字段值大于 10.20 的记录，Transact-SQL 语句如下：

```
SELECT * FROM fruits
WHERE f_price>10.20 AND EXISTS
(SELECT s_name FROM suppliers WHERE s_id = 107);
```

查询结果如图 7-30 所示。

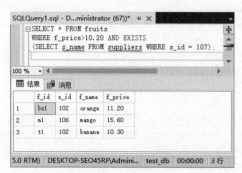

图 7-30　使用带 AND 运算符的复合条件查询

从查询结果可以看到，内层查询结果表明 suppliers 表中存在 s_id=107 的记录，因此 EXISTS 表达式返回 TRUE；外层查询语句接收 TRUE 之后根据查询条件 f_price > 10.20 对 fruits 表进行查询，返回结果为 3 条 f_price 字段值大于 10.20 的记录。

NOT EXISTS 与 EXISTS 的使用方法相同，返回的结果相反。子查询如果至少返回一行，那么 NOT EXISTS 的结果为 FALSE，此时外层查询语句将不进行查询；如果子查询没有返回任何行，那么 NOT EXISTS 返回的结果是 TRUE，此时外层语句将进行查询。

7.3.7　使用 ORDER BY 子句排序

从前面的查询结果，读者会发现有些字段的值是没有任何顺序的，SQL Server 2019 可以通过在 SELECT 语句中使用 ORDER BY 子句对查询的结果进行排序。

1. 单列排序

下面使用 ORDER BY 子句对指定的字段值（即数据表的列）进行排序。

【例 7.26】查询 fruits 表的 f_name 字段值，并对其进行排序，Transact-SQL 语句如下：

```
SELECT f_name FROM fruits ORDER BY f_name;
```

执行结果如图 7-31 所示。

图 7-31　对单列查询结果进行排序

该语句查询的结果和前面的语句查询相同，不同的是，通过指定 ORDER BY 子句，SQL Server 对查询的 f_name 字段值按字母表的顺序进行了升序排序。

2. 多列排序

有时需要根据多个字段值进行排序，比如，如果要显示一个学生列表，可能会有多名学生的姓氏是相同的，因此还需要根据学生的名进行排序。要对多字段值进行排序，将需要排序的字段用逗号（,）分隔开即可。

【例 7.27】查询 fruits 表中的 f_name 和 f_price 字段，先按 f_name 字段值排序，再按 f_price 字段值排序，Transact-SQL 语句如下：

```
SELECT f_name, f_price FROM fruits ORDER BY f_name, f_price;
```

查询结果如图 7-32 所示。

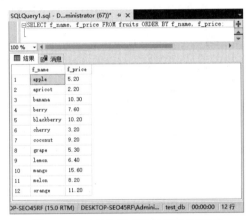

图 7-32 对多字段查询结果进行排序

3. 指定排序方向

默认情况下，查询数据按字母升序（ASC）进行排序（从 A 到 Z），但数据的排序并不仅限于此。还可以使用 ORDER BY 对查询结果进行降序排序（从 Z 到 A），可通过关键字 DESC 来实现，例 7.28 说明了如何进行降序排序。

【例 7.28】查询 fruits 表中的 f_name 和 f_price 字段，对 f_price 字段值的结果按降序方式排序，Transact-SQL 语句如下：

```
SELECT f_name, f_price FROM fruits ORDER BY f_price DESC;
```

查询结果如图 7-33 所示。

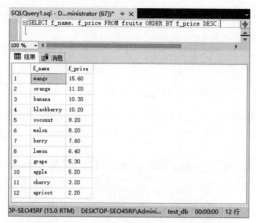

图 7-33 对查询结果按降序方式进行排序

从查询结果可以看到，记录的排列顺序是按照 f_price 字段值由高到低排序的。

7.3.8 使用 GROUP BY 分组

分组查询是对数据按照某个或多个字段进行分组，SQL Server 中使用 GROUP BY 子句对数据进行分组，基本语法形式为：

```
[GROUP BY 字段] [HAVING <条件表达式>]
```

"字段"表示进行分组时所依据的字段名；"HAVING <条件表达式>"指定 GROUP BY 分组显示时需要满足的条件。

1. 创建分组

GROUP BY 子句通常和集合函数一起使用，如 MAX()、MIN()、COUNT()、SUM()、AVG()等函数。例如，要返回每个水果供应商提供的水果种类，这时就要在分组过程中用到 COUNT()函数，把数据分为多个逻辑组，并对每个组进行集合计算。

【例 7.29】根据 s_id 字段值对 fruits 表中的数据进行分组，Transact-SQL 语句如下：

```
SELECT s_id, COUNT(*) AS Total FROM fruits GROUP BY s_id;
```

查询结果如图 7-34 所示。

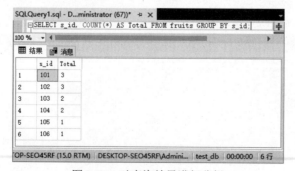

图 7-34 对查询结果进行分组

从查询结果可以看到，s_id 表示供应商的 ID，Total 字段使用 COUNT()函数计算得出，GROUP BY 子句按照 s_id 字段值进行排序和分组。可以看到 ID 为 101、102 的供应商分别提供 3 种水果，ID 为 103 和 104 的供应商分别提供 2 种水果，ID 为 105 和 106 的供应商只提供 1 种水果。

2. 多字段分组

使用 GROUP BY 子句可以对多个字段的值进行分组，GROUP BY 子句后面跟需要分组的字段，SQL Server 根据多字段的值来进行层次分组，分组层次从左往右，即先按第 1 个字段分组，然后在第 1 个字段值相同的记录中，再根据第 2 个字段的值进行分组……依次类推。

【例 7.30】根据 s_id 和 f_name 字段值对 fruits 表中的数据进行分组，Transact-SQL 语句如下：

```
SELECT s_id,f_name FROM fruits group by s_id,f_name;
```

查询结果如图 7-35 所示。

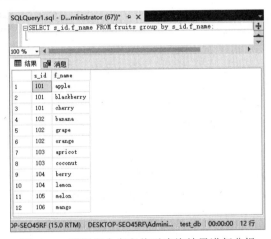

图 7-35　根据多个字段值对查询结果进行分组

从查询结果可以看到，查询记录先按照 s_id 字段值进行分组，再对 f_name 字段按不同的取值进行分组。

7.3.9　使用 HAVING 对分组结果过滤

GROUP BY 子句可以和 HAVING 子句一起限定显示记录所需满足的条件，只有满足条件的分组才会被显示出来。

【例 7.31】根据 s_id 字段值对 fruits 表中的数据进行分组，并显示水果种类大于 1 的分组信息（过滤），Transact-SQL 语句如下：

```
SELECT s_id, COUNT(*) AS Total FROM fruits
GROUP BY s_id HAVING COUNT(*) > 1;
```

查询结果如图 7-36 所示。

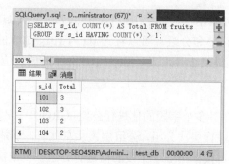

图 7-36 使用 HAVING 子句对分组查询结果进行过滤

从查询结果可以看到，ID 为 101、102、103 和 104 的供应商提供水果的种类大于 1，满足 HAVING 子句条件，因此在返回结果中；而 ID 为 105 和 106 的供应商的水果种类等于 1，不满足限定的条件，因此不在返回结果中。

提　示

HAVING 与 WHERE 子句都可用来过滤数据，两者有什么区别呢？其中重要的一点是，HAVING 用在数据分组之后进行过滤，即用来选择分组；而 WHERE 在分组之前用来选择记录。另外，WHERE 排除的记录不再包括在分组中。

7.3.10　使用 UNION 合并查询结果集

利用 UNION 关键字，可以给出多条 SELECT 语句，并将它们的结果组合成单个结果集。合并时，两个数据表对应的字段数和数据类型必须相同。各个 SELECT 语句之间使用 UNION 或 UNION ALL 关键字来连接。UNION 不使用关键字 ALL，执行的时候会删除重复的记录，所有返回的行都是唯一的；使用关键字 ALL 的作用是不删除重复行也不对结果进行自动排序。基本语法格式如下：

```
SELECT column,... FROM table1
UNION [ALL]
SELECT column,... FROM table2
```

【例 7.32】查询所有价格小于 9 元的水果的信息，查询 s_id 字段值等于 101 的所有水果的信息，使用 UNION ALL 连接查询结果，Transact-SQL 语句如下：

```
SELECT s id, f name, f price
FROM fruits
WHERE f price < 9.0
UNION ALL
SELECT s id, f name, f price
FROM fruits
WHERE s_id =101;
```

查询结果如图 7-37 所示。

如前所述，UNION 将多个 SELECT 语句的结果组合成一个结果集合。该结果集仅仅是包含了多个查询结果集中的值，并不区分重复的记录，因此会包含相同的记录。可以从结果中看到，第 1 条记录和第 8 条记录是相同的，第 5 条记录和第 10 条记录是相同的。

如果要合并查询结果并删除重复的记录，就不要使用 ALL 关键字。

【例 7.33】查询所有价格小于 9 元的水果的信息，查询 s_id 字段值等于 101 的所有水果的信息，Transact-SQL 语句如下：

```
SELECT s_id, f_name, f_price
FROM fruits
WHERE f_price < 9.0
UNION
SELECT s_id, f_name, f_price
FROM fruits
WHERE s_id =101;
```

执行这段程序代码，输出结果组合成单个的结果集，并删除重复的记录。查询结果如图 7-38 所示。

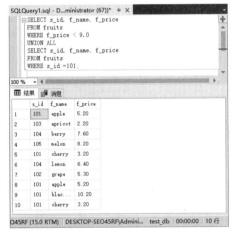

图 7-37 使用 UNION ALL 连接查询结果

图 7-38 使用 UNION 连接查询结果

7.4 使用聚合函数统计汇总

有时候并不需要返回实际数据表中的数据，而只是对数据进行总结，SQL Server 2019 提供一些查询功能，可以对获取的数据进行分析和报告。这些函数的功能有：计算数据表中总共有的记录行数、计算某个字段中数据的总和、以及找出数据表中某个字段的最大值、最小值或计算平均值。本节将介绍这些函数以及如何使用它们。这些聚合函数的名称和作用如表 7-3 所示。

表 7-3 聚合函数的名称和作用

函数	作用
AVG()	返回某字段（即数据表的列）的平均值
COUNT()	返回某字段的行数
MAX()	返回某字段中的最大值
MIN()	返回某字段中的最小值
SUM()	返回某字段值的和

接下来，将详细介绍各个函数的使用方法。

7.4.1 使用 SUM()函数求列的和

SUM()是一个求总和的函数，返回指定字段（即数据表的列）的值的总和。

【例 7.34】在 fruits 表中查询供应商 s_id 为 103 的水果订单的总价格，Transact-SQL 语句如下：

```
SELECT SUM(f_price) AS sum_price
FROM fruits
WHERE s_id = 103;
```

执行结果如图 7-39 所示。

从查询结果可以看到，SUM(f_price)函数返回所有水果价格数量之和，WHERE 子句指定查询供应商 s_id 为 103 的记录。

SUM()函数可以与 GROUP BY 一起使用来计算每个分组的总和。

【例 7.35】在 fruits 数据表中，使用 SUM()函数统计不同供应商中订购的水果价格总和，Transact-SQL 语句如下：

```
SELECT s_id,SUM(f_price) AS sum_price
FROM fruits
GROUP BY s_id;
```

执行结果如图 7-40 所示。

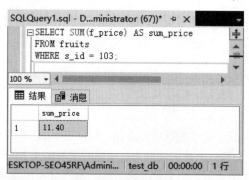

图 7-39　使用 SUM()函数求指定字段值的总和

图 7-40　使用 SUM()函数对分组结果求和

从查询结果可以看到，GROUP BY 按照供应商 s_id 进行分组，SUM()函数计算每个分组中订购的水果的价格总和。

提　示

SUM()函数在计算时，忽略字段值为 NULL 的行。

7.4.2 使用 AVG()函数对指定字段求平均值

AVG()函数用于求指定字段的平均值。

【例 7.36】在 fruits 数据表中，查询 s_id=103 的供应商的水果价格的平均值，Transact-SQL 语句如下：

```
SELECT AVG(f_price) AS avg_price
FROM fruits
WHERE s_id = 103;
```

执行结果如图 7-41 所示。

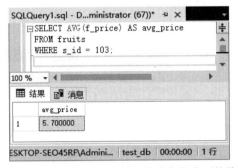

图 7-41 使用 AVG()函数对指定字段求平均值

该例中的查询语句增加了一个 WHERE 子句，并且添加了查询过滤条件，只查询 s_id = 103 的记录中的 f_price 字段值，因此，通过 AVG()函数计算的结果只是指定的供应商水果的价格平均值，而不是市场上所有水果的价格平均值。

AVG()函数可以与 GROUP BY 一起使用来计算每个分组的平均值。

【例 7.37】在 fruits 表中，查询每一个供应商的水果价格的平均值，Transact-SQL 语句如下：

```
SELECT s_id, AVG(f_price) AS avg_price
FROM fruits
GROUP BY s_id;
```

执行结果如图 7-42 所示。

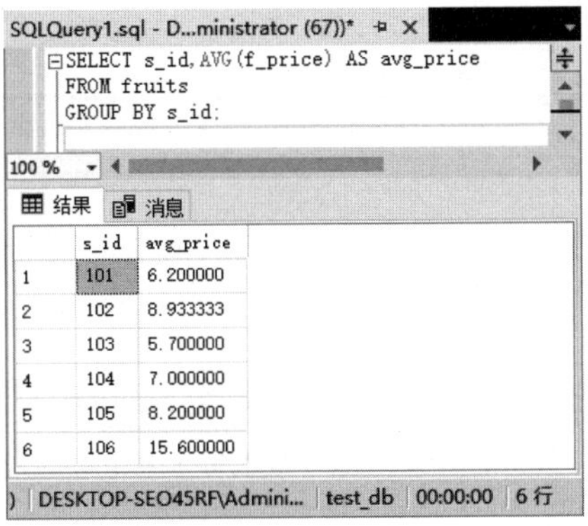

图 7-42 使用 AVG()函数对分组求平均值

GROUP BY 子句根据 s_id 字段对记录进行分组，然后计算出每个分组的平均值，这种分组求平均值的方法非常有用，例如：求不同班级学生成绩的平均值，求不同部门工人的平均工资，求各地的年平均气温等。

7.4.3　使用 MAX()函数找出指定字段中的最大值

MAX()函数返回指定字段中的最大值。

【例 7.38】在 fruits 表中查找市场上价格最高的水果，Transact-SQL 语句如下：

```
SELECT MAX(f_price) AS max_price FROM fruits;
```

执行结果如图 7-43 所示。

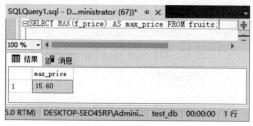

图 7-43　使用 MAX()函数求最大值

从执行结果可以看到，MAX()函数找出了 f_price 字段的最大值 15.60。

MAX()函数也可以和 GROUP BY 子句一起使用找出每个分组中的最大值。

【例 7.39】在 fruits 表中查找不同供应商提供的价格最高的水果，Transact-SQL 语句如下：

```
SELECT s_id, MAX(f_price) AS max_price
FROM fruits
GROUP BY s_id;
```

执行结果如图 7-44 所示。

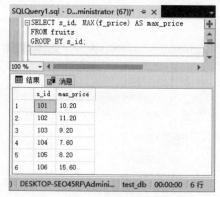

图 7-44　使用 MAX()函数求每个分组中的最大值

从执行结果可以看到，GROUP BY 子句根据 s_id 字段对记录进行分组，然后计算出每个分组中的最大值。

MAX()函数不仅适用于查找数值类型，也可以用于字符类型。

【例7.40】在 fruits 表中查找 f_name 字段中的最大值,Transact-SQL 语句如下:

```
SELECT MAX(f_name) FROM fruits;
```

执行结果如图 7-45 所示。

图 7-45 使用 MAX()函数求每个分组中字符串的最大值

从执行结果可以看到,MAX()函数可以对字母进行大小判断,并返回最大的字符或者字符串。

提　示

MAX()函数除了用来查找出最大的字段值或日期值之外,还可以返回任意字段中的最大值,包括返回字符类型的最大值。在对字符类型数据进行比较时,按照字符的 ASCII 编码值大小进行比较,从 a 到 z,a 的 ASCII 编码值最小,z 的 ASCII 编码值最大。在比较时,先比较第一个字母,如果相等,继续比较下一个字符,一直到两个字符不相等或者字符串比较结束为止。例如,'b' 与 't' 比较时,'t'为最大值;'bcd' 与 'bca' 比较时,'bcd' 为最大值。

7.4.4 使用 MIN()函数找出指定字段中的最小值

MIN()函数返回指定字段中的最小值。

【例7.41】在 fruits 表中查找价格最低的水果,Transact-SQL 语句如下:

```
SELECT MIN(f_price) AS min_price FROM fruits;
```

执行结果如图 7-46 所示。

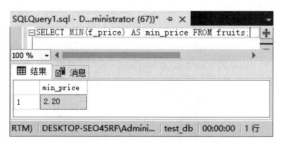

图 7-46 使用 MIN()函数找出指定字段中的最小值

从执行结果可以看到,MIN()函数找出了 f_price 字段的最小值 2.20。

MIN()函数也可以和 GROUP BY 子句一起使用来找出每个分组中的最小值。

【例 7.42】在 fruits 表中找出不同供应商提供的价格最低的水果，Transact-SQL 语句如下：

```
SELECT s_id, MIN(f_price) AS min_price
FROM fruits
GROUP BY s_id;
```

执行结果如图 7-47 所示。

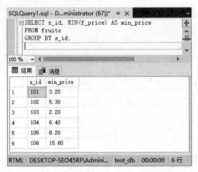

图 7-47　使用 MIN()函数找出分组中的最小值

从执行结果可以看到，GROUP BY 子句根据 s_id 字段对记录进行分组，然后找出每个分组中的最小值。

MIN()函数与 MAX()函数类似，不仅适用于数值类型，也适用于字符类型。

7.4.5　使用 COUNT()函数统计

COUNT()函数统计数据表中包含的记录的总行数（总条数），或者根据查询结果返回字段中包含的数据行数。其使用方法有两种：

- COUNT(*)：统计数据表中的总行数，不管某字段有数值或者为空值。
- COUNT(字段名)：统计指定字段的总行数，计算时将忽略字段值为空值的行。

【例 7.43】统计 customers 表中的总行数，Transact-SQL 语句如下：

```
SELECT COUNT(*) AS 客户总数
FROM customers;
```

执行结果如图 7-48 所示。

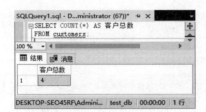

图 7-48　使用 COUNT()函数统计客户总数

从查询结果可以看到，COUNT(*)返回 customers 表中记录的总行数，不管其值是什么，返回的总数为客户总数。

【例 7.44】统计 customers 表中有电子邮箱的客户的总数，Transact-SQL 语句如下：

```sql
SELECT COUNT(c_email) AS email_num
FROM customers;
```

执行结果如图 7-49 所示。

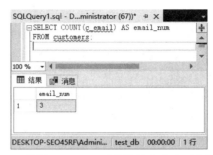

图 7-49　使用 COUNT()函数统计客户电子邮箱总数

从查询结果可以看到，数据表中 4 个 customer 只有 3 个有 email，其他 customer 的 email 为空值，那么 NULL 的记录没有被 COUNT()函数统计。

提　示

上面的两个例子统计出不同的结果，说明了两种方式在计算总数的时候对待 NULL 值的方式是不同的。即被统计字段的值为空时被 COUNT()函数忽略；但是如果不指定字段，而是在 COUNT()函数中使用“*”，则所有记录都不会被忽略。

前面介绍分组查询的时候，介绍了 COUNT()函数与 GROUP BY 子句一起使用，可用来统计不同分组中的记录总数。

【例 7.45】 在 fruits 表中，使用 COUNT()函数统计不同供应商中订购的水果种类数目，Transact-SQL 语句如下：

```sql
SELECT s_id '供应商', COUNT(f_name) '水果种类数目'
FROM fruits
GROUP BY s_id;
```

执行结果如图 7-50 所示。

图 7-50　使用 COUNT()函数统计分组中的总记录数

从查询结果可以看到，GROUP BY 子句先按照供应商进行分组，然后统计每个分组中的总记录数。

7.5 嵌套查询

嵌套查询指一个查询语句嵌套在另一个查询语句内部的查询。嵌套查询又叫子查询，在 SELECT 子句中先计算子查询，子查询结果作为外层另一个查询的过滤条件，查询可以基于一个数据表或者多个数据表。子查询中可以使用比较运算符，如 "<" "<=" ">" ">=" 和 "!=" 等。子查询中常用的运算符有 ANY(SOME)、ALL、IN、EXISTS。子查询可以添加到 SELECT、UPDATE 和 DELETE 语句中，而且可以进行多层嵌套。本节将介绍如何在 SELECT 语句中嵌套子查询。

7.5.1 使用比较运算符

子查询可以使用比较运算符，如 "<" "<=" "=" ">=" 和 "!=" 等。

【例 7.46】在 suppliers 表中查询 s_city 等于 "Tianjin" 的供应商的 s_id，然后在 fruits 表中查询所有这些 s_id 对应的供应商提供的水果的种类，Transact-SQL 语句如下：

```
SELECT s_id, f_name FROM fruits
WHERE s_id =
(SELECT s1.s_id FROM suppliers AS s1 WHERE s1.s_city = 'Tianjin');
```

该嵌套查询首先在 suppliers 表中查找 s_city 等于 Tianjin 的供应商的 s_id，然后在外层查询时，在 fruits 表中查找 s_id 等于内层查询返回值的各个记录，查询结果如图 7-51 所示。

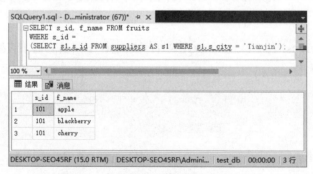

图 7-51　使用等号运算符进行的子查询

结果表明，"Tianjin" 地区的供应商提供的水果种类有 3 种，分别为 apple、blackberry、cherry。

【例 7.47】在 suppliers 表中查询 s_city 等于 Tianjin 的供应商 s_id，然后在 fruits 表中查询所有不是这些 s_id 对应的供应商提供的水果的种类，Transact-SQL 语句如下：

```
SELECT s_id, f_name FROM fruits
WHERE s_id <>
(SELECT s1.s_id FROM suppliers AS s1 WHERE s1.s_city = 'Tianjin');
```

执行结果如图 7-52 所示。

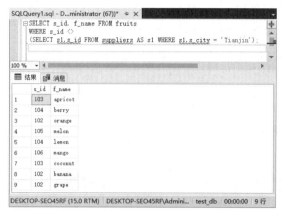

图 7-52　使用不等号运算符进行的子查询

该嵌套查询执行过程与前面相同，在这里使用了不等于"<>"运算符，因此返回的结果和前一个查询的结果正好相反。

7.5.2　使用 IN 关键字

使用 IN 关键字进行子查询时，内层查询语句返回一个字段值，这个字段中的值将提供给外层查询语句进行比较操作。

【例 7.48】在 fruits 表中查询订购 f_id 为 c0 的供应商的 s_id，并根据供应商号查询其供应商的名称 s_name，Transact-SQL 语句如下：

```
SELECT s_name FROM suppliers WHERE s_id IN
(SELECT s_id  FROM fruits WHERE f_id = 'c0');
```

执行结果如图 7-53 所示。

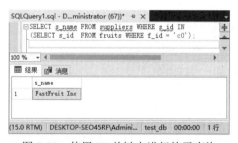

图 7-53　使用 IN 关键字进行的子查询

上述查询过程可以分步执行，首先内层子查询查出 fruits 表中符合条件的供应商的 s_id，查询结果为 101。然后执行外层查询，在 suppliers 表中查询供应商的 s_id 等于 101 的供应商名称。读者可以分开执行这两条 SELECT 语句，对比其返回值。嵌套子查询语句可以写为如下形式，也可以实现相同的功能：

```
SELECT s_name FROM suppliers WHERE s_id IN(101);
```

这个例子说明在处理 SELECT 语句的时候，SQL Server 2019 实际上执行了两个查询过程，即先执行内层子查询，再执行外层查询，内层子查询的结果作为外部查询的比较条件。

SELECT 语句中可以使用 NOT IN 运算符，其作用与 IN 正好相反。

【例 7.49】与前一个例子中的程序语句类似，但是在 SELECT 语句中使用 NOT IN 运算符，Transact-SQL 语句如下：

```
SELECT s_name FROM suppliers WHERE s_id NOT IN
(SELECT s_id  FROM fruits WHERE f_id = 'c0');
```

执行结果如图 7-54 所示。

图 7-54　使用 NOT IN 运算符进行的子查询

7.5.3　使用 ANY、SOME 和 ALL 关键字

1. ANY 和 SOME 关键字

ANY 和 SOME 关键字是同义词，表示满足其中任一条件。它们允许创建一个表达式对子查询的返回值列表进行比较，只要满足内层子查询中的任何一个比较条件，就返回一个结果作为外层查询的条件。

下面定义两个数据表 tb1 和 tb2：

```
CREATE table tbl1 ( num1 INT NOT NULL);
CREATE table tbl2 ( num2 INT NOT NULL);
```

分别向两个数据表中插入数据：

```
INSERT INTO tbl1 values(1), (5), (13), (27);
INSERT INTO tbl2 values(6), (14), (11), (20);
```

ANY 关键字接在一个比较运算符的后面，表示如果与子查询返回的任何值比较结果为 TRUE，则返回 TRUE。

【例 7.50】返回 tbl2 数据表的 num2 字段，然后将 tbl1 数据表中的 num1 的值与之进行比较，只要大于 num2 的任何值均为符合查询条件的结果。

```
SELECT num1 FROM tbl1 WHERE num1 > ANY (SELECT num2 FROM tbl2);
```

执行结果如图 7-55 所示。

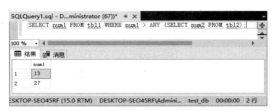

图 7-55　使用 ANY 关键字查询

在子查询中，返回的是 tbl2 数据表中 num2 字段的结果（6,14,11,20），然后将 tbl1 数据表中的 num1 字段的值与之进行比较，只要大于 num2 字段的任意一个数即为符合条件的结果。

2. ALL 关键字

ALL 关键字与 ANY 和 SOME 不同，使用 ALL 时需要同时满足所有内层查询的条件。例如，修改前面的例子，用 ALL 运算符替换 ANY 运算符。

ALL 关键字接在一个比较运算符的后面，表示如果与子查询返回的所有值比较结果为 TRUE，则返回 TRUE。

【例 7.51】返回 tbl1 表中 num1 字段值比 tbl2 表中 num2 字段值的所有值都大的值，Transact-SQL 语句如下：

```
SELECT num1 FROM tbl1 WHERE num1 > ALL (SELECT num2 FROM tbl2);
```

执行结果如图 7-56 所示。

图 7-56　使用 ALL 关键字查询

在子查询中，返回的是 tbl2 表中的所有 num2 字段值（6,14,11,20），然后将 tbl1 表中的 num1 字段的值与之进行比较，大于所有 num2 字段值的 num1 字段值只有 27，因此返回结果为 27。

7.5.4　使用 EXISTS 关键字

EXISTS 关键字后面的参数是一个任意的子查询，系统对子查询进行运算以判断它是否返回行，如果至少返回一行，那么 EXISTS 的结果为 TRUE，此时外层查询语句将进行查询；如果子查询没有返回任何行，那么 EXISTS 返回的结果是 FALSE，此时外层语句将不进行查询。

【例 7.52】查询 suppliers 表中是否存在 s_id=107 的供应商，如果存在则查询 fruits 表中的记录，Transact-SQL 语句如下：

```
SELECT * FROM fruits
WHERE EXISTS
(SELECT s_name FROM suppliers WHERE s_id = 107);
```

执行结果如图 7-57 所示。

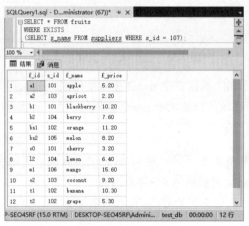

图 7-57　使用 EXISTS 关键字进行查询

从执行结果可以看到，内层查询结果表明 suppliers 表中存在 s_id=107 的记录，因此 EXISTS 表达式返回 TRUE；外层查询语句接收 TRUE 之后对 fruits 表进行查询，返回所有的记录。

EXISTS 关键字可以和条件表达式一起使用。

【例 7.53】查询 suppliers 表中是否存在 s_id=107 的供应商，如果存在则查询 fruits 表中 f_price 字段值大于 10.20 的记录，Transact-SQL 语句如下：

```
SELECT * FROM fruits
WHERE f_price>10.20 AND EXISTS
(SELECT s_name FROM suppliers WHERE s_id = 107);
```

执行结果如图 7-58 所示。

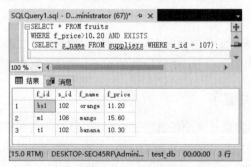

图 7-58　使用 EXISTS 关键字进行的复合条件查询

从执行结果可以看到，内层查询结果表明 suppliers 表中存在 s_id=107 的记录，因此 EXISTS 表达式返回 TRUE；外层查询语句接收 TRUE 之后根据查询条件 f_price > 10.20 对 fruits 表进行查询，返回结果为其 f_price 字段值大于 10.20 的 3 条记录。

NOT EXISTS 关键字与 EXISTS 关键字使用方法相同，但返回的结果相反。子查询如果至少返回一行，那么 NOT EXISTS 的结果为 FALSE，此时外层查询语句将不进行任何查询；如果子查询没有返回任何行，那么 NOT EXISTS 返回的结果是 TRUE，此时外层语句将进行查询。

【例 7.54】查询 suppliers 表中是否存在 s_id=107 的供应商，如果不存在则查询 fruits 表中的记录，Transact-SQL 语句如下：

```
SELECT * FROM fruits
WHERE NOT EXISTS
(SELECT s_name FROM suppliers WHERE s_id = 107);
```

该条语句的查询结果为空值。查询语句 SELECT s_name FROM suppliers WHERE s_id = 107 对 suppliers 表进行查询并返回了 1 条记录，NOT EXISTS 表达式返回 FALSE，外层表达式接收 FALSE，将不再查询 fruits 表中的任何记录。

提　示
EXISTS 关键字和 NOT EXISTS 关键字的结果只取决于是否会返回行，而不取决于这些行的内容，所以这个子查询输入列表通常是无关紧要的。

7.6　多表连接查询

连接是关系数据库模型的主要特点。连接查询是关系数据库中主要的查询，包括内连接、外连接等。通过连接运算符可以实现多个表查询。在关系数据库管理系统中，数据表建立时各数据之间的关系不必确定，常把一个实体的所有信息存放在一个数据表中。当查询数据时，通过连接操作查询出存放在多个数据表中的不同实体的信息。当两个或多个数据表中存在相同意义的字段时，便可以通过这些字段对不同的数据表进行连接查询。

内连接查询操作列出与连接条件匹配的数据行，它使用比较运算符比较被连接字段的字段值（或称为列值）。SQL Server 中的内连接有：相等连接和不等连接。本节将介绍多个数据表之间的内连接查询。

7.6.1　相等连接

相等连接又叫等值连接，在连接条件中使用 "=" 运算符比较被连接字段的字段值，其查询结果中列出被连接数据表中的所有字段，包括其中的重复字段。

fruits 表和 suppliers 表中都有相同含义的字段 s_id，这两个数据表通过 s_id 字段建立联系。接下来从 fruits 表中查询 f_name 和 f_price 字段，从 suppliers 表中查询 s_id 和 s_name 字段。

【例 7.55】在 fruits 表和 suppliers 表之间使用 INNER JOIN 语法进行内连接查询，Transact-SQL 语句如下：

```
SELECT suppliers.s_id, s_name,f_name, f_price
FROM fruits INNER JOIN suppliers
```

```
ON fruits.s_id = suppliers.s_id;
```

执行结果如图 7-59 所示。

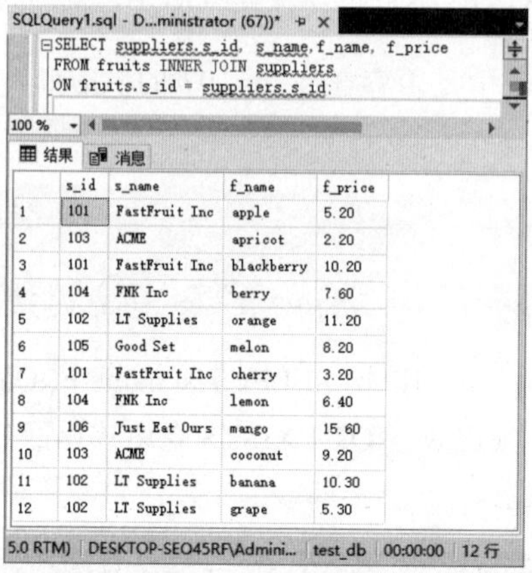

	s_id	s_name	f_name	f_price
1	101	FastFruit Inc	apple	5.20
2	103	ACME	apricot	2.20
3	101	FastFruit Inc	blackberry	10.20
4	104	FNK Inc	berry	7.60
5	102	LT Supplies	orange	11.20
6	105	Good Set	melon	8.20
7	101	FastFruit Inc	cherry	3.20
8	104	FNK Inc	lemon	6.40
9	106	Just Eat Ours	mango	15.60
10	103	ACME	coconut	9.20
11	102	LT Supplies	banana	10.30
12	102	LT Supplies	grape	5.30

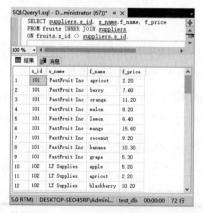

图 7-59　使用 INNER JOIN 语法进行相等内连接查询

在这里的查询语句中，两个数据表之间的关系通过 INNER JOIN 指定，在使用这种语法的时候，连接的条件使用 ON 子句给出而不是使用 WHERE，ON 和 WHERE 后面指定的条件相同。

7.6.2　不等连接

不等连接是在连接条件中使用除“=”运算符以外的其他比较运算符，比较被连接的字段的字段值。这些运算符包括“>”“>=”“<=”“<”“!>”“!<”和“<>”。

【例 7.56】在 fruits 表和 suppliers 表之间使用 INNER JOIN 语法进行内连接查询，Transact-SQL 语句如下：

```
SELECT suppliers.s_id, s_name,f_name, f_price
FROM fruits INNER JOIN suppliers
ON fruits.s_id <> suppliers.s_id;
```

执行结果如图 7-60 所示。

	s_id	s_name	f_name	f_price
1	101	FastFruit Inc	apricot	2.20
2	101	FastFruit Inc	berry	7.60
3	101	FastFruit Inc	orange	11.20
4	101	FastFruit Inc	melon	8.20
5	101	FastFruit Inc	lemon	6.40
6	101	FastFruit Inc	mango	15.60
7	101	FastFruit Inc	coconut	9.20
8	101	FastFruit Inc	banana	10.30
9	101	FastFruit Inc	grape	5.30
10	102	LT Supplies	apple	5.20
11	102	LT Supplies	apricot	2.20
12	102	LT Supplies	blackberry	10.20

图 7-60　使用 INNER JOIN 语法进行不相等内连接查询

7.6.3　带选择条件的连接

带选择条件的连接查询是在连接查询的过程中，通过添加过滤条件限制查询的结果，使查询结果更加准确。

【例 7.57】在 fruits 表和 suppliers 表中，使用 INNER JOIN 语法查询 fruits 表中供应商号为 101 的城市名称 s_city，Transact-SQL 语句如下：

```
SELECT fruits.s_id, suppliers.s_city
FROM fruits INNER JOIN suppliers
ON fruits.s_id = suppliers.s_id AND fruits.s_id = 101;
```

执行结果如图 7-61 所示。

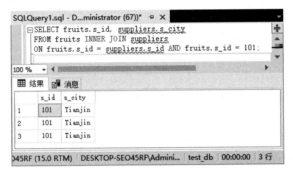

图 7-61　使用 INNER JOIN 语法进行带选择条件的连接查询

执行结果显示，在连接查询时指定查询供应商为 101 的城市信息，添加了过滤条件之后返回的结果将会变少，因此该例的返回结果只有 3 条记录。

7.6.4　自连接

如果在一个连接查询中，涉及的两个数据表都是同一个数据表，这种查询称为自连接查询。自连接是一种特殊的内连接，它是指相互连接的数据表在物理上为同一个数据表，但可以在逻辑上分为两个数据表。

【例 7.58】查询 f_id='a1'的水果供应商提供的其他水果种类，Transact-SQL 语句如下：

```
SELECT f1.f_id, f1.f_name
FROM fruits AS f1, fruits AS f2
WHERE f1.s_id = f2.s_id AND f2.f_id = 'a1';
```

执行结果如图 7-62 所示。

图 7-62　自连接查询

此处查询的两个数据表是相同的数据表，为了防止产生查询错误，对该表使用了别名。fruits 表第一次出现时用的别名为 f1，第二次出现时用的别名为 f2，使用 SELECT 语句返回字段时明确指出返回以 f1 为前缀的字段的全名，WHERE 连接两个数据表，并按照第二个数据表的 f_id 字段对数据进行过滤，返回所需的数据。

7.7　外连接

连接查询是查询多个表中相关联的行，内连接时，返回查询结果集合中的仅是符合查询条件和连接条件的行，但有时候需要包含没有关联的行中数据，即返回到查询结果集合中的不仅包含符合连接条件的行，而且还包括左表（左外连接或左连接）、右表（右外连接或右连接）或两个连接的数据表（全外连接）中的所有数据行。外连接分为左外连接和右外连接：

- 左外连接（LEFT JOIN）：返回包括左表中的所有记录和右表中连接字段相等的记录。
- 右外连接（RIGHT JOIN）：返回包括右表中的所有记录和左表中连接字段相等的记录。

本节将分别介绍这两种连接方式。为了显示演示效果，下面创建 student 表和 stu_detail 表，在 student 表中包含了学生的 id 号和姓名，stu_detail 表中包含了学生的 id 号、班级和家庭住址，而现在公布分班信息，只需要 id 号、姓名和班级，这该如何解决？通过学习后面的内容就可以找到完美的解决方案。

表设计语句如下：

```
CREATE TABLE student
(
  s_id  INT,
  name  VARCHAR(40)
);

CREATE TABLE stu_detail
(
  s_id   INT,
  glass  VARCHAR(40),
  addr   VARCHAR(90)
```

```
);
```

为了演示如何使用外连接，需要插入如下数据：

```
INSERT INTO student VALUES(1,'wanglin1'),(2,''),(3,'zhanghai');
INSERT INTO stu_detail VALUES(1, 'wuban','henan'),(2,'liuban','hebei'),
(3,'qiban','');
```

7.7.1 左外连接

左外连接的结果包括 LEFT OUTER JOIN 关键字左边连接表的所有行，而不仅仅是连接字段所匹配的行。如果左表的某行在右表中没有匹配行，则在相关联的结果集的行中右表的所有选择的字段均为空值。

【例 7.59】在 student 表和 stu_detail 表中，查询所有 ID 相同的学生号和居住城市，Transact-SQL 语句如下：

```
SELECT student.s_id, stu_detail.addr
FROM student LEFT OUTER JOIN stu_detail
ON student.s_id = stu_detail.s_id;
```

执行结果如图 7-63 所示。

图 7-63　左外连接查询

结果显示了 3 条记录，ID 等于 3 的学生没有地址信息，所以该条记录只取出了 student 表中相应的值，而从 stu_detail 表中取出的值为空值。

7.7.2 右外连接

右外连接是左外连接的反向连接。将返回 RIGHT OUTER JOIN 关键字右边的表中的所有行。如果右表的某行在左表中没有匹配行，左表将返回空值。

【例 7.60】在 student 表和 stu_detail 表中，查询所有 ID 相同的学生名字和对应学号，包括没有填写名字的学生，Transact-SQL 语句如下：

```
SELECT student.name, stu_detail.s_id
FROM student RIGHT OUTER JOIN stu_detail
ON student.s_id = stu_detail.s_id;
```

执行结果如图 7-64 所示。

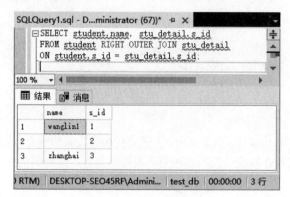

图 7-64　右外连接查询

结果显示了 3 条记录，ID 等于 2 的学生没有名字信息，所以该条记录只取出了 stu_detail 表中相应的值，而从 student 表中取出的值为空值。

7.7.3　全外连接

全外连接又称完全外连接，该连接查询方式返回两个连接中所有的记录数据。根据匹配条件，如果满足匹配条件时，则返回数据；如果不满足匹配条件时，同样也返回数据，只不过在相应的列中填入空值，全外连接返回的结果集中包含了两个完全表的所有数据。全外连接使用 FULL OUTER JOIN 关键字。

【例 7.61】在 student 表和 stu_detail 表中，使用全外连接查询，Transact-SQL 语句如下：

```
SELECT student.name, stu_detail.addr
FROM student FULL OUTER JOIN stu_detail
ON student.s_id = stu_detail.s_id;
```

执行结果如图 7-65 所示。

图 7-65　全外连接查询

结果显示了 3 条记录，这里第 2 条和第 3 条记录是不满足匹配条件的，因此其对应的字段分别填入空值。

7.8　使用排序函数

在 SQL Server 2019 中，可以使用排序函数对返回的查询结果进行排序。用户可以为每一行或每一个分组指定一个唯一的序号。SQL Server 2019 中有 4 个排序函数，分别是 ROW_NUMBER()、RANK()、DENSE_RANK() 和 NTILE() 函数，本节将介绍这几个函数的用法。

1. ROW_NUMBER() 函数

ROW_NUMBER() 函数为每条记录增添递增的数字序号，即使存在相同的字段值是也递增序号。

【例 7.62】使用 ROW_NUMBER() 函数将查询的结果进行分组排序。

```
SELECT ROW_NUMBER() OVER (ORDER BY s_id ASC) AS ROWID,s_id,f_name
FROM fruits;
```

执行结果如图 7-66 所示。

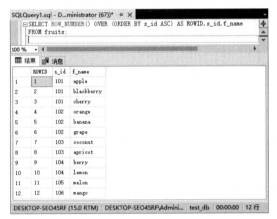

图 7-66　使用 ROW_NUMBER() 函数对查询结果进行排序

返回的结果中，每一条记录都有一个不同的数字序号。

2. RANK() 函数

如果两个或多个行与一个排名关联，则每个关联行将得到相同的排名。例如，如果两名学生具有相同的 s_score 值，则他们将并列第一。由于已有两行排名在前，因此具有下一个最高 s_score 的学生将排名第三。RANK() 函数并不总是返回连续的整数。

【例 7.63】使用 RANK() 函数对根据 s_id 字段查询的结果进行分组排序。

```
SELECT RANK() OVER (ORDER BY s_id ASC) AS RankID,s_id,f_name
FROM fruits;
```

执行结果如图 7-67 所示。

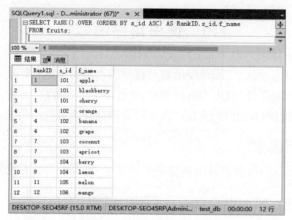

图 7-67　使用 RANK()函数对查询结果进行排序

返回的结果中有相同 s_id 值的记录的序号相同，第 4 条记录的序号为一个跳号，与前面 3 条记录的序号不连续，后续记录的情况相同。

> **提　示**
>
> 排序函数只和 SELECT 以及 ORDER BY 语句一起使用，不能直接在 WHERE 或者 GROUP BY 子句中使用。

3. DENSE_RANK()函数

DENSE_RANK()函数返回结果集分区中行的排名，在排名中没有任何间断。行的排名等于所之前行排名的数字加一。即相同的字段值的序号相同，接下来再顺序递增数字序号。

【例 7.64】使用 DENSE_RANK()函数对根据 s_id 字段查询的结果进行分组排序。

```
SELECT DENSE_RANK() OVER (ORDER BY s_id ASC) AS DENSEID, s_id, f_name
FROM fruits;
```

执行结果如图 7-68 所示。

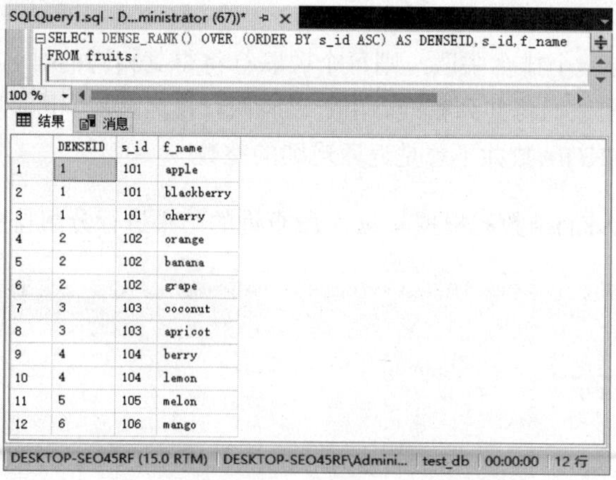

图 7-68　使用 DENSE_RANK()函数对查询结果进行分组排序

返回的结果中，具有相同 s_id 字段值的记录都有相同的排列序号，后续序号依次递增。

4. NTILE()函数

NTILE(N)函数用来将查询结果中的记录分为 N 组。各个组有编号，编号从 1 开始。对于每一行，NTILE()函数将返回此行所属的组的编号。

【例 7.65】使用 NTILE()函数对根据 s_id 字段查询的结果进行分组排序。

```
SELECT NTILE(5) OVER (ORDER BY s_id ASC) AS NTILEID,s_id,f_name
FROM fruits;
```

执行结果如图 7-69 所示。

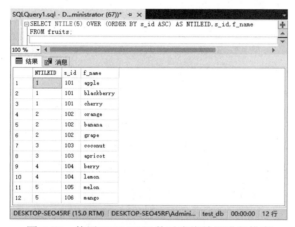

图 7-69　使用 NTILE()函数对查询结果进行排序

从执行结果可以看到，NTILE(5)将返回记录分为 5 组，每组一个序号，序号依次递增。

7.9　动态查询

前面介绍的各种查询方法中使用的 SQL 语句都是固定的，这些语句中与查询条件相关的数据类型也是固定的，这种 SQL 语句称为静态 SQL 语句。静态 SQL 语句在许多情况下并不能满足要求，因为不能编写更为通用的程序。例如有一个学生成绩表，对于学生来说，只想查询自己的成绩，而对于老师来说，可能想要知道班级里所有学生的成绩。这样一来，不同的用户查询的字段是不相同的，因此必须在查询之前动态指定查询语句的内容，这种根据实际需要临时组装成的 SQL 语句，就是动态 SQL 语句。

动态 SQL 语句可以由完整的 SQL 语句组成，也可以根据操作类型，分别指定 SELECT 或者 INSERT 等关键字，同时也可以指定查询对象和查询条件。

动态 SQL 语句是在运行时由程序创建的字符串，它们必须是有效的 SQL 语句。

【例 7.66】使用动态生成的 SQL 语句完成对 fruits 表的查询，Transact-SQL 语句如下：

```
DECLARE @id INT;
```

```
declare @sql varchar(8000)
SELECT @id=101;
SELECT @sql ='SELECT f_name, f_price
FROM fruits
WHERE s_id = ';
exec(@sql + @id );
```

执行结果如图 7-70 所示。

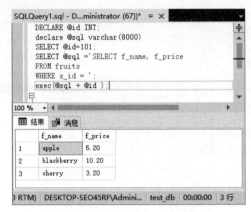

图 7-70　执行动态查询语句

可以看到，这里的查询结果和前面静态语句的查询结果是相同的。前面各个例题介绍的所有查询操作都可以使用动态 SQL 语句来完成。读者可以试试使用动态查询语句去执行前面介绍的其他查询操作。

7.10　疑难解惑

1. 排序时 NULL 值如何处理

在处理查询结果中没有重复值时，如果指定的列中有多个 NULL 值，则作为相同的值对待，显示结果中只有一个空值。对于使用 ORDER BY 子句排序得到的结果集中，若存在 NULL 值，升序排序时有 NULL 值的记录将显示在最前面，而降序时 NULL 值将显示在最后面。

2. DISTINCT 可以应用于所有的列吗

查询结果中，如果需要对字段（即数据表的列）进行降序排序，可以使用 DESC，这个关键字只能对其前面的字段降序排序。例如，要对多个字段都进行降序排序，必须要在每一字段名后面加 DESC 关键字。而 DISTINCT 不同，它不能部分使用，换句话说，DISTINCT 关键字应用于所有字段而不仅是它后面的第一个指定的字段，例如，查询 3 个字段 s_id、f_name、f_price，如果不同记录的这 3 个字段的组合值都不同，则所有记录都会被查询出来。

7.11 经典习题

分别创建下面的 employee 和 dept 数据表，表结构如表 7-4 和表 7-5 所示，在数据表中插入表 7-6 和表 7-7 的记录。

表 7-4 employee 表结构

字段名	字段说明	数据类型	主键	外键	非空	唯一
e_no	员工编号	INT	是	否	是	是
e_name	员工姓名	VARCHAR(50)	否	否	是	否
e_gender	员工性别	CHAR(2)	否	否	否	否
dept_no	部门编号	INT	否	否	是	否
e_job	职位	VARCHAR(50)	否	否	是	否
e_salary	薪水	INT	否	否	是	否
hireDate	入职日期	DATE	否	否	是	否

表 7-5 dept 表结构

字段名	字段说明	数据类型	主键	外键	非空	唯一
d_no	部门编号	INT	是	是	是	是
d_name	部门名称	VARCHAR(50)	否	否	是	否
d_location	部门地址	VARCHAR(100)	否	否	否	否

表 7-6 employee 表中的记录

e_no	e_name	e_gender	dept_no	e_job	e_salary	hireDate
1001	SMITH	m	20	CLERK	800	2005-11-12
1002	ALLEN	f	30	SALESMAN	1600	2003-05-12
1003	WARD	f	30	SALESMAN	1250	2003-05-12
1004	JONES	m	20	MANAGER	2975	1998-05-18
1005	MARTIN	m	30	SALESMAN	1250	2001-06-12
1006	BLAKE	f	30	MANAGER	2850	1997-02-15
1007	CLARK	m	10	MANAGER	2450	2002-09-12
1008	SCOTT	m	20	ANALYST	3000	2003-05-12
1009	KING	f	10	PRESIDENT	5000	1995-01-01
1010	TURNER	f	30	SALESMAN	1500	1997-10-12
1011	ADAMS	m	20	CLERK	1100	1999-10-05
1012	JAMES	f	30	CLERK	950	2008-06-15

表 7-7　dept 表中的记录

d_no	d_name	d_location
10	ACCOUNTING	ShangHai
20	RESEARCH	BeiJing
30	SALES	ShenZhen
40	OPERATIONS	FuJian

在已经创建的 employee 表中进行如下操作：

（1）查询销售人员（SALESMAN）的最低工资。

（2）查询名字以字母 N 或者 S 结尾的记录。

（3）查询在 BeiJing 工作的员工的姓名和职务。

（4）使用左外连接方式查询 employee 表和 dept 表。

（5）查询所有 2001 到 2005 年入职的员工的信息，查询部门编号为 20 和 30 的员工信息并使用 UNION 合并两个查询结果。

（6）使用 LIKE 关键字查询员工姓名中包含字母 a 的记录。

第8章　数据的更新

内容导航 | Naviaation

存储在系统中的数据是数据库管理系统（DBMS）的核心，数据库被设计用来管理数据的存储、访问和维护数据的完整性。SQL Server 中提供了功能丰富的数据库管理语句，包括向数据库中有效插入数据的 INSERT 语句，更新数据的 UPDATE 语句以及当数据不再使用时删除数据的 DELETE 语句。本章将详细介绍在 SQL Server 中如何使用这些语句操作数据。

学习目标 | Objective

- 掌握插入数据的 INSERT 语句的使用方法
- 掌握修改数据的 UPDATE 语句的使用方法
- 掌握删除数据的 DELETE 语句的使用方法

8.1　插入数据——INSERT

在使用数据库之前，数据库中必须要有数据，SQL Server 使用 INSERT 语句向数据库表中插入新的数据记录。向已创建好的数据表中插入记录，可以一次插入一条记录，也可以一次插入多条记录。插入记录中的值必须符合各个字段的数据类型。INSERT 语句的基本语法格式如下：

```
INSERT [INTO] table_name [ column_list ]
VALUES (value_list);
```

- INSERT：插入数据表时使用的关键字，告诉 SQL Server 该语句的用途，该关键字后面的内容描述的是 INSERT 语句要执行的具体插入操作。
- INTO：可选的关键字，用在 INSERT 和要执行插入操作的数据表之间。该参数是一个可选参数。使用 INTO 关键字可以增强语句的可读性。
- table_name：指定要插入的数据表。
- column_list：可选参数，用来指定记录中要插入数据的字段，如果不指定字段列表，则后面的 value_list 中的每一个值都必须与数据表中对应字段位置处的数据类型相匹配，即第一个值对应第一个字段（即数据表中的列），第二个值对应第二个字段。注意，插入时必须为所有既不允许空值又没有默认值的字段提供一个值，直至最后一个这样的字段。
- VALUES：VALUES 关键字后面指定要插入的值列表。

- value_list: 指定每个字段对应插入的数值。字段的个数和数值的个数必须相同，多个数值之间使用逗号隔开。value_list 中的这些数值可以是 DEFAULT、NULL 或者是表达式。DEFAULT 表示插入该字段在定义时的默认值；NULL 表示插入空值；表达式可以是一个运算表达式也可以是一个 SELECT 查询语句，SQL Server 将把表达式计算之后的结果插入数据库。

使用 INSERT 语句时要注意以下几点：

- 不要向设置了标识属性的字段中插入值。
- 若字段不允许为空且未设置默认值，则必须给该字段设置数值。
- VALUES 子句中给出的数据类型必须和字段的数据类型相匹配。

提 示
为了保证数据的安全性和稳定性，只有数据库和数据库对象的创建者以及被授予权限的用户才能对数据库执行添加、修改和删除操作。

8.1.1 插入单行数据

在演示插入操作之前，需要准备一个数据表，这里使用前面定义过的 person 表，请读者在自己的数据库中创建该数据表，创建该数据表的语句如下：

```
CREATE TABLE person
(
  id    INT NOT NULL PRIMARY KEY,
  name  VARCHAR(40) NOT NULL DEFAULT '',
  age   INT NOT NULL DEFAULT 0,
  info  VARCHAR(50) NULL
);
```

执行上述程序语句后，即可新建 person 表，打开表设计图，如图 8-1 所示。

图 8-1 person 表的设计图

1. 为表中所有字段插入数据

【例 8.1】向 person 表中插入一条新记录，id 值为 1，name 值为 Green，age 值为 21，info 值为 Lawyer，Transact-SQL 语句如下：

```
INSERT INTO person (id ,name, age , info)
VALUES (1,'Green', 21, 'Lawyer');
```

该程序语句执行之后，可使用 SELECT 语句查看执行结果，输入 Transact-SQL 命令：

```
SELECT * FROM person;
```

执行后结果如图 8-2 所示。

图 8-2　查看 person 表的数据

INSERT 语句后面的字段名称顺序可以不是 person 表定义时的顺序。也就是说，在插入数据时，不需要按照数据表定义时字段的顺序插入，只要保证插入值的顺序与字段的顺序相同即可，如例 8.2 所示。

【例 8.2】在 person 表中，插入一条新记录，id 值为 2，name 值为 Suse，age 值为 22，info 值为 dancer，Transact-SQL 语句如下：

```
INSERT INTO person (age ,name, id , info)
VALUES (22, 'Suse', 2, 'dancer');
SELECT * FROM person;
```

执行结果如图 8-3 所示。可见虽然字段顺序不同，但是仍然成功地插入了一条记录。

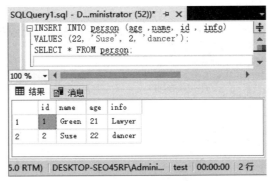

图 8-3　插入新数据

使用 INSERT 插入数据时，允许字段名列表 column_list 为空，此时，数值列表中需要为数据表的每一个字段指定数值，并且数值的顺序必须和数据表中字段定义时的顺序相同。

【例 8.3】在 person 表中，插入 1 条新记录，Transact-SQL 语句如下：

```
INSERT INTO person
```

```
VALUES (3,'Mary', 24, 'Musician');
SELECT * FROM person;
```

执行结果如图 8-4 所示。可以看到 INSERT 语句成功地插入了 1 条记录。

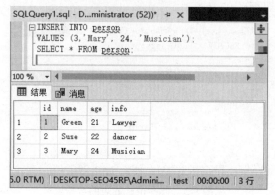

图 8-4　查看插入 1 条记录的结果

2. 为表的指定字段插入数据

为表的指定字段插入数据，就是在 INSERT 语句中只向部分字段中插入值，而其他字段的值为表定义时的默认值。

【例 8.4】在 person 表中，插入两条记录，一条记录中指定 name 值为 Willam，info 值为 sports man；另一条记录中指定 name 值为 Laura，Transact-SQL 语句如下：

```
INSERT INTO person (id, name, info) VALUES(4,'Willam', 'sports man');
INSERT INTO person (id, name ) VALUES (5,'Laura');
SELECT * FROM person;
```

查询插入之后的结果如图 8-5 所示。

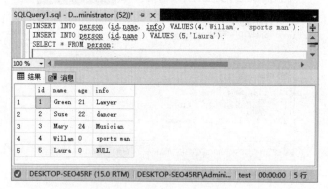

图 8-5　为表指定字段插入值

可以看到，虽然没有指定插入的字段和字段值，例 8.4 中的语句仍可以正常执行，SQL Server 自动向相应字段插入了默认值。

8.1.2　插入多行数据

INSERT 语句可以同时向数据表中插入多条记录，插入时指定多个数值列表，每个数值列表之间用逗号分隔开。

【例 8.5】在 person 表中，在 id、name、age 和 info 字段指定插入数值，同时插入 3 条记录，Transact-SQL 语句如下：

```
INSERT INTO person(id,name, age, info)
VALUES (6,'Evans',27, 'secretary'),
(7,'Dale',22, 'cook'),
(8,'Edison',28, 'singer');
SELECT * FROM person;
```

执行结果如图 8-6 所示。

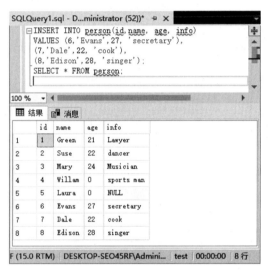

图 8-6　插入多条记录的结果

下面介绍一种非常有用的插入方式：将查询结果插入到数据表中。

INSERT 语句还可以将 SELECT 语句查询的结果插入到数据表中，如果想要从另外一个数据表中合并个人信息到 person 表，不需要把多条记录的值一个一个地输入，只需要使用一条 INSERT 语句和一条 SELECT 语句组成的组合语句即可快速地从一个或多个表中向另一个数据张表中插入多个行。

【例 8.6】从 person_old 表中查询所有的记录，并将其插入到 person 表中。

首先，创建一个名为 person_old 的数据表，其表结构与 person 数据表的表结构相同，Transact-SQL 语句如下：

```
CREATE TABLE person_old
(
  id    INT NOT NULL PRIMARY KEY,
  name  VARCHAR(40) NOT NULL DEFAULT '',
```

```
age      INT NOT NULL DEFAULT 0,
info     VARCHAR(50) NULL
);
```

向 person_old 表中添加两条记录：

```
INSERT INTO person_old
VALUES(9,'Harry',20, 'student'),
(10,'Beckham',31, 'police');
SELECT * FROM person_old;
```

执行结果如图 8-7 所示。可以看到 INSERT 语句成功地插入了两条记录。

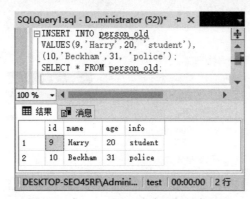

图 8-7　在 person_old 表中添加两条记录

person_old 表中现在有两条记录。接下来将 person_old 表中所有的记录插入到 person 表中，Transact-SQL 语句如下：

```
INSERT INTO person(id, name, age, info)
SELECT id, name, age, info FROM person_old;
SELECT * FROM person;
```

执行结果如图 8-8 所示。

图 8-8　把 person_old 表中的记录插入到 person 表中

从执行结果可以看到，INSERT 语句执行后，person 表中多了两条记录，这两条记录和 person_old 表中的记录完全相同，数据转移成功。

8.2 修改数据——UPDATE

数据表中有数据之后，接下来可以对数据进行更新操作，SQL Server 中使用 UPDATE 语句更新表中的记录，可以更新特定的行或者同时更新所有的行。UPDATE 语句的基本语法格式如下：

```
UPDATE table_name
SET column_name1 = value1,column_name2=value2,……,column_nameN=valueN
WHERE search_condition
```

- table_name：要修改的数据表名称。
- SET 子句：指定要修改的字段名和字段值，可以是常量或者表达式。
- column_name1,column_name2,……,column_nameN：需要更新的字段。
- value1,value2,……，valueN：对应指定字段的更新值，更新多个字段时，每个"字段=值"对之间用逗号隔开，最后一个字段之后不需要逗号。
- WHERE 子句：指定待更新的记录需要满足的条件，具体的条件在 search_condition 中指定。如果不指定 WHERE 子句，则对数据表中所有的数据行进行更新。

8.2.1 修改单行数据

修改单行记录时，可以同时修改数据表中多个字段的值，看下面的例子。

【例 8.7】在 person 表中，更新 id 值为 10 的记录，将 age 字段值改为 15，将 name 字段值改为 LiMing，Transact-SQL 语句如下：

```
SELECT * FROM person WHERE id =10;
UPDATE person SET age = 15, name='LiMing' WHERE id = 10;
SELECT * FROM person WHERE id =10;
```

执行结果如图 8-9 所示。

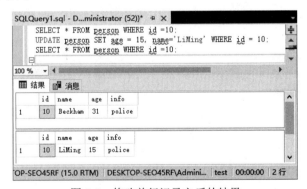

图 8-9　修改单行记录之后的结果

从执行结果可以看到，窗口区域中分别显示了修改前后 id=10 的记录中各个字段的值。从第二条查询结果可以看到，学生的基本信息中的 name 和 age 字段已经被成功修改了。

8.2.2 修改多行数据

在实际的业务中，有时需要同时更新整个数据表的某些字段或者是符合条件的某些字段。

1. 修改部分记录的字段值

【例 8.8】在 person 表中，更新 age 值为 19 到 22 的记录，将 info 字段值都改为 student，打开查询编辑窗口，输入如下 SQL 语句：

```sql
SELECT * FROM person WHERE age BETWEEN 19 AND 22;
UPDATE person SET info='student' WHERE age BETWEEN 19 AND 22;
SELECT * FROM person WHERE age BETWEEN 19 AND 22;
```

执行结果如图 8-10 所示。

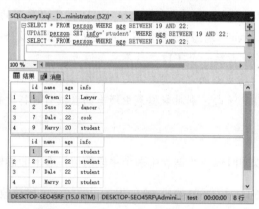

图 8-10 修改部分记录的字段值

从执行结果可以看到，UPDATE 语句执行后，成功地将数据表中符合条件的记录的 info 字段值都改为了 student。

2. 修改所有记录的字段值

【例 8.9】在 person 表中，将所有记录的 info 字段值改为 vip，打开查询编辑窗口，输入如下 SQL 语句：

```sql
SELECT * FROM person;
UPDATE person SET info='vip';
SELECT * FROM person;
```

执行结果如图 8-11 所示。可以看到所有记录中的 info 字段值都变成了 vip。

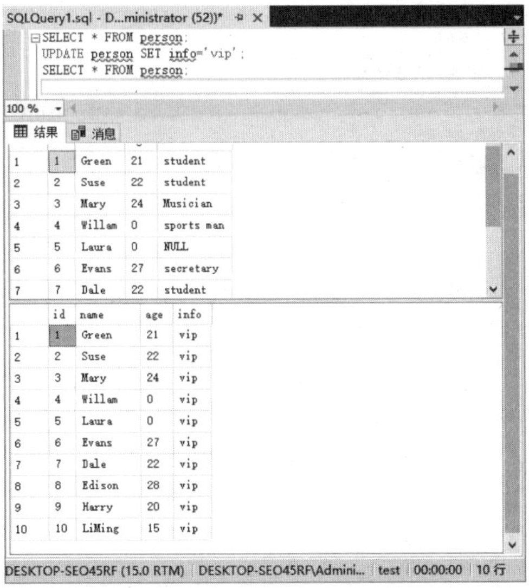

图 8-11 修改所有记录的字段值

8.3 删除数据——DELETE

当数据表中的数据不再需要时，可以将其删除以节省磁盘空间。从数据表中删除数据可使用 DELETE 语句，DELETE 语句允许 WHERE 子句指定删除条件。DELETE 语句的基本语法格式如下：

```
DELETE FROM table_name
[WHERE <condition>];
```

● table_name: 指定要执行删除操作的表。
● [WHERE <condition>]: 为可选参数，指定删除的条件。如果没有 WHERE 子句，DELETE 语句将删除数据表中所有的记录。

8.3.1 删除部分数据

删除部分数据时需要指定删除的记录所满足的条件，看使用 WHERE 子句，看下面的例子。

【例 8.10】在 person 表中，删除 age 等于 22 的记录，Transact-SQL 语句如下：

```
SELECT * FROM person;
DELETE FROM person WHERE age = 22;
SELECT * FROM person;
```

执行结果如图 8-12 所示。

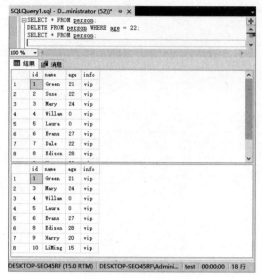

图 8-12　删除部分记录

可以看到程序语句执行之前，在数据表中有两条满足条件的记录，执行 DELETE 语句操作之后，这两条记录被成功删除。

8.3.2　删除数据表中所有的数据

删除表中所有的数据记录其实非常简单，抛掉 WHERE 子句即可。

【例 8.11】删除 person 表中所有的数据记录，Transact-SQL 语句如下：

```sql
SELECT * FROM person;
DELETE FROM person;
SELECT * FROM person;
```

执行结果如图 8-13 所示。

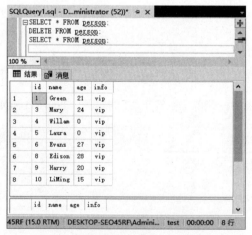

图 8-13　删除表中所有的数据记录

从删除数据表操作前后的结果可以看到，程序语句执行之后，已经不能从数据表中查询出任何记录了，数据表已经清空，说明成功删除了表中所有的记录，现在 person 表中已经没有任何数据记录。

8.4　疑难解惑

1. 插入记录时可以不指定字段名吗

无论使用哪种 INSERT 语法，都必须给出 VALUES 的正确数目。如果不提供字段名，则必须给每个字段提供对应的数值；否则，将产生一条错误消息。如果要在 INSERT 操作中省略某些字段，这些字段需要满足一定的条件：该字段定义允许有空值；或者在数据表定义时为该字段设置了默认值，这样当不给该字段提供设置值时，将使用定义时的默认值。

2. 更新或者删除数据表时必须指定 WHERE 子句吗

在前面章节中可以看到，所有的 UPDATE 和 DELETE 语句全都在 WHERE 子句中指定了条件。如果省略 WHERE 子句，则 UPDATE 或 DELETE 语句将被应用到数据表中所有的行。因此，除非确实打算更新或者删除所有的记录，否则就必须使用带 WHERE 子句的 UPDATE 或 DELETE 语句。建议在对数据表进行更新和删除操作之前，使用 SELECT 语句确认需要删除的记录，以免造成无法挽回的后果。

8.5　经典习题

创建数据表 pet，并对表进行插入、更新与删除操作，pet 表结构如表 8-1 所示。

（1）首先创建数据表 pet，使用不同的方法将表 8-2 中的记录插入到 pet 表中。
（2）使用 UPDATE 语句将名为 Fang 的狗的主人改为 Kevin。
（3）将没有主人的宠物的 owner 字段值都改为 Duck。
（4）删除已经死亡的宠物记录。
（5）删除表中所有的记录。

表 8-1　pet 表结构

字段名	字段说明	数据类型	主键	非空	唯一
name	宠物名称	VARCHAR(20)	否	是	否
owner	宠物主人	VARCHAR(20)	否	否	否
species	种类	VARCHAR(20)	否	是	否
sex	性别	CHAR(1)	否	是	否
birth	出生日期	DATE	否	是	否
death	死亡日期	DATE	否	否	否

表 8-2　pet 表中记录

name	owner	species	sex	birth	death
Fluffy	Harold	cat	f	2003	2010
Claws	Gwen	cat	m	2004	NULL
Buffy	NULL	dog	f	2009	NULL
Fang	Benny	dog	m	2000	NULL
Bowser	Diane	dog	m	2003	2009
Chirpy	NULL	bird	f	2008	NULL

第9章 规则、默认值和完整性约束

通过在字段级别或表级别设置约束，可以确保数据符合某种数据完整性规则。数据库的完整性是指数据库中数据的正确性和相容性。数据库中可以使用多种完整性约束，完整性约束使得数据库可以主动地应对数据库中产生的问题，及时地在开发过程中发现并解决问题。本章将介绍与数据完整性相关的 3 个概念，分别是规则、默认值和完整性约束。

- 了解规则和默认的基本概念
- 掌握规则的基本操作方法
- 掌握默认值的基本操作方法
- 掌握完整性约束的使用方法

9.1 规则和默认值概述

规则是对存储的数据表的字段（即列）或用户定义数据类型中的值的约束，规则与其作用的表或用户定义数据类型是相互独立的，也就是说，对数据表或用户定义数据类型的任何操作不影响对其设置的规则。

默认值指用户在插入数据时，如果没有给某个字段指定相应的数值，SQL Server 系统会自动为该字段填充一个数值。默认值可以应用于字段或用户定义的数据类型，但是默认值不会因对字段或用户定义的数据类型进行了修改、删除等操作而受到影响。

9.2 规则的基本操作

规则的基本操作包括创建、绑定、验证、取消和删除。本节将具体介绍这些内容。

9.2.1 创建规则

创建规则使用 CREATE RULE 语句，其基本语法格式如下：

```
CREATE RULE rule_name
AS condition_expression
```

- rule_name：表示新规则的名称。规则名称必须符合标识符的命名规则。
- condition_expression：表示定义规则的条件。规则可以是 WHERE 子句中任何有效的表达式，并且可以包括诸如算术运算符、关系运算符和谓词（如 IN、LIKE、BETWEEN）这样的元素。但是，规则不能引用字段或其他数据库对象。

【例 9.1】为 stu_info 表定义一个规则，指定其成绩字段的值必须大于 0 且小于 100，输入如下的语句：

```
USE test_db;
GO
CREATE RULE rule_score
AS
@score > 0 AND @score < 100
```

输入完成后，单击【执行】按钮，创建该规则。

9.2.2　把自定义规则绑定到字段

如前所述，规则是对字段的约束或用户定义数据类型的约束，将规则绑定到字段或在用户定义类型的所有字段中插入或更新数据时，新的数据必须符合规则的要求。绑定规则使用系统存储过程 sp_bindrule，其语法格式如下：

```
sp_bindrule 'rule' , 'object_name' [ , 'futureonly_flag' ]
```

- rule：表示由 CREATE RULE 语句创建的规则（用规则名来指定）。
- object_name：表示要绑定规则的表和字段或别名数据类型。
- futureonly_flag：表示仅当将规则绑定到别名数据类型时才能使用。

【例 9.2】将创建的 rule_score 规则绑定到 stu_info 表中的 s_score 列上，输入如下语句：

```
USE test_db;
GO
EXEC sp_bindrule 'rule_score', 'stu_info.s_score'
```

输入完成后，单击【执行】按钮，绑定结果如图 9-1 所示。

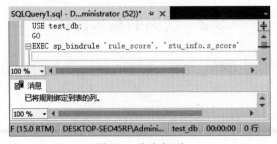

图 9-1　绑定规则

9.2.3 验证规则作用

规则绑定到指定的字段上之后，用户的操作必须满足规则的要求，如果用户执行了违反规则的操作，将被禁止执行。

【例9.3】向 stu_info 表中插入一条记录，该条学生记录的成绩值为110，输入如下语句：

```
INSERT INTO stu_info VALUES(21,'鹏飞',110,'男',18);
SELECT * FROM stu_info;
```

输入完成后，单击【执行】按钮，插入结果如图9-2所示。

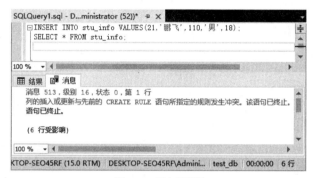

图9-2　验证规则

返回了插入失败的错误信息，使用 SELECT 语句查看，可以进一步验证，由于插入的记录中 s_score 字段值是一个大于100的值，违反了规则约定的大于0且小于100，所以该条记录将不能插入到数据表中。

9.2.4 取消规则绑定

如果不再使用规则，可以将规则解除，使用系统存储过程 sp_unbindrule 可以解除规则，其语法格式如下：

```
sp_unbindrule 'object_name' [ , 'futureonly_flag' ]
```

【例9.4】解除 stu_info 表中 s_score 字段上绑定的规则，输入如下语句：

```
EXEC sp_unbindrule 'stu_info.s_score'
```

输入完成后，单击【执行】按钮，取消绑定之后的结果如图9-3所示。

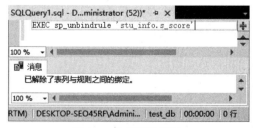

图9-3　取消规则绑定

9.2.5 删除规则

当规则不再需要使用时，可以使用 DROP RULE 语句将其删除，DROP RULE 语句可以同时删除多个规则，具体语法格式如下：

```
DROP RULE rule_name
```

rule_name 表示要删除的规则（用规则名来指定）。

【例 9.5】删除前面创建的名为 rule_score 的规则，输入如下语句：

```
DROP RULE rule_score;
```

输入完成后，单击【执行】按钮，删除规则之后的结果如图 9-4 所示。

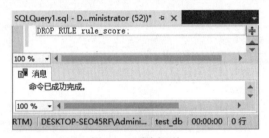

图 9-4　删除规则

提 示

删除规则时必须确保待删除的规则没有与任何数据表中的字段绑定，正在使用的规则将不允许被删除。

9.3 默认值的基本操作

默认值（DEFAULT）约束是数据表定义的一个组成部分，它定义了插入新记录时，如果用户没有明确指定该字段的值时，数据库如何进行处理。可以将其定义为一个具体值如 0、'男'、空值 NULL 或者是一个系统值如 GETDATE()。

使用默认值约束时，以下几个方面需要注意：

● 默认值只在 INSERT 语句中使用，即在 UPDATE 语句和 DELETE 语句中将被忽略。

● 如果在 INSERT 语句中提供了任意值，那么就不使用默认值。

● 如果没有提供值，那么就使用默认值。

对于默认值约束，有以下可以执行的操作：

● 在数据表定义时作为表的一部分同时被创建。

● 可以添加到已创建的表中。

● 可以删除 DEFAULT 定义。

9.3.1 创建默认值

创建默认值可使用 CREATE DEFAULT 语句，其语法格式如下：

```
CREATE DEFAULT <default_name>
AS <constant_expression>
```

- default_name: 默认值的名称。
- constant_expression: 包含常量值的表达式。

【例 9.6】在 stu_info 表中创建默认值，输入如下语句：

```
CREATE DEFAULT defaultSex AS '男'
```

上述语句创建了一个 defaultSex 默认值，其常量表达式是一个字符值，表示自动插入字符值'男'。

9.3.2 把自定义默认值绑定到字段

默认值必须绑定到字段或用户定义的数据类型，这样创建的默认值才可以应用到字段。绑定默认值使用系统存储过程 sp_bindefault，其语法格式如下：

```
sp_bindefault 'default', 'object_name', [,'futureonly_flag']
```

- default: 由 CREATE DEFAULT 创建的默认值（用默认值名称来指定）。
- object_name: 将默认值绑定到的数据表、字段列或别名数据类型。

【例 9.7】将 defaultSex 默认值绑定到 stu_info 表中的 s_sex 字段，输入如下语句：

```
USE test_db;
GO
EXEC sp_bindefault 'defaultSex', 'stu_info.s_sex'
SELECT * FROM stu_info;
```

输入完成后，单击【执行】按钮，创建默认值之后的结果如图 9-5 所示。

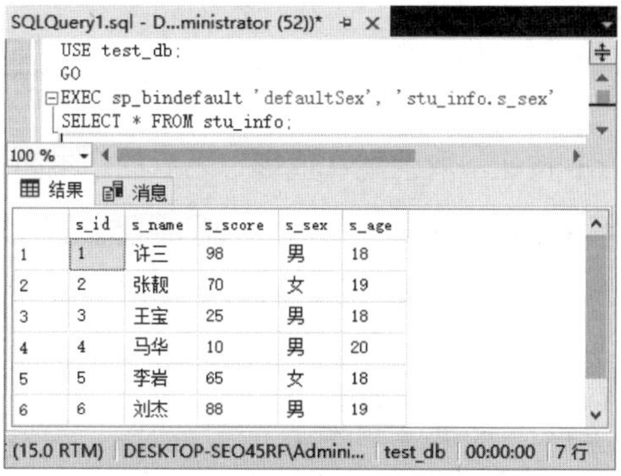

图 9-5 绑定默认值

9.3.3 插入默认值

默认值是当用户插入数据时，如果没有为某字段指定相应的数值，那么 SQL Server 会自动为该字段填充默认值。

【例 9.8】向 stu_info 表中插入一条记录，不指定性别字段，输入如下语句：

```
INSERT INTO stu_info (s_id, s_name, s_score, s_age)  VALUES(21,'王凯',90,19);
SELECT * FROM stu_info;
```

输入完成后，单击【执行】按钮，插入结果如图 9-6 所示。

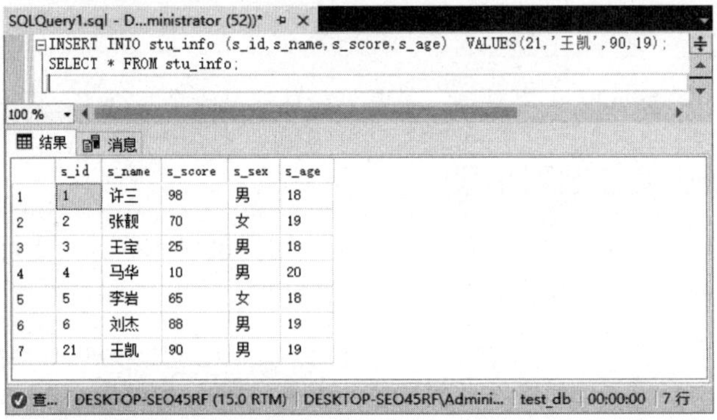

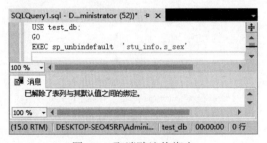

图 9-6　插入默认值

9.3.4 取消默认值的绑定

如果想取消默认值的绑定，可以使用系统存储过程 sp_unbindefault 语句将绑定取消，其语法格式如下：

```
sp_unbindefault 'object_name', [,'futureonly_flag']
```

【例 9.9】取消 stu_info 表中 s_sex 字段的默认值绑定，输入如下语句：

```
USE test_db;
GO
EXEC sp_unbindefault  'stu_info.s_sex'
```

输入完成后，单击【执行】按钮，取消默认值绑定之后的结果如图 9-7 所示。

图 9-7　取消默认值绑定

9.3.5　删除默认值

当默认值不再需要使用时，可以使用 DROP DEFAULT 语句将其删除，DROP DEFAULT 语句可以同时删除多个默认值，具体语法格式如下：

```
DROP DEFAULT  default_name
```

default_name 表示要删除的默认值（用默认值名称来指定）。

【例 9.10】删除前面创建的名为 defaultSex 的默认值，输入如下语句：

```
DROP DEFAULT  defaultSex;
```

输入完成后，单击【执行】按钮，删除默认值之后的结果如图 9-8 所示。

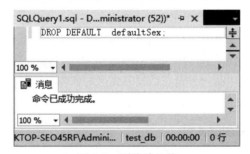

图 9-8　删除默认值

9.4　完整性约束

约束是 SQL Server 中提供的自动保持数据库完整性的一种方法，通过对数据库中的数据设置某种约束条件来保证数据的完整性。SQL Server 2019 中根据数据内容，可以将数据完整性分为 3 类：实体完整性、引用完整性和用户自定义完整性。

1. 实体完整性

简单来说，实体完整性就是将数据表中的每一行看作一个实体。实体完整性要求数据表的 ID 字段或主键的完整性。实体完整性通过建立主键约束（PRIMARY KEY）、唯一性约束（UNIQUE），以及字段的 IDENTITY 属性来实施实体完整性。

2. 引用完整性

引用完整性又叫参照完整性，引用完整性要求在数据库中多个数据表中的数据一致。引用完整性通过 FOREIGN KEY 和 CHECK 约束，以外键与主键之间或外键与唯一键之间的关系为基础。引用完整性确保键值在所有数据表中一致。这类一致性要求不引用不存在的值，如果一个键值发生更改，则整个数据库中，对该键值的所有引用要进行一致的更改。相关表之间的数据一致性要求如下：

● 子表中的每一个记录在对应的父表中必须有一个父记录。

- 在父表中修改记录时如果修改了主关键字的值，则在子表中相关记录的外键值必须进行同样的修改。
- 在父表中删除记录时，与该记录相关的子表中的记录也必须全部删除。

3. 用户自定义完整性

用户自定义完整性是用户根据系统的实际需求而定义的不属于上述类型的特定规则的完整性定义。用来定义用户完整性的方法包括：规则、触发器、存储过程和前面介绍的创建表时可以使用的所有约束。

9.4.1 主键约束

PRIMARY KEY 关键字可以用来设置主键约束，PRIMARY KEY 关键字可以指定一个字段或多个字段中的数值具有唯一性，即不存在相同的数值，并且指定为主键约束的字段不允许有空值。主键能够唯一地标识表中的一条记录，可以结合外键来定义不同数据表之间的关系，并且可以加快数据库查询的速度。主键和记录之间的关系如同身份证和人之间的关系，它们之间是一一对应的。主键可以通过两种途径来创建：第一种是在数据表定义时作为表定义的一部分直接创建；第二种是在创建好的没有主键的数据表中添加 PRIMARY KEY。

1. 在定义数据表时直接创建主键

PRIMARY KEY 约束可以作用于字段也可以作用于数据表。作用于字段是对字段进行约束，而作用于数据表则是对数据表进行约束。

在字段（即列）上创建主键约束的语法格式如下：

```
column_name data_type PRIMARY KEY
```

【例 9.11】定义数据表 tb_emp2，其主键为 id，SQL 语句如下：

```
CREATE TABLE tb_emp2
(
id      INT PRIMARY KEY,
name    VARCHAR(25) NOT NULL,
deptId  CHAR(20) NOT NULL,
salary  FLOAT NOT NULL
);
```

执行上述程序语句后，即可新建 tb_emp2 表，如图 9-9 所示。

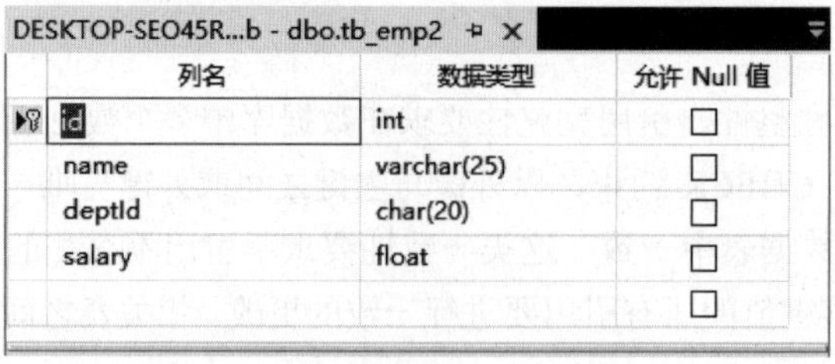

列名	数据类型	允许 Null 值
id	int	☐
name	varchar(25)	☐
deptId	char(20)	☐
salary	float	☐
		☐

图 9-9　新建 tb_emp2 表

用户还可以在定义完所有字段之后指定主键，并指定主键约束名称。

```
CONSTRAINT <主键名>  PRIMARY KEY [CLUSTERED ｜ NONCLUSTERED]  [字段名] [, ...n]
```

【例 9.12】定义数据表 tb_emp3，其主键为 id，SQL 语句如下：

```
CREATE TABLE tb_emp3
(
id INT NOT NULL,
name  VARCHAR(25) NOT NULL,
deptId  CHAR(20) NOT NULL,
salary  FLOAT NOT NULL
CONSTRAINT 员工编号
PRIMARY KEY(id)
);
```

执行上述程序语句后，即可新建 tb_emp3 表，如图 9-10 所示。

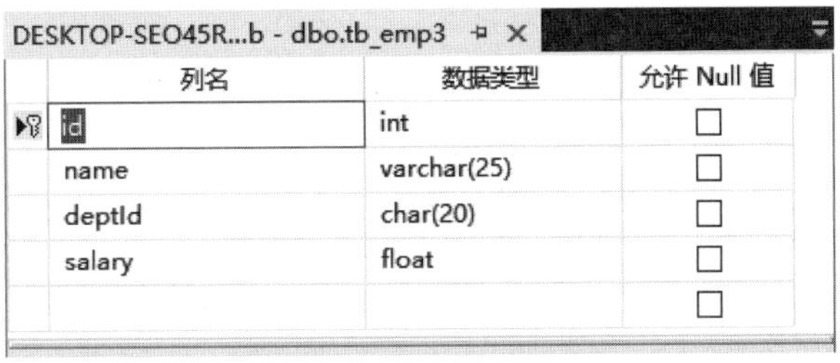

列名	数据类型	允许 Null 值
id	int	☐
name	varchar(25)	☐
deptId	char(20)	☐
salary	float	☐
		☐

图 9-10　新建 tb_emp3 表

上述两个例子执行后的结果是一样的，都会在 id 字段上设置主键约束，第二条 CREATE 语句同时还设置了约束的名称为"员工编号"。

2. 在未设置主键的数据表中添加主键

有的用户在创建完数据表之后，如果发现忘记了定义主键，此时不需要重新创建该数据表，可以使用 ALTER 语句向该表中添加主键约束，添加主键的 ALTER 语句语法格式如下：

```
ALTER TABLE table_name
ADD
CONSTRAINT 约束名称
PRIMARY KEY [CLUSTERED ｜ NONCLUSTERED]  [字段名] [, ...n]
```

【例 9.13】定义数据表 tb_emp4，创建完成之后，在该表中的 id 字段上添加主键约束，输入如下语句：

```
CREATE TABLE tb_emp4
(
id INT NOT NULL,
name  VARCHAR(25) NOT NULL,
deptId  CHAR(20) NOT NULL,
salary  FLOAT NOT NULL
);
```

该表创建时没有指定主键，创建完成之后，执行下面的添加主键的语句：

```
GO
ALTER TABLE tb_emp4
ADD
CONSTRAINT 员工编号
PRIMARY KEY(id)
```

该语句执行之后的结果与例 9.12 中程序语句执行后的结果是一样的。

3. 定义多字段联合主键

可以在单个字段上定义主键，也还可以在多个字段上定义联合主键。

如果对多个字段定义了 PRIMARY KEY 约束，即便单个字段中的值可能会重复，那么来自 PRIMARY KEY 约束定义中所有字段的任何值组合必须唯一。

【例 9.14】定义数据表 tb_emp5，假设表中没有主键 id，可以把 name、deptId 联合起来作为主键，SQL 语句如下：

```
CREATE TABLE tb_emp5
(
name VARCHAR(25),
deptId INT,
salary FLOAT,
CONSTRAINT 姓名部门约束
PRIMARY KEY(name, deptId)
);
```

执行上述程序语句后，便创建了一个名为 tb_emp5 的数据表，如图 9-11 所示。name 字段和 deptId 字段组合在一起成为 tb_emp5 的多字段联合主键。

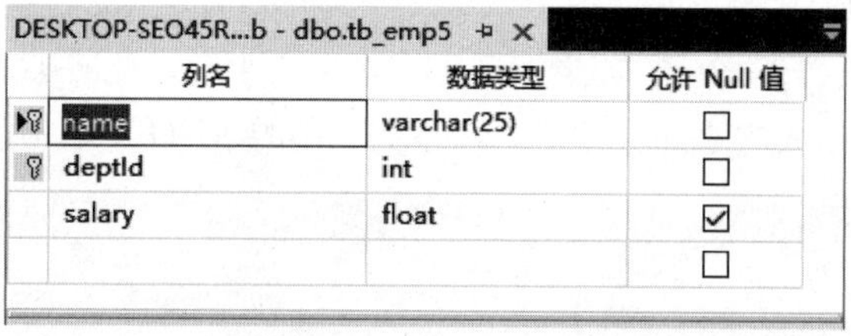

图 9-11　创建 tb_emp5 表

使用主键约束时要注意以下事项：

● 一个数据表只能包含一个 PRIMARY KEY 约束。
● 由 PRIMARY KEY 约束生成的索引不会使数据表中的非聚集索引超过 249 个，聚集索引超过 1 个。
● 如果没有为 PRIMARY KEY 约束指定 CLUSTERED 或 NONCLUSTERED，并且没有为 UNIQUE 约束指定聚集索引，则将对该 PRIMARY KEY 约束使用 CLUSTERED。
● 在 PRIMARY KEY 约束中定义的所有字段都必须定义为 NOT NULL。如果没有指定为

NULL 属性，则加入 PRIMARY KEY 约束的所有字段的属性都将设置为 NOT NULL。

4．删除主键

当数据表中不需要指定 PRIMARY KEY 约束时，可以通过 DROP 语句将其删除，具体语法格式如下：

```
ALTER TABLE table_name
DROP
CONSTRAINT 约束名
```

【例 9.15】删除 tb_emp5 表中定义的联合主键，输入如下语句：

```
ALTER TABLE tb_emp5
DROP
CONSTRAINT 姓名部门约束
```

执行完删除主键语句后，可以在 SSMS 对象资源管理器中，查看 tb_emp5 表中的主键信息。

9.4.2 外键约束

外键用来在两个数据表的数据之间建立连接，它可以是一个字段或者多个字段。一个数据表可以有一个或多个外键。外键对应的是引用完整性，一个数据表的外键可以为空值，若不为空值，则每一个外键值必须等于另一个数据表中主键的某个值。

首先外键是数据表中的一个字段，它可以不是本表的主键，但必须对应另外一个数据表的主键。外键的主要作用是保证数据引用的完整性，定义外键后，不允许删除在另一个数据表中具有关联的行。例如，部门表 tb_dept 的主键是 id，在员工表 tb_emp5 中有一个键 deptId 与这个 id 关联。

- 主表（父表）：对于两个具有关联关系的数据表而言，相关联字段中主键所在的那个表即是主表。
- 从表（子表）：对于两个具有关联关系的数据表而言，相关联字段中外键所在的那个表即是从表。

1．在定义数据表时创建外键约束

创建外键的语法规则如下：

```
[CONSTRAINT <外键名>] FOREIGN KEY 字段名1 [ ,字段名2, ...]
REFERENCES <主表名> 主键字段1 [ ,主键字段2, ...]
[ ON DELETE { NO ACTION | CASCADE | SET NULL | SET DEFAULT } ]
[ ON UPDATE { NO ACTION | CASCADE | SET NULL | SET DEFAULT } ]
[ NOT FOR REPLICATION ]
```

- 外键名：定义的外键约束，一个数据表中不能有相同名称的外键。
- 字段名：表示从表需要添加外键约束的字段。
- 主表名：被从表外键所依赖的数据表。
- 主键字段：表示主表中定义的主键字段或者字段组合。

● ON DELETE 和 ON UPDATE：指定在发生删除或更改的数据表中，如果行有引用关系且引用的行在父表中被删除或更新，则对这些行采取什么操作。默认值为 NO ACTION，表示数据库引擎将引发错误，并回滚对父表中相应行的更新操作。

【例 9.16】定义数据表 tb_emp6，并在 tb_emp6 表上创建外键约束。

创建一个部门表 tb_dept1，表结构如表 9-1 所示，SQL 语句如下：

```
CREATE TABLE tb_dept1
(
  id        INT PRIMARY KEY,
  name      VARCHAR(22)  NOT NULL,
  location  VARCHAR(50)  NULL
);
```

表 9-1　tb_dept1 表结构

字段名称	数据类型	备注
id	INT	部门编号
name	VARCHAR(22)	部门名称
location	VARCHAR(50)	部门位置

执行上述程序语句后，便创建了一个名为 tb_dept1 的数据表，如图 9-12 所示。

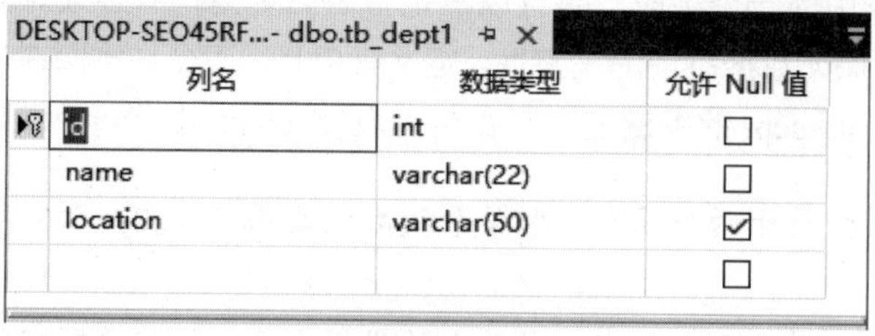

图 9-12　创建 tb_dept1 表

定义数据表 tb_emp6，让它的键 deptId 作为外键关联到 tb_dept1 的主键 id，SQL 语句如下：

```
CREATE TABLE tb_emp6
(
id          INT  PRIMARY KEY,
name        VARCHAR(25),
deptId      INT,
salary      FLOAT,
CONSTRAINT  fk_员工部门编号 FOREIGN KEY(deptId) REFERENCES tb_dept1(id)
);
```

成功执行以上程序语句之后，便创建了一个名为 tb_emp6 的数据表，如图 9-13 所示。在表 tb_emp6 上添加了名为 fk_emp_dept1 的外键约束，外键名为 deptId，其依赖于表 tb_dept1 的主键 id。

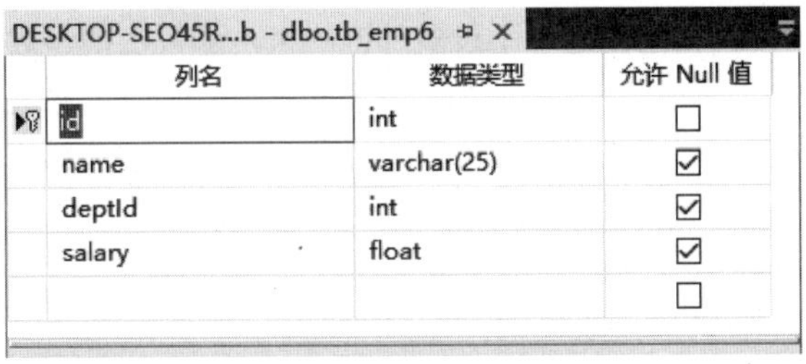

图 9-13　创建 tb_emp6 表

可以在创建完外键约束之后，查看添加的外键约束，方法是选择要查看的数据表节点，例如这里选择 tb_dept1 表，右击该节点，在弹出的快捷菜单中选择【查看依赖关系】菜单命令，打开【对象依赖关系】对话框，将显示与外键约束相关的信息，如图 9-14 所示。

图 9-14　【对象依赖关系】对话框

<table>
<tr><td align="center">**提　示**</td></tr>
<tr><td>外键一般不需要与相应的主键名称相同，但是，为了便于识别，当外键与相应主键在不同的数据表中时，通常使用相同的名称。另外，外键不一定要与相应的主键在不同的数据表中，也可以是同一个数据表。</td></tr>
</table>

2. 在未设置外键的数据表中添加外键

如果创建数据表时没有创建外键约束，可以使用 ALTER 语句将 FOREIGN KEY 约束添加到该表中，语法格式如下：

```
ALTER TABLE table_name
ADD
[CONSTRAINT <外键名>] FOREIGN KEY 字段名1 [ ,字段名2, ...]
FOREIGN KEY  [字段名] [, ...n]
REFERENCES <主表名> 主键字段1 [ ,主键字段2, ...]
```

【例 9.17】在例 9.16 中，如果创建时不设置外键约束，那么在创建数据表之后，可输入如下语句：

```
GO
ALTER TABLE tb_emp6
ADD
CONSTRAINT fk_员工部门编号
FOREIGN KEY(deptId) REFERENCES tb_dept1(id)
```

上述程序语句执行之后的结果与例 9.16 中程序语句执行后的结果是一样的。

3. 删除外键约束

当数据表中不需要使用外键约束时，可以将其删除，删除外键约束的方法和删除主键约束的方法相同，删除时指定约束名称。

【例 9.18】删除 tb_emp6 表中创建的"fk_员工部门编号"外键约束，输入如下语句：

```
ALTER TABLE tb_emp6
DROP CONSTRAINT fk_员工部门编号;
```

执行语句之后将删除 tb_emp6 的外键约束，可以再次查看该表与其他依赖关系的窗口，确认删除成功。

9.4.3 唯一性约束

在 SQL Server 中，除了使用 PRIMARY KEY 可以提供唯一性约束之外，也可以使用 UNIQUE 约束指定数据的唯一性。UNIQUE 约束类型指定字段值不允许重复，UNIQUE 约束类型可以同时指定一个字段或多个字段，并且指定的字段中允许为空，但只能出现一个空值。创建唯一性约束的语法格式如下：

```
CONSTRAINT约束名称
UNIQUE [CLUSTERED | NONCLUSTERED] [字段名] [, ...n]
```

【例 9.19】定义数据表 tb_dept2，指定部门的名称唯一，SQL 语句如下：

```
CREATE TABLE tb_dept2
(
id      INT NOT NULL  PRIMARY KEY,
name    VARCHAR(22) NOT NULL UNIQUE,
location  VARCHAR(50)
);
```

在定义完所有字段之后指定唯一性约束，语法规则如下：

```
[CONSTRAINT <约束名>] UNIQUE(<字段名>)
```

【例 9.20】定义数据表 tb_dept3，指定部门的名称唯一，SQL 语句如下：

```
CREATE TABLE tb_dept3
```

```
(
id        INT NOT NULL PRIMARY KEY,
name    VARCHAR(22) NOT NULL,
location  VARCHAR(50),
CONSTRAINT 部门名称 UNIQUE(name)
);
```

UNIQUE 和 PRIMARY KEY 的区别：一个数据表中可以有多个字段声明为 UNIQUE，但只能有一个 PRIMARY KEY 声明；声明为 PRIMAY KEY 的字段不允许有空值，但是声明为 UNIQUE 的字段允许空值（NULL）的存在。

9.4.4　CHECK 约束

CHECK 约束又叫作检查约束，用于限制输入到字段的值的范围，可以通过任何基于逻辑运算符返回 TRUE 或 FALSE 的逻辑（布尔）表达式来创建 CHECK 约束。

【例 9.21】创建数据表 tb_emp7，定义员工的工资字段值大于 1800 且小于 3000，创建 CHECK 约束，输入如下语句：

```
CREATE TABLE tb_emp7
(
  id        INT  PRIMARY KEY,
  name      VARCHAR(25) NOT NULL,
  deptId    INT NOT NULL,
  salary    FLOAT  NOT NULL
  CHECK(salary > 1800 AND salary < 3000)
);
```

9.4.5　DEFAULT 约束

DEFAULT 约束可以通过定义一个默认值或使用数据库对象绑定到数据表中的字段，指定字段的默认值，这样在用户输入记录时，如果某个字段没有指定值，SQL Server 会自动将该默认值插入到对应的字段。定义 DEFAULT 约束的语法格式如下：

字段名 数据类型 DEFAULT 默认值

DEFAULT 关键字后"默认值"的数据类型必须与字段定义中的数据类型相同。

【例 9.22】定义数据表 tb_emp8，指定员工的部门编号默认为 1111，SQL 语句如下：

```
CREATE TABLE tb_emp8
(
id      INT  PRIMARY KEY,
name    VARCHAR(25) NOT NULL,
deptId  INT  DEFAULT 1111,
salary FLOAT,
);
```

执行语句成功之后，数据表 tb_emp8 上的字段 deptId 拥有了一个默认的值 1111，新插入的记录如果没有指定部门编号，则默认值都为 1111。

9.4.6　NOT NULL 约束

NOT NULL 约束又称为非空约束，表示指定的字段中不允许使用空值，插入时必须为该字段提供具体的数值，否则系统将提示错误。对于定义为主键的字段，系统强制其为非空约束。定义 NOT NULL 约束的语法格式如下：

```
字段名 数据类型 NOT NULL
```

非空约束的使用非常频繁，想必大家已经熟悉了，这里就不再过多介绍。

9.5　疑难解惑

1. 每一个数据表中都要有一个主键吗

并不是每一个数据表都需要主键，通常情况下，如果多个数据表之间进行连接操作时，则需要用到主键。因此并不需要为每个数据表都建立主键，而且有些情况下最好不使用主键。

2. 外键和主键名称必须相同吗

外键不一定和主键名称相同，实际使用时为了便于识别，当外键与相应的主键在不同的数据表中时，通常用相同的名称。另外，外键和主键也可以在同一个数据表中。

9.6　经典习题

1. 创建数据库 Market，在 Market 中创建数据表 customers，customers 表结构如表 9-2 所示，按要求进行操作。

表 9-2　customers 表结构

字段名	数据类型	主键	外键	非空	唯一
c_id	INT	是	否	是	是
c_name	VARCHAR(50)	否	否	否	否
c_contact	VARCHAR(50)	否	否	否	否
c_city	VARCHAR(50)	否	否	否	否
c_birth	DATETIME	否	否	是	否

（1）创建数据库 Market。

（2）创建数据表 customers，在 c_id 字段上添加主键约束，在 c_birth 字段上添加非空约束。

2. 在 Market 中创建数据表 orders，orders 表结构如表 9-3 所示，按要求进行操作。

表 9-3 orders 表结构

字段名	数据类型	主键	外键	非空	唯一
o_num	INT	是	否	是	是
o_date	DATE	否	否	否	否
c_id	VARCHAR(50)	否	是	否	否

（1）创建数据表 orders，在 o_num 字段上添加主键约束，在 c_id 字段上添加外键约束，关联数据表 customers 中的主键 c_id。

（2）删除 orders 数据表的主键约束和外键约束，然后删除 customers 数据表。

第10章 创建和使用索引

学习目标|Objective

索引用于快速找出在某个字段中有某一特定值的行。不使用索引，数据库必须从第 1 条记录开始读完整个数据表，直到找出相关的行。数据表越大，查询数据所花费的时间越多。如果数据表中查询的字段有一个索引，数据库就能快速到达一个位置去搜寻数据，而不必查看所有数据。本章将介绍与索引相关的内容，包括索引的含义和特点、索引的分类、索引的设计原则以及如何创建和删除索引。

内容导航|Navigation

- 了解索引的含义和特点
- 熟悉索引的分类
- 熟悉索引的设计原则
- 掌握创建索引的方法
- 掌握管理和维护索引的方法

10.1 索引的含义和特点

索引是一个单独的、存储在磁盘上的数据库结构，它们包含着对数据表里所有记录的引用指针。通过索引可以快速找出在某个字段或多个字段中具有某一特定值的行，对相关字段使用索引是缩短查询操作时间的最佳途径。索引包含由数据表或视图中的一个字段或多个字段生成的键。

例如：数据库中有 2 万条记录，现在要执行这样一个查询：SELECT * FROM table WHERE num=10000。如果没有索引，必须遍历整个数据表，直到 num 等于 10000 的这一行被找到为止；如果在 num 字段上创建索引，SQL Server 不需要任何扫描，直接在索引里面查找 10000，就可以得到这一行的位置。可见，索引的建立可以加快数据的查询速度。

索引的优点主要有以下几点：

（1）通过创建唯一索引，可以保证数据库的数据表中每一行数据的唯一性。

（2）可以大大加快数据的查询速度，这也是创建索引的最主要原因。

（3）实现数据的引用完整性，可以加速数据表和数据表之间的连接。

（4）在使用分组和排序子句进行数据查询时，也可以减少查询中分组和排序的时间。

增加索引也有许多不利的方面，主要表现如下：

（1）创建索引和维护索引需要耗费时间，并且随着数据量的增加所耗费的时间也会增加。

（2）索引需要占用磁盘空间，除了数据表占用存储空间之外，每一个索引都要占用一定的物理存储空间，如果有大量的索引，那么索引文件可能比数据文件更快达到最大文件尺寸。

（3）当对数据表中的数据进行增加、删除或修改时，索引也要动态地维护，这样就降低了数据的维护速度。

10.2 索引的分类

不同数据库中提供了不同的索引类型，SQL Server 2019 中的索引有两种：聚集索引和非聚集索引。它们的区别是在物理数据的存储方式上。

1. 聚集索引

聚集索引基于数据行的键值，在数据表内排序和存储这些数据行。每个数据表只能有一个聚集索引，因为数据行本身只能按一个顺序存储。

创建聚集索引时应该考虑以下几个因素：

（1）每个数据表只能有一个聚集索引。

（2）数据表中的物理顺序和索引中行的物理顺序是相同的，创建任何非聚集索引之前要先创建聚集索引，这是因为非聚集索引改变了数据表中行的物理顺序。

（3）关键值的唯一性是使用 UNIQUE 关键字或者由内部的唯一标识符明确维护。

（4）在索引的创建过程中，SQL Server 临时使用当前数据库的磁盘空间，所以要保证有足够的磁盘空间来创建聚集索引。

2. 非聚集索引

非聚集索引具有完全独立于数据行的结构，使用非聚集索引不用将物理数据页中的数据按字段排序。非聚集索引包含索引键值和指向数据表中数据存储位置的行定位器。

可以对数据表或索引视图创建多个非聚集索引。通常，设计非聚集索引是为了改善经常使用的、没有建立聚集索引的查询的性能。

查询优化器在搜索数据时，先搜索非聚集索引以找到数据在数据表中的位置，然后直接从该位置检索数据。这使得非聚集索引成为完全匹配查询的最佳选择，因为索引中包含所搜索的数据在数据表中的精确位置。

具有以下特点的查询可以考虑使用非聚集索引：

（1）使用 JOIN 或 GROUP BY 子句。应为连接和分组操作中所涉及的字段创建多个非聚集索引，为任何外键字段创建一个聚集索引。

（2）包含大量唯一值的字段。

（3）不返回大型结果集的查询。创建筛选索引以覆盖从大型数据表中返回定义完善的行子集的查询。

（4）经常包含在查询的搜索条件（如返回完全匹配的 WHERE 子句）中的字段。

3. 其他索引

除了聚集索引和非聚集索引之外，SQL Server 2019 中还提供了其他的索引类型。

- 唯一索引：确保索引键不包含重复的值，因此，数据表或视图中的每一行在某种程度上是唯一的。聚集索引和非聚集索引都可以是唯一索引。这种唯一性与前面讲过的主键约束是相关联的，在某种程度上，主键约束等于唯一性的聚集索引。

- 包含字段索引：一种非聚集索引，它扩展后不仅包含键字段，还包含非键字段。

- 索引视图：在视图上添加索引后能提高视图的查询效率。视图的索引将具体化视图，并将结果集永久存储在唯一的聚集索引中，而且其存储方法与带聚集索引的数据表的存储方法相同。创建聚集索引后，可以为视图添加非聚集索引。

- 全文索引：一种特殊类型的基于标记的功能性索引，由 Microsoft SQL Server 全文引擎生成和维护。用于帮助在字符串数据中搜索复杂的词。这种索引的结构与数据库引擎使用的聚集索引或非聚集索引的 B 树结构是不同的。

- 空间索引：一种针对 geometry 数据类型的字段建立的索引，这样可以更高效地对字段中的空间对象执行某些操作。空间索引可以减少需要应用开销相对较大的空间操作的对象数。

- 筛选索引：一种经过优化的非聚集索引，尤其适用于定义完善的数据子集中选择数据的查询。筛选索引使用筛选谓词对数据表中的部分行进行索引。与全表索引相比，设计良好的筛选索引可以提高查询性能、减少索引维护开销并可降低索引存储开销。

- XML 索引：是与 XML 数据关联的索引形式，是 XML 二进制大对象（BLOB）的已拆分和持久的表示形式，XML 索引又可以分为主索引和辅助索引。

10.3　索引的设计原则

索引设计不合理或者缺少索引都会对数据库和应用程序的性能造成障碍。高效的索引对于获得良好的性能非常重要。设计索引时，应该考虑以下准则：

（1）索引并非越多越好，一个数据表中如果有大量的索引，不仅占用大量的磁盘空间，而且会影响 INSERT、DELETE、UPDATE 等语句的性能。因为当表中数据更改的同时，索引也会进行调整和更新。

（2）避免对经常更新的数据表进行过多的索引，并且索引中的字段尽可能少。而对经常用于查询的字段应该创建索引，但要避免添加不必要的字段。

（3）数据量小的数据表最好不要使用索引，由于数据较少，查询花费的时间可能比遍历索引的时间还要短，因此索引可能不会产生优化效果。

（4）在条件表达式中经常用到的、不同值较多的字段上建立索引，而在不同值少的字段上不要建立索引。比如在学生表的"性别"字段上只有"男"与"女"两个不同值，因此就无须建立索引。如果建立索引，不但不会提高查询效率，反而会严重降低更新速度。

（5）当唯一性是某种数据本身的特征时，指定为唯一索引。使用唯一索引能够确保定义的字段的数据完整性，提高查询速度。

（6）在频繁进行排序或分组（即进行 GROUP BY 或 ORDER BY 操作）的字段上建立索引，如果待排序的字段有多个，可以在这些字段上建立组合索引。

10.4　创建索引

在了解了 SQL Server 2019 中的不同索引类型之后，下面开始介绍如何创建索引。SQL Server 2019 提供两种创建索引的方法：在 SQL Server 管理平台的对象资源管理器中创建和使用 Transact-SQL 语句来创建。本节将介绍这两种创建方法的操作过程。

10.4.1　使用对象资源管理器创建索引

使用对象资源管理器创建索引的具体操作步骤如下：

01 连接到数据库实例之后，在【对象资源管理器】窗口中，打开【数据库】节点下面要创建索引的数据表节点，例如这里选择 fruits 表，打开该节点下面的子节点，右击【索引】节点，在弹出的快捷菜单中选择【新建索引】→【非聚焦索引】菜单命令，如图 10-1 所示。

02 打开【新建索引】对话框，在【常规】选项卡中，可以设置索引的名称和设置是否为唯一索引等，如图 10-2 所示。

图 10-1　【新建索引】菜单命令　　　　　　　图 10-2　【新建索引】对话框

03 单击【添加】按钮，打开选择添加索引的列窗口，从中选择要添加索引的数据表中的列（即数据表中的字段），这里选择在数据类型为 varchar 的 f_name 列上添加索引，如图 10-3 所示。

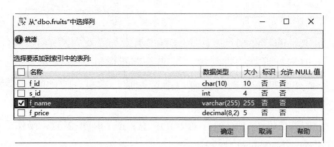

图 10-3　选择索引列

04 选择完之后，单击【确定】按钮，返回【新建索引】对话框，单击【确定】按钮返回对象资源管理器，如图 10-4 所示。

05 返回【对象资源管理器】窗口之后，可以在索引节点下面看到名为 NonClusteredIndex 的新索引，说明该索引创建成功，如图 10-5 所示。

图 10-4　【新建索引】对话框

图 10-5　创建非聚集索引成功

10.4.2　使用 Transact-SQL 语句创建索引

CREATE INDEX 命令既可以创建一个可改变数据表的物理顺序的聚集索引，也可以创建提高查询性能的非聚集索引，语法如下：

```
CREATE [UNIQUE] [CLUSTERED | NONCLUSTERED]
INDEX index_name ON {table | view}(column[ASC | DESC][,..n])
[ INCLUDE ( column_name [ ,...n ] ) ]
[with
(
 PAD_INDEX = { ON | OFF }
 | FILLFACTOR = fillfactor
 | SORT_IN_TEMPDB = { ON | OFF }
 | IGNORE_DUP_KEY = { ON | OFF }
 | STATISTICS_NORECOMPUTE = { ON | OFF }
 | DROP_EXISTING = { ON | OFF }
 | ONLINE = { ON | OFF }
 | ALLOW_ROW_LOCKS = { ON | OFF }
 | ALLOW_PAGE_LOCKS = { ON | OFF }
 | MAXDOP = max_degree_of_parallelism
) [....n]
```

- UNIQUE: 表示在数据表或视图上创建唯一索引。唯一索引不允许两行具有相同的索引键值。视图的聚集索引必须唯一。

- CLUSTERED: 表示创建聚集索引。在创建任何非聚集索引之前先创建聚集索引。创建聚集索引时会重新生成数据表中现有的非聚集索引。如果没有指定 CLUSTERED，则创建非聚集索引。

- NONCLUSTERED: 表示创建一个非聚集索引，非聚集索引数据行的物理排序独立于索引排序。每个数据表最多可包含999个非聚集索引。NONCLUSTERED 是 CREATE INDEX 语句的默认值。

- index_name: 指定索引的名称。索引名称在数据表或视图中必须唯一，但在数据库中不必唯一。

- ON {table | view}: 指定索引所属的数据表或视图。

- column: 指定索引基于的一个字段或多个字段（即一列或多列）。指定两个或多个列名，可为指定字段的组合值创建组合索引。{table | view}后的括号中，按排序优先级列出组合索引中要包括的字段。一个组合索引键中最多可组合 16 个字段（即 16 列）。组合索引键中的所有字段必须在同一个数据表或视图中。

- [ASC | DESC]: 指定特定索引字段的排序方向（升序或降序）。默认值为 ASC。

- INCLUDE (column-name [,...n]): 指定要添加到非聚集索引的叶级别的非键字段。

- PAD_INDEX: 表示指定索引填充。默认值为 OFF。ON 值表示 fillfactor 指定的可用空间的百分比应用于索引的中间页级。

- FILLFACTOR = fillfactor: 指定一个百分比，表示在索引创建或重新生成过程中数据库引擎应使每个索引页的叶级别达到的填充程度。fillfactor 必须为介于 1 至 100 的整数值，默认值为 0。

- SORT_IN_TEMPDB: 指定是否在 tempdb 中存储临时排序结果。默认值为 OFF。ON 值表示在 tempdb 中存储用于生成索引的中间排序结果。OFF 表示中间排序结果与索引存储在同一个数据库中。

- IGNORE_DUP_KEY: 指定对唯一聚集索引或唯一非聚集索引执行多行插入操作时，就出现重复键值的错误响应。默认值为 OFF。ON 表示发出一条警告信息，但只有违反了唯一索引的行才会导致操作失败。OFF 表示发出错误消息，并回滚整个 INSERT 事务。

- STATISTICS_NORECOMPUTE: 指定是否重新计算分发统计信息。默认值为 OFF。ON 表示不会自动重新计算过时的统计信息。OFF 表示启用统计信息自动更新功能。

- DROP_EXISTING: 指定应删除并重新生成已命名的先前存在的聚集或非聚集索引。默认值为 OFF。ON 表示删除并重新生成现有索引。指定的索引名称必须与现有的索引名称相同；但可以修改索引定义。例如，可以指定不同的字段、排序顺序、分区方案或索引选项。OFF 表示如果指定的索引名已存在，则会显示一条错误信息。

- ONLINE = { ON | OFF }: 指定在索引操作期间，基本表和关联的索引是否可用于查询和数据修改操作。默认值为 OFF。

- ALLOW_ROW_LOCKS: 指定是否允许行锁。默认值为 ON。ON 表示在访问索引时允许行锁。数据库引擎确定何时使用行锁。OFF 表示不使用行锁。

- ALLOW_PAGE_LOCKS: 指定是否允许页锁。默认值为 ON。ON 表示在访问索引时允许页锁。数据库引擎确定何时使用页锁。OFF 表示不使用页锁。
- MAXDOP: 指定在索引操作期间，覆盖"最大并行度"配置选项。使用 MAXDOP 可以限制在执行并行计算的过程中使用的处理器数量。最大数量为 64 个。

为了演示创建索引的方法，下面创建数据表 authors，输入如下语句：

```
CREATE TABLE authors(
    auth_id         int IDENTITY(1,1) NOT NULL,
    auth_name       varchar(20) NOT NULL,
    auth_gender     tinyint NOT NULL,
    auth_phone      varchar(15) NULL,
    auth_note       varchar(100) NULL
);
```

【例 10.1】在 authors 表中的 auth_phone 字段上，创建一个名为 Idx_phone 的唯一聚集索引，降序排列，填充因子为 30%，输入如下语句：

```
CREATE UNIQUE CLUSTERED INDEX Idx_phone
ON authors(auth_phone DESC)
WITH
FILLFACTOR=30;
```

【例 10.2】在 authors 表中的 auth_name 和 auth_gender 字段上，创建一个名为 Idx_nameAndgender 的唯一非聚集组合索引，升序排列，填充因子为 10%，输入如下语句：

```
CREATE UNIQUE NONCLUSTERED INDEX Idx_nameAndgender
ON authors(auth_name, auth_gender)
WITH
FILLFACTOR=10;
```

索引创建成功之后，可以在 authors 表节点下的索引节点中双击以查看各个索引的属性信息，如图 10-6 所示，显示了创建的名为 Idx_nameAndgender 的组合索引的属性。

图 10-6　Idx_nameAndgender 的组合索引的属性信息

10.5 管理和维护索引

索引创建之后可以根据需要对数据库中的索引进行管理，例如在数据表中进行增加、删除或者更新操作，会使索引页出现碎块。为了提高系统的性能，必须对索引进行维护管理，这些管理包括查看索引信息、重命名索引，以及删除索引等。

10.5.1 查看索引信息

1. 在对象资源管理器中查看索引信息

要查看索引信息，可以在对象资源管理器中，打开指定数据库节点，选中相应表中的索引，右击要查看的索引节点，在弹出的快捷菜单中选择【属性】命令，打开【索引属性】对话框，如图10-7所示，在这里可以看到刚才创建的名为 Idx_phone 的索引，在该对话框中可以查看建立索引的相关信息，也可以修改索引的信息。

图 10-7 【索引属性】对话框

2. 使用系统存储过程查看索引信息

系统存储过程 sp_helpindex 可以返回某个数据表或视图中的索引信息，语法格式如下：

```
sp_helpindex [ @objname = ] 'name'
```

[@objname =] 'name'：用户定义的数据表或视图的限定或非限定名称。仅当指定限定的数据表或视图名称时，才需要使用引号。如果提供了完全限定的名称，包括数据库名称，则该数据库名称必须是当前数据库的名称。

【例 10.3】使用存储过程查看 test 数据库中 authors 表中定义的索引信息，输入如下语句：

```
GO
exec sp_helpindex 'authors';
```

执行结果如图 10-8 所示。

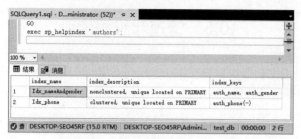

图 10-8　查看索引信息

从执行结果可以看到，这里显示了 authors 表中的索引信息。

- Index_name：指定索引名称，这里创建了 3 个不同名称的索引。
- Index_description：包含索引的描述信息，例如唯一性索引、聚集索引等。
- Index_keys：包含了索引所在的数据表中的字段。

3. 查看索引的统计信息

索引信息还包括统计信息，这些信息可以用来分析索引性能，更好地维护索引。索引统计信息是查询优化器用来分析和评估查询、制定最优查询方式的基础数据，用户可以使用图形用户界面的工具来查看索引信息，也可以使用 DBCC SHOW_STATISTICS 命令来查看指定索引的信息。

打开 SQL Server 管理平台，在对象资源管理器中展开 authors 表中的【统计信息】节点，右击要查看统计信息的索引（例如 Idx_phone），在弹出的快捷菜单中选择【属性】菜单命令，打开【统计信息属性】对话框，选择【选择页】中的【详细信息】选项，可以在右侧的窗格中看到当前索引的统计信息，如图 10-9 所示。

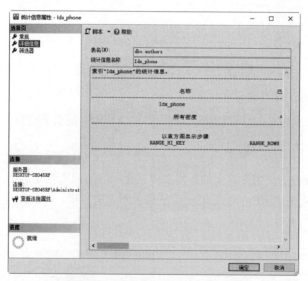

图 10-9　【统计信息属性】对话框

除了使用图形用户界面的工具查看，用户还可以使用 DBCC SHOW_STATISTICS 命令来返回指定数据表或视图中特定对象的统计信息，这些对象可以是索引、字段等。

【例 10.4】使用 DBCC SHOW_STATISTICS 命令来查看 authors 表中 Idx_phone 索引的统计信息，输入如下语句：

```
DBCC SHOW_STATISTICS ('test_db.dbo.authors', Idx_phone);
```

执行结果如图 10-10 所示。

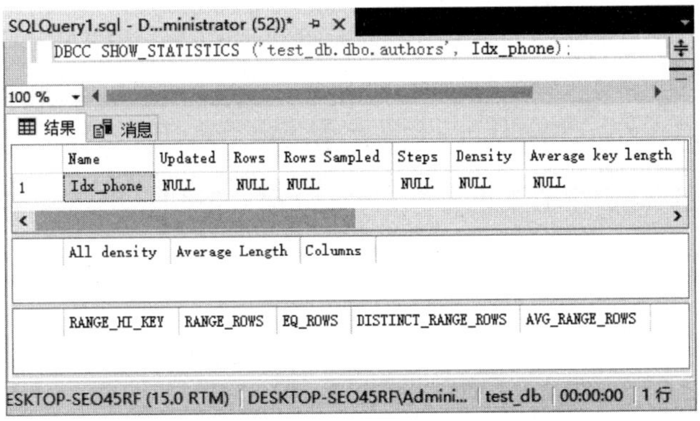

图 10-10　查看 Idx_phone 索引的统计信息

返回的统计信息包含 3 个部分：统计标题信息、统计密度信息和统计直方图信息。统计标题信息主要包括数据表中的行数、统计抽样行数、索引字段的平均长度等。统计密度信息主要包括索引字段前缀集选择性、平均长度等信息。统计直方图信息即为显示直方图时的信息。

10.5.2　重命名索引

1. 在对象资源管理器中重命名索引

在对象资源管理器中选择要重新命名的索引，选中之后右击索引名称，在弹出的快捷菜单中选择【重命名】命令，将出现一个文本框；或者在选中索引之后，再次右击索引，在文本框中输入新的索引名称，输入完成之后按回车键确认或者在对象资源管理器的空白处单击一下鼠标即可。

2. 使用系统存储过程重命名索引

系统存储过程 sp_rename 可以用于更改索引的名称，其语法格式如下：

```
sp_rename 'object_name', 'new_name', 'object_type'
```

- object_name：表示用户对象或数据类型的当前限定或非限定名称。此对象可以是数据表、索引、字段、别名数据类型或用户定义类型。
- new_name：指定对象的新名称。
- object_type：指定修改的对象类型，表 10-1 中列出了对象类型可以取的值。

表 10-1 sp_rename 函数可重命名的对象

值	说明
COLUMN	要重命名的列（即字段）
DATABASE	用户定义数据库。重命名数据库时需要此对象类型
INDEX	用户定义索引
OBJECT	可用于重命名约束（CHECK、FOREIGN KEY、PRIMARY/UNIQUE KEY）、用户表和规则等对象
USERDATATYPE	通过执行 CREATE TYPE 或 sp_addtype，添加别名数据类型或 CLR 用户定义类型

【例 10.5】将 authors 表中的索引名称 idx_nameAndgender 更改为 multi_index，输入如下语句：

```
GO
exec sp_rename 'authors.idx_nameAndgender', 'multi_index','index' ;
```

执行语句之后，刷新索引节点下的索引列表，即可看到修改名称后的效果，如图 10-11 所示。

图 10-11   修改索引的名称

10.5.3   删除索引

当不再需要某个索引时，可以将其删除，DROP INDEX 命令可以删除一个或者多个当前数据库中的索引，语法如下：

```
DROP INDEX ' [table | view ].index' [,..n]
```

或者：

```
DROP INDEX 'index' ON '[ table | view ]'
```

其中，[table | view] 用于指定索引字段所在的数据表或视图；index 用于指定要删除的索引名称。注意，DROP INDEX 命令不能删除由 CREATE TABLE 或者 ALTER TABLE 命令创建的主键（PRIMARY KEY）或者唯一性（UNIQUE）约束索引，也不能删除系统表中的索引。

【例10.6】删除 authors 表中的索引 multi_index，语句如下：

```
GO
exec sp_helpindex 'authors'
DROP INDEX authors. multi_index
exec sp_helpindex 'authors'
```

执行结果如图 10-12 所示。

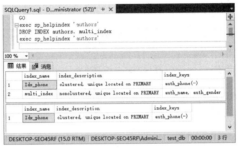

图 10-12　删除 authors 表中的索引

从删除前后对比中可以看到，删除之后数据表中只剩下了一个索引，名为 multi_index 的索引被成功删除。

10.6　疑难解惑

1. 索引对数据库性能如此重要，应该如何使用它

为数据库选择正确的索引是一项复杂的任务。如果索引字段较少，则需要的磁盘空间和维护开销都较少。如果在一个大数据表上创建了多种组合索引，索引文件会膨胀得很快。而另一方面，索引较多则可覆盖更多的查询。可能需要试验若干不同的设计，才能找到最有效的索引。因为添加、修改和删除索引不会影响数据库架构或应用程序的设计。所以，应该尝试多个不同的索引，从而建立最优的索引。

2. 为什么要使用短索引

对字符串类型的字段进行索引，如果可能，则应该指定一个前缀长度。例如，如果有一个char(255)的字段，并且在前 10 个或 30 个字符内，数值是唯一的，则不需要对整个字段进行索引。短索引不仅可以提高查询速度而且还可以节省磁盘空间和减少 I/O 操作。

10.7　经典习题

创建 index_test 数据库，在 index_test 数据库中创建数据表 writers，writers 表结构如表 10-2 所示，按要求进行操作。

表 10-2   writers 表结构

字段名	数据类型	主键	外键	非空	唯一
w_id	INT	是	否	是	是
w_name	VARCHAR(255)	否	否	是	否
w_address	VARCHAR(255)	否	否	否	否
w_age	CHAR(2)	否	否	是	否
w_note	VARCHAR(255)	否	否	否	否

（1）在数据库 test 中创建表 writers，创建表的同时在 w_id 字段上添加名为 UniqIdx 的唯一索引。

（2）通过图形用户界面的对象资源管理器，在 w_name 和 w_address 字段上建立名为 NAIdx 的非聚集组合索引。

（3）将 NAIdx 索引重新命名为 IdxonNameAndAddress。

（4）查看 IdxonNameAndAddress 索引的统计信息

（5）删除名为 IdxonNameAndAddress 的索引。

第11章　事务和锁

学习目标 | Objective

SQL Server 中提供了多种数据完整性的保证机制，如约束、触发器、事务和锁管理等。事务管理主要是为了保证对一批相关数据库中数据的操作能够全部无遗漏地完成，从而保证数据的完整性。锁机制主要是对多个活动事务执行并发控制。它可以控制多个用户对同一数据进行的操作，使用锁机制可以解决数据库的并发问题。本章将介绍事务和锁相关的内容，包括事务的原理与事务管理的常用语句、事务的类型和应用、锁的内涵与类型、锁的应用等。

内容导航 | Navigation

- 了解事务的基本概念
- 掌握事务的管理方法
- 了解锁的基本概念
- 熟悉锁的类别和作用
- 掌握锁的使用方法

11.1　事务管理

事务是 SQL Server 中的基本工作单元，它是用户定义的一个数据库操作序列，这些操作要么做要么全不做，是一个不可分割的工作单位。SQL Server 中事务主要可以分为自动提交事务、隐式事务、显式事务和分布式事务 4 种类型，如表 11-1 所示。

表 11-1　事务类型

类型	含义
自动提交事务	每条单独语句都是一个事务
隐式事务	前一个事务完成时新事务隐式启动，每个事务仍以 COMMIT 或 ROLLBACK 语句显式结束
显式事务	每个事务均以 BEGIN TRNSACTION 语句显式开始，以 COMMIT 或 ROLLBACK 语句显式结束
分布式事务	跨越多个服务器的事务

11.1.1 事务的原理

1. 事务的含义

事务要有非常明确的开始点和结束点，SQL Server 中的每一条数据操作语句，例如 SELECT、INSERT、UPDATE 和 DELETE 都是隐式事务的一部分。即使只有一条语句，系统也会把这条语句当作一个事务，要么执行所有语句，要么什么都不执行。

事务开始之后，事务中所有的操作都会写到事务日志中，写到日志中的事务，一般有两种：一种是针对数据的操作，例如插入、修改和删除，这些操作的对象是大量的数据；另一种是针对任务的操作，例如创建索引。当取消这些事务操作时，系统自动执行这种操作的反操作，以保证系统的一致性。系统自动生成一个检查点机制，这个检查点周期地检查事务日志。如果在事务日志中，事务全部完成，那么检查点事务日志中的事务提交到数据库中，并且在事务日志中做一个检查点提交标识；如果在事务日志中，事务没有完成，那么检查点不会将事务日志中的事务提交到数据库中，并且在事务日志中做一个检查点未提交的标识。事务的恢复及检查点保证了系统的完整和可恢复。

2. 事务属性

事务是作为单个逻辑工作单元执行的一系列操作。一个逻辑工作单元必须有 4 个属性，称为原子性（Atomic）、一致性（Consistent）、隔离性（Isolated）和持久性（Durable），简称 ACID 属性，只有这样才能构成一个事务。

- 原子性：事务必须是原子工作单元。对于其数据修改，要么全部执行，要么全部都不执行。

- 一致性：事务在完成时，必须使所有的数据都保持一致状态。在相关数据库中，所有规则都必须应用于事务的修改，以保持所有数据的完整性。事务结束时，所有的内部数据结构都必须是正确的。

- 隔离性：由并发事务所做的修改必须与任何其他并发事务所做的修改隔离。事务识别数据时数据所处的状态，要么是另一并发事务修改它之前的状态，要么是第二个事务修改它之后的状态，事务不会识别中间状态的数据。这称为可序列化（或可串行化），因为它能够重新装载起始数据，并且重播一系列事务，以使数据结束时的状态与原始事务执行时的状态相同。

- 持久性：事务完成之后，它对于系统的影响是永久性的。该修改即使出现系统故障也将一直保持。

3. 建立事务应遵循的原则

- 事务中不能包含以下语句：ALTER DATABASE、 DROP DATABASE 、ALTER FULLTEXT CATALOG、DROP FULLTEXT CATALOG、ALTER FULLTEXT INDEX、DROP FULLTEXT INDEX、BACKUP、RECONFIGURE、CREATE DATABASE、RESTORE、CREATE FULLTEXT CATALOG、UPDATE STATISTICS、CREATE FULLTEXT INDEX。

- 当调用远程服务器上的存储过程时，不能使用 ROLLBACK TRANSACTION 语句，也不可执行回滚操作。

- SQL Server 不允许在事务内使用存储过程建立临时数据表。

11.1.2 事务管理的常用语句

SQL Server 中常用的事务管理语句如下:

- BEGIN TRANSACTION: 启动事务。
- COMMIT TRANSACTION: 提交事务。
- ROLLBACK TRANSACTION: 事务失败时执行回滚操作。
- SAVE TRANSACTION: 保存事务。

提　示
BEGIN TRANSACTION 和 COMMIT TRANSACTION 语句同时使用,用来标识事务的开始和结束。

11.1.3 事务的隔离级别

事务具有隔离性,不同事务中所使用的时间必须要和其他事务进行隔离,在同一时间可以有很多个事务正在处理数据,但是每个数据在同一时刻只能有一个事务进行操作。如果将数据锁定,那么使用数据的事务就必须要排队等待,以防止多个事务互相影响。但是如果有几个事务因为锁定了自己的数据,同时又在等待其他事务释放数据,则会造成死锁。

为了提高数据的并发使用效率,可以为事务在读取数据时设置隔离状态,SQL Server 2019 中事务的隔离状态由低到高可以分为以下 5 个级别:

- READ UNCOMMITTED 级别: 该级别不隔离数据,即使事务正在使用数据,其他事务也能同时修改或删除该数据。在 READ UNCOMMITTED 级别运行的事务,不会发出共享锁来防止其他事务修改当前事务读取的数据。
- READ COMMITTED 级别: 指定语句不能读取已由其他事务修改但尚未提交的数据。这样可以避免脏读。其他事务可以在当前事务的各个语句之间更改数据,从而产生不可重复读取和幻象数据。在 READ COMMITTED 级别事务中读取的数据随时都可能被修改,但已经修改过的数据事务会一直被锁定,直到事务结束为止。该选项是 SQL Server 的默认设置。
- REPEATABLE READ 级别: 指定语句不能读取已由其他事务修改但尚未提交的行,并且指定其他任何事务都不能在当前事务完成之前修改由当前事务读取的数据。该事务中的每个语句所读取的全部数据都设置了共享锁,并且该共享锁一直保持到事务完成为止。这样可以防止其他事务修改当前事务读取的任何行。
- SNAPSHOT 级别: 指定事务中任何语句读取的数据都将是在事务开始时便存在的一致的版本。事务只能识别在其开始之前提交的数据修改。在当前事务中执行的语句将看不到在当前事务开始以后由其他事务所做的数据修改。其效果就好像事务中的语句获得了已提交数据的快照，因为该数据在事务开始时就存在。除非正在恢复数据库，否则 SNAPSHOT 事务不会在读取数据时请求锁。读取数据的 SNAPSHOT 事务不会阻止其他事务写入数据，写入数据的事务也不会阻止 SNAPSHOT 事务读取数据。

● SERIALIZABLE 级别：将事务所要用到的序列化数据全部锁定，不允许其他事务添加、修改和删除数据，使用该等级的事务并发性最低。要读取同一数据的事务必须排队等待。

可以使用 SET 语句更改事务的隔离级别，其语法格式如下：

```
SET TRANSACTION ISOLATION LEVEL
{
 READ UNCOMMITTED
| READ COMMITTED
| REPEATABLE READ
| SNAPSHOT
| SERIALIZABLE
}[ ; ]
```

11.1.4 事务的应用案例

【例 11.1】限定 stu_info 数据表中最多只能插入 10 条学生记录，如果表中插入人数大于 10 人，则插入失败，操作过程如下。

首先，为了对比执行前后的结果，先查看 stu_info 数据表中当前的记录，查询语句如下：

```
USE test_db
GO
SELECT * FROM stu_info;
```

执行结果如图 11-1 所示。

图 11-1　执行事务之前 stu_info 数据表中的记录

可以看到当前数据表中有 7 条记录，接下来输入下面的语句：

```
USE test_db;
GO
BEGIN TRANSACTION
```

```
INSERT INTO stu_info VALUES(22,'路飞',80,'男',18);
INSERT INTO stu_info VALUES(23,'张露',85,'女',18);
INSERT INTO stu_info VALUES(24,'魏波',70,'男',19);
INSERT INTO stu_info VALUES(25,'李婷',74,'女',18);
DECLARE @studentCount INT
SELECT @studentCount=(SELECT COUNT(*) FROM stu_info)
IF @studentCount > 10
    BEGIN
        ROLLBACK TRANSACTION
        PRINT '插入人数太多，插入失败！'
    END
ELSE
    BEGIN
        COMMIT TRANSACTION
        PRINT '插入成功！'
    END
```

该段程序代码中使用 BEGIN TRANSACTION 定义事务的开始，向 stu_info 数据表中插入 4 条记录，插入完成之后，判断 stu_info 数据表中总的记录数，如果学生人数大于 10，则插入失败，并使用 ROLLBACK TRANSACTION 撤销所有的操作；如果学生人数小于等于 10，则提交事务，将所有新的学生记录插入到 stu_info 数据表中。

输入完成后，单击【执行】按钮，运行结果如图 11-2 所示。

可以看到因为 stu_info 数据表中原来已经有 7 条记录，插入 4 条记录之后，总的学生人数为 11 人，大于这里定义的人数上限 10，所以插入操作失败，事务回滚了所有的操作。

执行完事务之后，再次查询 stu_info 数据表中内容，验证事务执行结果，运行结果如图 11-3 所示。

图 11-2　执行事务

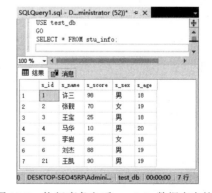

图 11-3　执行事务之后 stu_info 数据表中的记录

从图 11-3 中可以看到，执行事务前后数据表中的内容没有变化，这是因为事务撤销了对数据表的插入操作。读者可以修改插入的记录数小于 4 条，这样就能成功地插入数据，自己亲自操作一下，就能更深刻地体会事务的运行过程。

11.2　锁

SQL Server 支持多用户共享同一个数据库，但是，当多个用户对同一个数据库进行修改时，会产生并发操作问题，使用锁可以解决用户存取数据的这个问题，从而保证数据库的完整性和一致性。对于一般的用户，通过系统的自动锁管理机制基本可以满足使用要求，但如果对数据安全、数据库完整性和一致性有特殊要求，则需要亲自控制数据库的锁和解锁，这就需要了解 SQL Server 的锁机制，掌握锁的使用方法。

11.2.1　锁的内涵与作用

数据库中数据的并发操作经常发生，而对数据的并发操作会带来下面一些问题：脏读、幻读、非重复性读取和丢失更新等。

1. 脏读

当一个事务读取的记录是另一个事务的一部分时，如果第一个事务正常完成，就没有什么问题；如果此时另一个事务未完成，就产生了脏读。例如，员工表中编号为 1001 的员工工资为 1740元，如果事务 1 将工资修改为 1900 元，但还没有提交确认；此时事务 2 读取员工的工资为 1900元；事务 1 中的操作因为某种原因执行了 ROLLBACK 回滚，取消了对员工工资的修改，但事务 2已经把编号为 1001 的员工的数据读走了，此时就发生了脏读。

2. 幻读

当某一数据行执行 INSERT 或 DELETE 操作，而该数据行恰好属于某个事务正在读取的范围时，就会发生幻读现象。例如，现在要对员工涨工资，将所有低于 1700 元的工资都涨到新的 1900元，事务 1 使用 UPDATE 语句进行更新操作，事务 2 同时读取这一批数据，但是在其中插入了几条工资小于 1900 元的记录，此时事务 1 如果查看数据表中的数据，会发现 UPDATE 之后还有工资小于 1900 元的记录！幻读事件是在某个凑巧的环境下发生的，简而言之，它是在运行 UPDATE 语句的同时有人执行了 INSERT 操作。因为插入了一个新记录行，所以没有被锁定，并且能正常运行。

3. 非重复性读取

如果一个事务不止一次地读取相同的记录，但在两次读取中间有另一个事务刚好修改了数据，则两次读取的数据将出现差异，此时就发生了非重复性读取。例如，事务 1 和事务 2 都读取一条工资为 2310 元的数据行，如果事务 1 将记录中的工资修改为 2500 元并提交，则事务 2 使用的员工的工资仍为 2310 元。

4. 丢失更新

一个事务更新了数据库之后，另一个事务再次对数据库进行更新，此时系统只能保留最后一个数据的修改。

例如对一个员工表进行修改，事务1将员工表中编号为1001的员工工资修改为1900元，而之后事务2又把该员工的工资更改为3000元，那么最后员工的工资为3000元，导致事务1的修改丢失。

使用锁可以实现并发控制，能够保证多个用户同时操作同一个数据库中的数据而不发生上述数据不一致的现象。

11.2.2　可锁定资源与锁的类型

1. 可锁定资源

使用SQL Server 2019中的锁机制可以锁定不同类型的资源，即具有多粒度锁，为了使锁的成本降至最低，SQL Server会自动将资源锁定在合适的层次，锁的层次越高，它的粒度就越粗。锁定在较高的层次（例如数据表）就限制了其他事务对数据表中任意部分进行访问，但需要的资源较少，因为需要维护的锁较少；锁在较小的层次（例如行）可以增加并发但需要较大的开销，因为锁定了许多行，需要控制更多的锁。对于SQL Server来说，可以根据粒度大小分为6种可锁定的资源，这些资源由粗到细分别是：

- 数据库：锁定整个数据库，这是一种最高层次的锁，使用数据库锁将禁止任何事务或者用户对当前数据库的访问。
- 数据表：锁定整个数据表，包括实际的数据行和与该表相关联的所有索引中的键。其他任何事务在同一时间都不能访问表中的任何数据。数据表锁定的特点是占用较少的系统资源，但是数据资源占用量较大。
- 区段页：一组连续的8个数据页，例如数据页或索引页。区段锁可以锁定控制区段内的8个数据或索引页以及在这8页中的所有数据行。
- 页：锁定该页中的所有数据或索引键。在事务处理过程中，不管事务处理数据量的大小，每一次都锁定一页，在这个页上的数据不能被其他事务占用。使用页层次锁时，即使一个事务只处理一个页上的一行数据，那么该页上的其他数据行也不能被其他事务使用。
- 键：索引中的特定键或一系列键上的锁，相同索引页中的其他键不受影响。
- 行：在SQL Server 2019中可以锁定的最小对象空间就是数据行，行锁可以在事务处理数据过程中，锁定单行或多行数据，行级锁占用资源较少，因而在事务处理过程中，其他事务可以继续处理同一个数据表或同一个页的其他数据，极大地降低了其他事务等待处理所需要的时间，提高了系统的并发性。

2. 锁的类型

SQL Server 2019中提供了多种锁类型，在这些类型的锁中，有些类型的锁之间可以兼容，有些类型的锁之间是不可以兼容的。锁类型决定了并发事务访问资源的方式。下面将介绍几种常用的锁类型。

- 更新锁：一般用于可更新的资源，可以防止多个会话在读取、锁定以及可能进行的资源更新时出现死锁的情况，当一个事务查询数据以便进行修改时，可以对数据项施加更新锁，如果事务修改资源，则更新锁就会转化成排他锁，否则会转换成共享锁。一次只有一个事务可以获得资源上的更新锁，它允许其他事务对资源的共享访问，但阻止排他式的访问。

● 排他锁：用于数据修改操作，例如 INSERT、UPDATE 或 DELETE。确保不会同时对同一资源进行多重更新。

● 共享锁：用于读取数据操作，允许多个事务读取相同的数据，但不允许其他事务修改当前数据，如 SELECT 语句。当多个事务读取一个资源时，资源上存在共享锁，任何其他事务都不能修改数据，除非将事务隔离级别设置为可重复读或者更高的级别，或者在事务生存周期内用锁定提示对共享锁进行保留，那么一旦数据完成读取，资源上的共享锁立即得以释放。

● 键范围锁：可防止幻读。通过保护行之间键的范围，还可以防止对事务访问的记录集进行幻象插入或删除。

● 架构锁：执行表的数据定义操作时使用架构修改锁，在架构修改锁起作用的期间，会防止对表的并发访问。这意味着在释放架构修改锁之前，该锁之外的所有操作都将被阻止。

11.2.3 死锁

在两个或多个任务中，如果每个任务锁定了其他任务试图锁定的资源，会造成这些任务永久阻塞，从而出现死锁。此时系统处于死锁状态。

1. 死锁的原因

在多用户环境下，死锁的发生是由于两个事务都锁定了不同的资源而又都在申请对方锁定的资源，即一组进程中的各个进程均占有不会释放的资源，但因互相申请其他进程占用的不会释放的资源而处于一种永久等待的状态。形成死锁有 4 个必要条件：

● 请求与保持条件：获取资源的进程可以同时申请新的资源。

● 非剥夺条件：已经分配的资源不能从该进程中剥夺。

● 循环等待条件：多个进程构成环路，并且其中每个进程都在等待相邻进程正占用的资源。

● 互斥条件：资源只能被一个进程使用。

2. 可能会造成死锁的资源

每个用户会话可能有一个或多个代表它运行的任务，其中每个任务可能获取或等待获取各种资源。以下类型的资源可能会造成阻塞，并最终导致死锁。

（1）锁。等待获取资源（如对象、页、行、元数据和应用程序）的锁可能导致死锁。例如，事务 T1 在行 r1 上有共享锁（S 锁）并等待获取行 r2 的排他锁（X 锁）。事务 T2 在行 r2 上有共享锁（S 锁）并等待获取行 r1 的排他锁（X 锁）。这将导致一个锁循环，其中，T1 和 T2 都等待对方释放已锁定的资源。

（2）工作线程。排队等待可用工作线程的任务可能导致死锁。如果排队等待的任务拥有阻塞所有工作线程的资源，则将导致死锁。例如，会话 S1 启动事务并获取行 r1 的共享锁（S 锁）后，进入睡眠状态。在所有可用工作线程上运行的活动会话正尝试获取行 r1 的排他锁（X 锁）。因为会话 S1 无法获取工作线程，所以无法提交事务并释放行 r1 的锁。这将导致死锁。

（3）内存。当并发请求等待获得内存，而当前的可用内存无法满足其需要时，可能发生死锁。例如，两个并发查询（Q1 和 Q2）作为用户定义函数执行，分别获取 10MB 和 20MB 的内存。如果每个查询还需要 30MB，而可用总内存为 20MB，则 Q1 和 Q2 必须等待对方释放内存，这将导致死锁。

（4）并行查询执行的相关资源。通常与交换端口关联的处理协调器、发生器或使用者线程至少包含一个不属于并行查询的进程时，可能会相互阻塞，从而导致死锁。此外，当并行查询启动执行时，SQL Server 将根据当前的工作负荷确定并行度或工作线程数。如果系统工作负荷发生意外更改，例如，当新查询开始在服务器中运行或系统用完工作线程时，则可能发生死锁。

3. 减少死锁的策略

复杂的系统中不可能百分之百地避免死锁，从实际出发为了减少死锁，可以采用以下策略：

- 在所有事务中以相同的次序使用资源。
- 使事务尽可能简短并且在一个批处理中。
- 为死锁超时参数设置一个合理范围，如 3～30 分钟；超时，则自动放弃本次操作，避免进程挂起。
- 避免在事务内和用户进行交互，减少资源的锁定时间。
- 使用较低的隔离级别，相比较高的隔离级别能够有效减少持有共享锁的时间，减少锁之间的竞争。
- 使用 Bound Connections。Bound Connections 允许两个或多个事务连接共享事务和锁，而且任何一个事务连接都要申请锁，如同另一个事务要申请锁一样，因此可以运行这些事务共享数据而不会有加锁冲突。
- 使用基于行版本控制的隔离级别。持快照事务隔离和指定 READ_COMMITTED 隔离级别的事务使用行版本控制，可以将读与写操作之间发生死锁的机率降至最低。SET ALLOW_SNAPSHOT_ISOLATION ON 事务可以指定 SNAPSHOT 事务隔离级别；SET READ_COMMITTED_SNAPSHOT ON 指定 READ_COMMITTED 隔离级别的事务将使用行版本控制而不是锁定。在默认情况下，SELECT 语句会对请求的资源加 S（共享）锁，而开启了此选项后，SELECT 不会对请求的资源加 S 锁。

11.2.4 锁的应用案例

锁的应用情况比较多，本小节将对锁可能出现的几种情况进行具体的分析，使读者更加深刻地理解锁的使用。

1. 锁定行

【例 11.2】锁定 stu_info 数据表中 s_id=2 的学生记录，输入如下语句：

```
USE test_db;
```

```
GO
SET TRANSACTION ISOLATION LEVEL READ UNCOMMITTED
SELECT * FROM stu_info ROWLOCK WHERE s_id=2;
```

输入完成后，单击【执行】按钮，执行结果如图 11-4 所示。

2. 锁定数据表

【例 11.3】锁定 stu_info 数据表中的记录，输入如下语句：

```
USE test_db;
GO
SELECT s_age FROM stu_info  TABLELOCKX  WHERE s_age=18;
```

输入完成后，单击【执行】按钮，执行结果如图 11-5 所示。对数据表加锁后，其他用户将不能对该表进行访问。

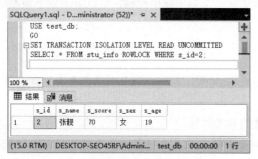

图 11-4　行锁

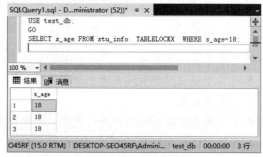

图 11-5　对数据表加锁

3. 排他锁

【例 11.4】创建名为 transaction1 和 transaction2 的事务，在 transaction1 事务上面添加排他锁，事务 1 执行 10s 之后才能执行 transaction2 事务，输入如下语句：

```
USE test_db;
GO
BEGIN TRAN transaction1
UPDATE stu_info SET s_score=88 WHERE s_name='许三' ;
WAITFOR DELAY '00:00:10';
COMMIT TRAN

BEGIN TRAN transaction2
SELECT * FROM stu_info WHERE s_name='许三';
COMMIT TRAN
```

输入完成后，单击【执行】按钮，执行结果如图 11-6 所示。

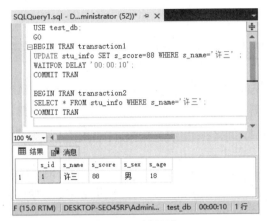

图 11-6 排他锁

transaction2 事务中的 SELECT 语句必须等待 transaction1 执行完毕再过 10 秒之后才能执行。

4. 共享锁

【例 11.5】创建名为 transaction1 和 transaction2 的事务，在 transaction1 事务上面添加共享锁，允许两个事务同时执行查询操作，如果第二个事务要执行更新操作，必须等待 10 秒，再输入如下语句：

```
USE test_db;
GO
BEGIN TRAN transaction1
SELECT s_score,s_sex,s_age FROM stu_info WITH(HOLDLOCK) WHERE s_name='许三';
WAITFOR DELAY '00:00:10';
COMMIT TRAN

BEGIN TRAN transaction2
SELECT * FROM stu_info  WHERE s_name='许三';
COMMIT TRAN
```

输入完成后，单击【执行】按钮，执行结果如图 11-7 所示。

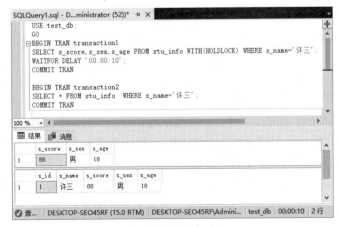

图 11-7 共享锁

5. 死锁

死锁是因为多个任务都锁定了自己的资源，而又在等待其他事务释放资源，由此造成资源的竞用而产生死锁。

例如事务 A 与事务 B 是两个并发执行的事务，事务 A 锁定了表 A 的所有数据，同时请求使用表 B 里的数据，而事务 B 锁定了表 B 中的所有数据，同时请求使用表 A 中的数据。两个事务都在等待对方释放资源，而造成了一个死循环，即死锁。除非某一个外部程序来结束其中一个事务，否则这两个事务就会无限期地等待下去。

当发生死锁时，SQL Server 将选择"牺牲"掉一个死锁，对"牺牲"掉的死锁对应的事务进行回滚，而另一个未"牺牲"的死锁对应的事务将继续正常运行。默认情况下，SQL Server 将会选择"牺牲"掉回滚代价最低的事务。

随着应用系统复杂性的提高，不可能百分之百地避免死锁，但是采取一些相应的规则，可以有效地减少死锁，可以采用的规则有：

- 按同一顺序访问对象：如果所有并发事务按同一顺序访问对象，则发生死锁的可能性会降低。例如，如果两个并发事务先获取 suppliers 表上的锁，然后获取 fruits 表上的锁，则在其中一个事务完成之前，另一个事务将在 suppliers 表上被阻塞。当第一个事务提交或回滚之后，第二个事务将继续执行，这样就不会发生死锁。将存储过程用于所有数据的修改可以使对象的访问顺序标准化。

- 避免事务中的用户交互：避免编写包含用户交互的事务，因为没有用户干预的批处理的运行速度远快于用户必须手动响应查询时的运行速度，例如回复输入应用程序请求的参数的提示，对于这种情况，如果事务正在等待用户输入，而用户去吃午餐甚至回家过周末了，则用户就耽误了事务的完成。这将降低系统的吞吐量，因为事务持有的任何锁只有在事务提交或回滚后才会释放。即使不出现死锁的情况，在占用资源的事务完成之前，访问同一资源的其他事务也会被阻塞。

- 保持事务简短并处于一个批处理中：在同一个数据库中并发执行多个需要长时间运行的事务时通常会发生死锁。事务的运行时间越长，它持有排他锁更新锁的时间也就越长，从而会阻塞其他事务的运行并可能导致死锁。

保持事务处于一个批处理中可以最小化事务中的网络通信往返量，减少完成事务和释放锁可能遭遇的延迟。

- 使用较低的隔离级别：确定事务是否能在较低的隔离级别上运行。实现已提交读允许的事务去读取另一个事务已读取（未修改）的数据，而不必等待前一个事务完成。使用较低的隔离级别（例如已提交读）比使用较高的隔离级别（例如可序列化）持有共享锁的时间更短，这样就减少了锁的争用。

- 使用基于行版本控制的隔离级别：如果将 READ_COMMITTED_SNAPSHOT 数据库选项设置为 ON，则在已提交读隔离级别下运行的事务在读操作期间将使用行版本控制而不是共享锁。

快照隔离也使用行版本控制，该级别在读操作期间不使用共享锁。必须将 ALLOW_SNAPSHOT_ISOLATION 数据库选项设置为 ON，事务才能在快照隔离下运行。

实现这些隔离级别可使得在读写操作之间发生死锁的可能性降至最低。

● 使用绑定连接：同一个应用程序打开的两个或多个连接可以相互合作。可以像主连接获取的锁那样持有次级连接获取的任何锁，反之亦然。这样它们就不会互相阻塞。

11.3　疑难解惑

1. 事务和锁在应用上的区别是什么

事务将一段 Transact-SQL 语句作为一个单元来处理，这些操作要么全部成功，要么全部失败。事务包含 4 个特性：原子性、一致性、隔离性和持久性。事务的执行方式分为自动提交事务、显式事务、隐式事务和分布式事务。事务以 BEGIN TRAN 语句开始，并以 COMMIT TRAN 或 ROLLBACK TRAN 语句结束。锁是另一个和事务紧密联系的概念，对于多用户系统，使用锁来保护指定的资源。在事务中使用锁，防止其他用户修改另外一个尚未完成的事务正在访问的数据。SQL Server 中有多种类型的锁，允许事务锁定不同的资源。

2. 事务和锁有什么关系

SQL Server 2019 中可以使用多种机制来确保数据的完整性，例如约束、触发器以及本章介绍的事务和锁等。事务和锁的关系非常紧密。事务包含一系列的操作，这些操作要么全部成功，要么全部失败，通过事务机制管理多个事务，保证事务的一致性，事务中使用锁保护指定的资源，防止其他用户修改另外一个尚未完成的事务正在访问的数据。

11.4　经典习题

1. 简述事务的原理。
2. 事务都有哪些类型？
3. 为什么会产生死锁？
4. 常用的锁类型有哪些？
5. 如何理解锁的相容性？

第12章 游 标

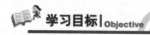

查询语句可能返回多条记录，如果数据量非常大，需要使用游标来逐条读取查询结果集中的记录。应用程序可以根据需要滚动或浏览其中的数据。本章将介绍游标的概念、分类以及基本操作等内容。

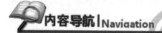

- 了解游标的基本概念
- 掌握游标的基本操作
- 掌握游标的应用技能
- 掌握使用系统存储过程管理游标的方法

12.1 认识游标

游标是 SQL Server 2019 中的一种数据访问机制，它允许用户访问单独的数据行。用户可以对每一行进行单独处理，从而降低系统开销和潜在的阻隔情况，用户也可以使用这些数据生成 SQL 代码并立即执行或输出。

12.1.1 游标的概念

游标是一种处理数据的方法，主要用于存储过程、触发器和 Transact-SQL 脚本中，它们使结果集的内容可用于其他 Transact-SQL 语句。在查看或处理结果集中的数据时，游标可以提供在结果集中向前或向后浏览数据的功能。类似于 C 语言中的指针，它可以指向结果集中的任意位置。当要对结果集进行逐行单独处理时，必须声明一个指向该结果集的游标变量。

SQL Server 中的数据操作结果都是面向集合的，并没有一种描述数据表中单条记录的表达形式，除非使用 WHERE 子句限定查询结果，使用游标可以提供这种功能，并且游标的使用使操作过程更加灵活、高效。

12.1.2　游标的优点

SELECT 语句返回的是一个结果集，但有的时候应用程序并不总是能对整个结果集进行有效地处理，游标便提供了这样一种机制，它能从包括多条数据记录的结果集中每次提取一条记录，游标总是与一条 SQL 选择语句相关联，由结果集和指向特定记录的游标位置组成。使用游标具有以下优点：

（1）允许程序对由 SELECT 查询语句返回的行集中的每一行执行相同或不同的操作，而不是对整个集合执行同一个操作。

（2）提供对基于游标位置的数据表中的行进行删除和更新的能力。

（3）游标作为数据库管理系统和应用程序设计之间的桥梁，将两种处理方式连接起来。

12.1.3　游标的分类

SQL Server 2019 支持 3 种游标。

1. Transact-SQL 游标

基于 DECLARE CURSOR 语法，主要用于 Transact-SQL 脚本、存储过程和触发器。Transact-SQL 游标在服务器上实现，并由从客户端发送到服务器的 Transact-SQL 语句管理。它们还可能包含在批处理、存储过程或触发器中。

2. 应用程序编程接口（API）服务器游标

支持 OLE DB 和 ODBC 中的 API 游标函数，API 服务器游标在服务器上实现。每次客户端应用程序调用 API 游标函数时，SQL Server Native Client OLE DB 访问接口或 ODBC 驱动程序会把请求传输到服务器，以便对 API 服务器游标进行操作。

3. 客户端游标

由 SQL Server Native Client ODBC 驱动程序和实现 ADO API 的 DLL 在内部实现。客户端游标通过在客户端高速缓存所有结果集中的行来实现。每次客户端应用程序调用 API 游标函数时，SQL Server Native Client ODBC 驱动程序或 ADO DLL 会对客户端上高速缓存的结果集中的行执行游标操作。

由于 Transact-SQL 游标和 API 服务器游标都在服务器上实现，因此它们统称为服务器游标。

ODBC 和 ADO 定义了 Microsoft SQL Server 支持的 4 种游标类型，这样就可以为 Transact-SQL 游标指定 4 种游标类型。

SQL Server 支持的 4 种 API 服务器游标类型如下：

（1）只进游标

只进游标不支持滚动，它只支持游标从头到尾顺序提取。行只在从数据库中提取出来后才能检索。对所有由当前用户发出或由其他用户提交、并影响结果集中的行的 INSERT、UPDATE 和 DELETE 语句，其效果在这些行从游标中提取时是可见的。

由于游标无法向后滚动，则在提取行后对数据库中的行进行的大多数更改通过游标均不可见。当值用于确定所修改的结果集（例如更新聚集索引涵盖的列）中行的位置时，修改后的值通过游标可见。

（2）静态游标

SQL Server 静态游标始终是只读的。其完整结果集在打开游标时建立在 tempdb 中。静态游标总是按照打开游标时的原样显示结果集。

游标不反映在数据库中所做的任何影响结果集成员身份的更改，也不反映对组成结果集的行值所做的更改。静态游标不会显示打开游标以后在数据库中新插入的行，即使这些行符合游标 SELECT 语句的搜索条件。如果组成结果集的行被其他用户更新了，更新的数值也不会显示在静态游标中。静态游标会显示打开游标以后从数据库中删除的行。换句话说，静态游标中不反映 UPDATE、INSERT 或者 DELETE 操作的结果（除非关闭游标然后重新打开）。

（3）由键集驱动的游标

该游标中各行的成员身份和顺序是固定的。由键集驱动的游标由一组唯一标识符（键）控制，这组键称为键集。键是根据以唯一方式标识结果集中各行的一组列（即数据表的字段）生成的。键集是打开游标时来自符合 SELECT 语句要求的所有行中的一组键值。由键集驱动的游标对应的键集是打开该游标时在 tempdb 中生成的。

（4）动态游标

动态游标与静态游标相对。当滚动游标时，动态游标反映结果集中所做的所有更改。结果集中的行数据值、顺序和成员在每次提取时都会改变。所有用户做的全部 UPDATE、INSERT 和 DELETE 语句均通过游标可见。如果使用 API 函数（如 SQLSetPos）或 Transact-SQL WHERE CURRENT OF 子句通过游标进行更新，它们将立即可见。注意，在游标外部所做的更新直到提交时才可见，除非将游标的事务隔离级别设为未提交读。

12.2 游标的基本操作

介绍了游标的概念和分类等内容之后，下面将介绍如何操作游标，对于游标的操作主要有声明游标、打开游标、读取游标中的数据、关闭游标和释放游标等。

12.2.1 声明游标

声明游标主要包括游标结果集和游标位置两部分，游标结果集是由定义游标的 SELECT 语句返回的行集合，游标位置则是指向这个结果集中的某一行的指针。

使用游标之前要声明游标，SQL Server 中声明使用 DECLARE CURSOR 语句，声明游标包括定义游标的滚动行为和用户生成游标所操作的结果集的查询，其语法格式如下：

```
DECLARE cursor_name CURSOR [ LOCAL | GLOBAL ]
    [ FORWARD_ONLY | SCROLL ]
    [ STATIC | KEYSET | DYNAMIC | FAST_FORWARD ]
    [ READ_ONLY | SCROLL_LOCKS | OPTIMISTIC ]
    [ TYPE_WARNING ]
    FOR select_statement
    [ FOR UPDATE [ OF column_name [ ,...n ] ] ]
```

- cursor_name: 是所定义的 Transact-SQL 服务器游标的名称。
- LOCAL: 对于在其中创建的批处理、存储过程或触发器来说，该游标的作用域是局部的。
- GLOBAL: 指定该游标的作用域是全局的。
- FORWARD_ONLY: 指定游标只能从第一行滚动到最后一行。FETCH NEXT 是唯一支持的提取选项。如果在指定 FORWARD_ONLY 时不指定 STATIC、KEYSET 和 DYNAMIC 关键字，则游标作为 DYNAMIC 游标进行操作。如果 FORWARD_ONLY 和 SCROLL 均未指定，除非指定 STATIC、KEYSET 或 DYNAMIC 关键字，否则默认为 FORWARD_ONLY。STATIC、KEYSET 和 DYNAMIC 游标默认为 SCROLL。与 ODBC 和 ADO 这类数据库 API 不同，STATIC、KEYSET 和 DYNAMIC Transact-SQL 游标支持 FORWARD_ONLY。
- STATIC: 定义一个游标，以创建由该游标使用的数据的临时复本。对游标的所有请求都从 tempdb 中的这一临时数据表中得到应答；因此，在对该游标进行提取操作时返回的数据中不反映对基表所做的修改，并且该游标不允许修改。
- KEYSET: 指定当游标打开时，游标中行的成员身份和顺序已经固定。对行进行唯一标识的键集内置在 tempdb 内一个名为 keyset 的表中。

对基表中的非键值所做的更改（由游标所有者更改或由其他用户提交），可以在用户滚动游标时看到。其他用户执行的插入是不可见的（不能通过 Transact-SQL 服务器游标执行插入）。如果删除行，则在尝试提取行时返回值为-2 的@@FETCH_STATUS。从游标以外更新键值类似于删除旧行然后再插入新行。具有新值的行是不可见的，并在尝试提取具有旧值的行时，将返回值为-2 的@@FETCH_STATUS。如果通过指定 WHERE CURRENT OF 子句利用游标来完成更新，则新值是可见的。

- DYNAMIC 定义一个游标，以反映在滚动游标时对结果集内的各行所做的所有数据更改。行的数据值、顺序和成员身份在每次提取时都会更改。动态游标不支持 ABSOLUTE 提取选项。
- FAST_FORWARD: 指定启用了性能优化的 FORWARD_ONLY、READ_ONLY 游标。如果指定了 SCROLL 或 FOR_UPDATE，则不能指定 FAST_FORWARD。
- SCROLL_LOCKS: 指定通过游标进行的定位更新或删除一定会成功。将行读入游标时，SQL Server 将锁定这些行，以确保随后可对它们进行修改。如果还指定了 FAST_FORWARD 或 STATIC，则不能指定 SCROLL_LOCKS。
- OPTIMISTIC: 指定如果行自读入游标以来已得到更新，则通过游标进行的定位更新或定位删除不成功。当将行读入游标时，SQL Server 不锁定行。它改用 timestamp 列值的比较结果来确定行读入游标后是否发生了修改，如果数据表不含 timestamp 列，它则改用校验和值进行确定。如果已修改该行，则尝试进行的定位更新或删除将失败。如果还指定了 FAST_FORWARD，则不能指定 OPTIMISTIC。
- TYPE_WARNING: 向客户端发送警告消息。
- select_statement: 是定义游标结果集的标准 SELECT 语句。

【例 12.1】声明名称为 cursor_fruit 的游标，输入如下语句：

```
USE test db;
GO
DECLARE cursor fruit CURSOR FOR
SELECT f_name, f_price FROM fruits ;
```

上面的程序语句中，定义游标的名称为 cursor_fruit，SELECT 语句表示从 fruits 表中查询出 f_name 和 f_price 字段的值。

12.2.2　打开游标

在使用游标之前，必须打开游标，打开游标的语法格式如下：

```
OPEN  [GLOBAL] cursor_name | cursor_variable_name
```

- GLOBAL：指定 cursor_name 是全局游标。
- cursor_name：已声明的游标的名称。如果全局游标和局部游标都使用 cursor_name 作为其名称，那么如果指定了 GLOBAL，则 cursor_name 指的是全局游标；否则 cursor_name 指的就是局部游标。
- cursor_variable_name：游标变量的名称，该变量引用一个游标。

【例 12.2】打开上例中声明的名为 cursor_fruit 的游标，输入如下语句：

```
USE test db;
GO
OPEN  cursor_fruit ;
```

输入完成后，单击【执行】按钮，打开游标成功。

12.2.3　读取游标中的数据

打开游标之后，就可以读取游标中的数据，FETCH 命令可以读取游标中的某一行数据。FETCH 语句语法格式如下：

```
FETCH
          [ [ NEXT | PRIOR | FIRST | LAST
                | ABSOLUTE { n | @nvar }
                | RELATIVE { n | @nvar }
            ]
            FROM
          ]
{ { [ GLOBAL ] cursor name } | @cursor variable name }
[ INTO @variable_name [ ,...n ] ]
```

- NEXT：紧跟当前行返回结果行，并且当前行递增为返回行。如果 FETCH NEXT 为对游标的第一次提取操作，则返回结果集中的第一行。NEXT 为默认的游标提取选项。
- PRIOR：返回紧邻当前行前面的结果行，并且当前行递减为返回行。如果 FETCH PRIOR 为对游标的第一次提取操作，则没有行返回并且游标置于第一行之前。
- FIRST：返回游标中的第一行并将其作为当前行。

- LAST：返回游标中的最后一行并将其作为当前行。
- ABSOLUTE { n | @nvar }：如果 n 或@nvar 为正，则返回从游标头开始向后的第 n 行，并将返回行变成新的当前行。如果 n 或@nvar 为负，则返回从游标末尾开始向前的第 n 行，并将返回行变成新的当前行。如果 n 或@nvar 为 0，则不返回行。n 必须是整数常量，并且@nvar 的数据类型必须为 smallint、tinyint 或 int。
- RELATIVE { n | @nvar }：如果 n 或@nvar 为正，则返回从当前行开始向后的第 n 行，并将返回行变成新的当前行。如果 n 或@nvar 为负，则返回从当前行开始向前的第 n 行，并将返回行变成新的当前行。如果 n 或@nvar 为 0，则返回当前行。在对游标进行第一次提取时，如果在将 n 或@nvar 设置为负数或 0 的情况下指定 FETCH RELATIVE，则不返回行。n 必须是整数常量，@nvar 的数据类型必须为 smallint，tinyint 或 int。
- GLOBAL：指定 cursor_name 是全局游标。
- cursor_name：要从中进行提取操作的游标。如果全局游标和局部游标都使用 cursor_name 作为它们的名称，那么指定 GLOBAL 时，cursor_name 指的就是全局游标，未指定 GLOBAL 时，cursor_name 指的就是局部游标。
- @cursor_variable_name：游标变量名，引用要从中进行提取操作的游标。
- INTO @variable_name [,...n]：允许将提取操作的列数据放到局部变量中。列表中的各个变量从左到右与游标结果集中的相应列相关联。各变量的数据类型必须与相应的结果集中列的数据类型匹配，或是结果集中列的数据类型所支持的隐式转换。变量的数目必须与游标选择列表中的列数一致。

【例 12.3】使用名为 cursor_fruit 的游标，检索 fruits 表中的记录，输入如下语句：

```
USE test db;
GO
FETCH NEXT FROM cursor fruit
WHILE @@FETCH STATUS = 0
BEGIN
    FETCH NEXT FROM cursor fruit
END
```

输入完成后，单击【执行】按钮，执行结果如图 12-1 所示。

图 12-1　读取游标中的数据

12.2.4 关闭游标

在 SQL Server 2019 中打开游标以后，服务器会专门为游标开辟一定的内存空间用来存放游标操作的数据结果集，同时游标的使用也会根据具体情况对某些数据进行封锁。所以在不使用游标的时候，可以将其关闭，以释放游标所占用的服务器资源。关闭游标使用 CLOSE 语句，语法格式如下：

```
CLOSE [GLOBAL ] cursor_name | cursor_variable_name
```

- GLOBAL：指定 cursor_name 是全局游标。
- cursor_name：已声明的游标的名称。如果全局游标和局部游标都使用 cursor_name 作为其名称，那么如果指定了 GLOBAL，则 cursor_name 指的是全局游标；否则 cursor_name 指的就是局部游标。
- cursor_variable_name：游标变量的名称，该变量引用一个游标。

【例 12.4】关闭名为 cursor_fruit 的游标，输入如下语句：

```
CLOSE  cursor_fruit;
```

输入完成后，单击【执行】按钮关闭游标操作。

12.2.5 释放游标

游标操作的结果集空间虽然被释放了，但是游标结构本身也会占用一定的计算机资源，所以在使用完游标之后，为了收回被游标占用的资源，应该将游标释放。释放游标使用 DEALLOCATE 语句，其语法格式如下：

```
DEALLOCATE [GLOBAL] cursor_name | @cursor_variable_name
```

- cursor_name：要释放的游标（用游标名称来指定）。当同时存在以 cursor_name 作为名称的全局游标和局部游标时，如果指定 GLOBAL，则 cursor_name 指的是全局游标；如果未指定 GLOBAL，则 cursor_name 指的就是局部游标。
- @cursor_variable_name：游标变量名。@cursor_variable_name 必须为 cursor 类型。
- DEALLOCATE @cursor_variable_name 语句只删除对游标变量名的引用。直到批处理、存储过程或触发器结束时变量离开作用域，才会释放变量。

【例 12.5】使用 DEALLOCATE 语句释放名为 cursor_fruit 的变量，输入如下语句：

```
USE test;
GO
DEALLOCATE cursor_fruit;
```

输入完成后，单击【执行】按钮释放游标操作。

12.3 游标的运用

上一节中介绍了游标的基本操作流程，用户可以创建、打开、关闭或者释放游标，本节将对游标的功能做进一步的介绍，包括如何使用游标变量、使用游标修改、删除数据以及在游标中对数据进行排序。

12.3.1 使用游标变量

在前面的章节中介绍了如何声明并使用变量，声明变量需要使用 DECLARE 语句，为变量赋值可以使用 SET 或 SELECT 语句，对于游标变量的声明和赋值，其操作过程基本相同。在具体使用时，首先要创建一个游标，将其打开之后，将游标的值赋给游标变量，并通过 FETCH 语句从游标变量中读取值，最后关闭并释放游标。

【例 12.6】声明名称为@VarCursor 的游标变量，输入如下语句：

```
USE test db;
GO
DECLARE @VarCursor Cursor              --声明游标变量
DECLARE cursor fruit CURSOR FOR        --创建游标
SELECT f name, f price FROM fruits ;
OPEN cursor fruit                      --打开游标
SET @VarCursor = cursor fruit          --为游标变量赋值
FETCH NEXT FROM @VarCursor             --从游标变量中读取值
WHILE @@FETCH STATUS = 0               --判断FETCH语句是否执行成功
BEGIN
    FETCH NEXT FROM @VarCursor         --读取游标变量中的数据
END
CLOSE @VarCursor                       --关闭游标
DEALLOCATE @VarCursor                  --释放游标
```

输入完成后，单击【执行】按钮，执行结果如图 12-2 所示。

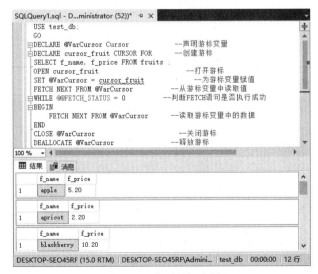

图 12-2 使用游标变量

12.3.2 使用游标为变量赋值

在游标的操作过程中，可以使用 FETCH 语句将数据存入变量，这些保存了数据表中列值（即字段值）的变量可以在后面的程序中使用。

【例 12.7】创建游标 cursor_variable，将 fruits 数据表中记录的 f_name、f_price 字段值赋给变量@fruitName 和@fruitPrice，并打印输出，输入如下语句：

```
USE test_db;
GO
DECLARE @fruitName VARCHAR(20), @fruitPrice DECIMAL(8,2)
DECLARE cursor_variable CURSOR FOR
SELECT f_name, f_price FROM fruits
WHERE s_id=101;
OPEN cursor_variable
FETCH NEXT FROM cursor_variable
INTO @fruitName, @fruitPrice
PRINT '编号为101的供应商提供的水果种类和价格为：'
PRINT '类型：' +'    价格：'
WHILE @@FETCH_STATUS = 0
BEGIN
    PRINT @fruitName +' '+ STR(@fruitPrice,8,2)
FETCH NEXT FROM cursor_variable
INTO @fruitName, @fruitPrice
END
CLOSE cursor_variable
DEALLOCATE cursor_variable
```

输入完成后，单击【执行】按钮，执行结果如图 12-3 所示。

图 12-3　使用游标为变量赋值

12.3.3 使用 ORDER BY 子句改变游标中行的顺序

游标是一个查询结果集，那么能不能对结果集进行排序呢？答案是肯定的。与基本的 SELECT 语句中的排序方法相同，将 ORDER BY 子句添加到查询中可以对游标查询的结果集进行排序。

> **提示**
>
> 只有出现在游标的 SELECT 语句中的字段（即列）才能作为 ORDER BY 子句的排序字段，而对于在非游标的 SELECT 语句中，数据表中任何字段都可以作为 ORDER BY 的排序字段，即使该字段没有出现在 SELECT 语句的查询结果字段中。

【例 12.8】声明名称为 Cursor_order 的游标，对 fruits 数据表中的记录按照价格字段降序排列，输入如下语句：

```
USE test_db;
GO
DECLARE Cursor_order CURSOR FOR
SELECT f_id, f_name, f_price FROM fruits
ORDER BY f_price DESC
OPEN Cursor_order
FETCH NEXT FROM Cursor_order
WHILE @@FETCH_STATUS = 0
FETCH NEXT FROM Cursor_order
CLOSE Cursor_order
DEALLOCATE Cursor_order;
```

输入完成后，单击【执行】按钮，执行结果如图 12-4 所示。

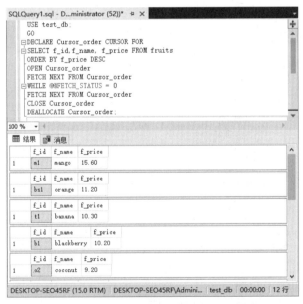

图 12-4　使用游标对结果集进行降序排序

从图 12-4 中可以看到，在返回的记录行中，其 f_price 字段值是依次减小，即按降序排序显示。

12.3.4 使用游标修改数据

相信读者应该已经掌握了如何使用游标变量查询数据表中的记录，下面来介绍使用游标对表中的数据进行修改。

【例 12.9】声明整数类型的变量@sID=101，然后声明一个对 fruits 数据表进行操作的游标，打开该游标，使用 FETCH NEXT 方法来获取游标中的每一行的数据，如果获取到的记录的 s_id 字段值与@sID 值相同，就将 s_id=@sID 对应记录中的 f_price 字段值修改为 11.1，最后关闭并释放游标，输入如下语句：

```
USE test db;
GO
DECLARE @sID INT                --声明变量
DECLARE @ID INT =101
DECLARE cursor fruit CURSOR FOR
SELECT s id FROM fruits ;
OPEN cursor fruit
FETCH NEXT FROM cursor fruit INTO @sID
WHILE @@FETCH STATUS = 0
BEGIN
   IF @sID = @ID
    BEGIN
        UPDATE fruits SET f price =11.1 WHERE s id=@ID
    END
FETCH NEXT FROM cursor fruit INTO @sID
END
CLOSE cursor fruit
DEALLOCATE cursor fruit
SELECT * FROM fruits WHERE s_id = 101;
```

输入完成后，单击【执行】按钮，执行结果如图 12-5 所示。

图 12-5　使用游标修改数据

从最后一条 SELECT 查询语句返回的结果可以看到，使用游标修改操作执行成功，所有编号为 101 的供应商提供的水果的价格都修改为 11.10。

12.3.5　使用游标删除数据

在使用游标删除数据时，既可以删除游标结果集中的数据，也可以删除基本表中的数据。

【例 12.10】使用游标删除 fruits 数据表中 s_id=102 的记录，输入如下语句：

```
USE test_db;
GO
DECLARE @sID INT                    --声明变量
DECLARE @ID INT =102
DECLARE cursor_delete CURSOR FOR
SELECT s_id FROM fruits ;
OPEN cursor_delete
FETCH NEXT FROM cursor_delete INTO @sID
WHILE @@FETCH_STATUS = 0
BEGIN
    IF @sID = @ID
     BEGIN
         DELETE FROM fruits WHERE s_id=@ID
     END
FETCH NEXT FROM cursor_delete INTO @sID
END
CLOSE cursor_delete
DEALLOCATE cursor_delete
SELECT * FROM fruits WHERE s_id = 102;
```

输入完成后，单击【执行】按钮，执行结果如图 12-6 所示。

图 12-6　使用游标删除表中的记录

12.4　使用系统存储过程管理游标

使用系统存储过程 sp_cursor_list、sp_describe_cursor、sp_describe_cursor_columns 或者 sp_describe_cursor_tables 可以分别查看服务器游标的属性、游标结果集中字段的属性、被引用对象或基本表的属性，本节将分别介绍这些存储过程的使用方法。

12.4.1　sp_cursor_list 存储过程

sp_cursor_list 报告当前连接的服务器所打开的游标之属性，其语法格式如下：

```
sp_cursor_list [ @cursor_return = ] cursor_variable_name OUTPUT ,
[ @cursor_scope = ] cursor_scope
```

- [@cursor_return=]cursor_variable_name OUTPUT：已声明的游标变量名。cursor_variable_name 的数据类型为 cursor，无默认值。返回的游标是只读的可滚动动态游标。
- [@cursor_scope =] cursor_scope：指定要报告的游标级别。cursor_scope 的数据类型为 int，无默认值，可以是下列值之一。
  - ➢ 报告所有局部游标。
  - ➢ 报告所有全局游标。
  - ➢ 报告局部游标和全局游标。

【例 12.11】打开一个全局游标，并使用 sp_cursor_list 报告该游标的属性，输入如下语句：

```
USE test_db;
GO
--声明游标
DECLARE testcur CURSOR  FOR
SELECT f_name
FROM test_db.dbo.fruits
WHERE f_name LIKE 'b%'
--打开游标
OPEN testcur

--声明游标变量
DECLARE @Report CURSOR

--执行sp_cursor_list存储过程，将结果保存到@Report游标变量中
EXEC sp_cursor_list @cursor_return = @Report OUTPUT, @cursor_scope = 2

--输出游标变量中的每一行
FETCH NEXT from @Report
WHILE (@@FETCH_STATUS <> -1)
BEGIN
   FETCH NEXT from @Report
END

--关闭并释放游标变量
CLOSE @Report
```

```
DEALLOCATE @Report
GO

--关闭并释放原始游标
CLOSE testcur
DEALLOCATE testcur
GO
```

输入完成后，单击【执行】按钮，执行结果如图 12-7 所示。

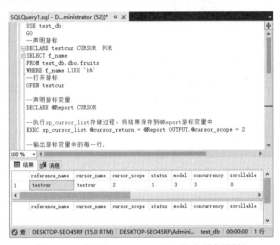

图 12-7　使用 sp_cursor_list 报告游标属性

12.4.2　sp_describe_cursor 存储过程

sp_describe_cursor 存储过程报告服务器游标的属性，其语法格式如下：

```
sp describe cursor [ @cursor return = ] output cursor variable OUTPUT
    {
  [ , [ @cursor source = ] N'local' , [ @cursor identity = ] N'local cursor name' ]
    | [ , [ @cursor source = ] N'global' , [ @cursor identity = ]
N'global cursor name' ]
    | [ , [ @cursor source = ] N'variable' , [ @cursor identity = ]
N'input cursor variable' ]
    }
```

- [@cursor_return =] output_cursor_variable OUTPUT：用于接收游标输出的游标变量。output_cursor_variable 的数据类型为 cursor，无默认值。调用 sp_describe_cursor 时，该参数不得与任何游标关联。返回的游标是可滚动的动态只读游标。
- [@cursor_source =] { N'local'| N'global'| N'variable'}：确定是使用局部游标、全局游标还是用游标变量名来指定要报告的游标。
- [@cursor_identity =] N'local_cursor_name']：由具有 LOCAL 关键字或默认设置为 LOCAL 的 DECLARE CURSOR 语句来创建游标。
- [@cursor_identity =] N'global_cursor_name']：由具有 GLOBAL 关键字或默认设置为 GLOBAL 的 DECLARE CURSOR 语句来创建游标。

- [@cursor_identity =] N'input_cursor_variable']：与所打开游标相关联的游标变量。

【例 12.12】打开一个全局游标，并使用 sp_describe_cursor 报告该游标的属性，输入如下语句：

```
USE test db;
GO
--声明游标
DECLARE testcur CURSOR  FOR
SELECT f name
FROM test db.dbo.fruits
--打开游标
OPEN testcur
--声明游标变量
DECLARE @Report CURSOR

--执行sp describe cursor存储过程，将结果保存到@Report游标变量中
EXEC sp describe cursor @cursor return = @Report OUTPUT,
@cursor source=N'global',@cursor identity = N'testcur'

--输出游标变量中的每一行
FETCH NEXT from @Report
WHILE (@@FETCH STATUS <> -1)
BEGIN
   FETCH NEXT from @Report
END

--关闭并释放游标变量
CLOSE @Report
DEALLOCATE @Report
GO

--关闭并释放原始游标
CLOSE testcur
DEALLOCATE testcur
GO
```

输入完成后，单击【执行】按钮，执行结果如图 12-8 所示。

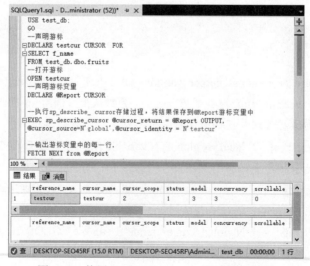

图 12-8　使用 sp_describe_cursor 报告游标属性

12.4.3　sp_describe_cursor_columns 存储过程

sp_describe_cursor_columns 存储过程报告服务器游标结果集中的字段属性，其语法格式如下：

```
sp_describe_cursor_columns  [ @cursor_return = ] output_cursor_variable OUTPUT
    {
  [ , [ @cursor_source = ] N'local', [ @cursor_identity = ] N'local_cursor_name' ]
    | [ , [ @cursor_source = ] N'global', [ @cursor_identity = ]
N'global_cursor_name' ]
    | [ , [ @cursor_source = ] N'variable', [ @cursor_identity = ]
N'input_cursor_variable' ]
    }
```

该存储过程的各个参数与 sp_describe_cursor 存储过程中的参数相同，这里不再赘述。

【例 12.13】打开一个全局游标，并使用 sp_describe_cursor_columns 报告游标所使用的字段，
输入如下语句：

```
USE test_db;
GO
--声明游标
DECLARE testcur CURSOR  FOR
SELECT f_name
FROM test_db.dbo.fruits
--打开游标
OPEN testcur
--声明游标变量
DECLARE @Report CURSOR

--执行sp_describe_cursor_columns存储过程，将结果保存到@Report游标变量中
EXEC master.dbo.sp_describe_cursor_columns
    @cursor_return = @Report OUTPUT
    ,@cursor_source = N'global'
    ,@cursor_identity = N'testcur';

--输出游标变量中的每一行
FETCH NEXT from @Report
WHILE (@@FETCH_STATUS <> -1)
BEGIN
   FETCH NEXT from @Report
END
--关闭并释放游标变量
CLOSE @Report
DEALLOCATE @Report
GO

--关闭并释放原始游标
CLOSE testcur
DEALLOCATE testcur
GO
```

输入完成后，单击【执行】按钮，执行结果如图 12-9 所示。

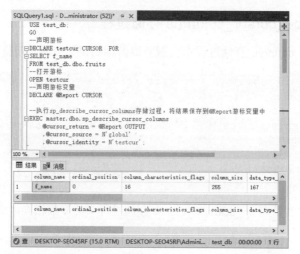

图 12-9　使用 sp_describe_cursor_columns 报告游标属性

12.4.4　sp_describe_cursor_tables 存储过程

sp_describe_cursor_tables 存储过程报告服务器游标被引用对象或基本表的属性，其语法格式如下：

```
sp_describe_cursor_tables  [ @cursor_return = ] output_cursor_variable OUTPUT
    {
  [ , [ @cursor_source = ] N'local' , [@cursor_identity = ] N'local_cursor_name' ]
    | [ , [ @cursor_source = ] N'global' , [ @cursor_identity = ]
N'global_cursor_name' ]
    | [ , [ @cursor_source = ] N'variable' , [ @cursor_identity = ]
N'input_cursor_variable' ]
    }
```

【例 12.14】打开一个全局游标，并使用 sp_describe_cursor_tables 报告游标所引用的数据表，输入如下语句：

```
USE test_db;
GO
--声明游标
DECLARE testcur CURSOR  FOR
SELECT f_name
FROM test_db.dbo.fruits
WHERE f_name LIKE 'b%'
--打开游标
OPEN testcur

--声明游标变量
DECLARE @Report CURSOR

--执行sp_describe_cursor_tables存储过程，将结果保存到@Report游标变量中
EXEC sp_describe_cursor_tables
    @cursor_return = @Report OUTPUT,
```

```
    @cursor_source = N'global', @cursor_identity = N'testcur'

--输出游标变量中的每一行
FETCH NEXT from @Report
WHILE (@@FETCH_STATUS <> -1)
BEGIN
   FETCH NEXT from @Report
END

--关闭并释放游标变量
CLOSE @Report
DEALLOCATE @Report
GO

--关闭并释放原始游标
CLOSE testcur
DEALLOCATE testcur
GO
```

输入完成后，单击【执行】按钮，执行结果如图 12-10 所示。

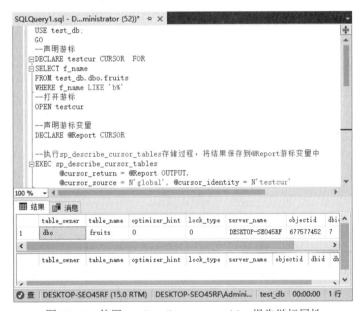

图 12-10　使用 sp_describe_cursor_tables 报告游标属性

12.5　疑难解惑

1. 游标变量可以为游标变量赋值吗

当然可以，游标可以赋值为游标变量，也可以将一个游标变量赋值给另一个游标变量，例如
SET @cursorVar1 = @cursorVar2。

2. 游标使用完后如何处理

在使用完游标之后，一定要将其关闭和删除，关闭游标的作用是释放游标和数据库的连接；删除游标是将其从内存中删除，删除将会释放系统资源。

12.6　经典习题

1. 游标的含义及分类？
2. 使用游标的基本操作步骤都有哪些？
3. 打开 stu_info 表，使用游标查看 stu_info 表中成绩小于 70 的记录。

第13章 存储过程和自定义函数

📖 **学习目标|Objective**

简单地说，存储过程就是一条或者多条 SQL 语句的集合，可视为批处理文件，但是其作用不仅限于批处理。本章主要介绍变量的使用、存储过程和存储函数的创建、调用、查看、修改以及删除操作等。

📖 **内容导航|Navigation**

- 了解存储过程的概念
- 熟悉存储过程的分类
- 掌握创建存储过程的方法
- 掌握管理存储过程的方法
- 掌握扩展存储过程的方法
- 掌握自定义函数的方法

13.1 存储过程概述

系统存储过程是指 SQL Server 2019 系统创建的存储过程，它的目的在于能够方便地从系统表中查询信息，或者完成与更新数据库表相关的管理任务或其他的系统管理任务。Transact-SQL 语句是 SQL Server 2019 数据库与应用程序之间的编程接口。在很多情况下，一些代码会被开发者重复编写多次，如果每次都编写相同功能的代码，不但烦琐、还容易出错，并且 SQL Server 2019 逐条地执行语句还会降低系统的运行效率。

简而言之，存储过程就是 SQL Server 2019 为了实现特定任务，而将一些需要多次调用的固定操作语句编写成程序段，这些程序段存储在服务器上，由数据库服务器通过子程序来调用。

存储过程的优点：

- 存储过程加快了系统运行速度，存储过程只在创建时编译，以后每次执行时不需要重新编译。
- 存储过程可以封装复杂的数据库操作，简化操作流程，例如对多个数据表的更新、删除等。
- 可实现模块化的程序设计，存储过程可以多次调用，提供统一的数据库访问接口，改进应用程序的可维护性。
- 存储过程可以增强代码的安全性，对于用户不能直接操作存储过程中引用的对象时，SQL

Server 2019 可以设定用户对指定存储过程的执行权限。

- 存储过程可以降低网络流量，因为存储过程的程序代码直接存储于数据库中，所以在客户端与服务器的通信过程中，不会产生大量的 Transact-SQL 代码流量。

存储过程的缺点：

- 数据库移植不方便，存储过程依赖于数据库管理系统，SQL Server 2019 存储过程中封装的操作代码不能直接移植到其他的数据库管理系统中。
- 不支持面向对象的设计，无法采用面向对象的方式将逻辑业务进行封装，甚至无法形成通用的可支持服务的业务逻辑框架。
- 代码可读性差、不易维护。
- 不支持集群。

13.2 存储过程分类

SQL Server 2019 中的存储过程是使用 Transact-SQL 语句编写的程序段。在存储过程中可以声明变量、执行条件判断语句等其他程序功能。SQL Server 2019 中有多种类型的存储过程，可以分为 3 种类型，分别是：系统存储过程、自定义存储过程和扩展存储过程。本节将分别介绍这 3 种类型的存储过程的用法。

13.2.1 系统存储过程

系统存储过程是指 SQL Server 2019 系统自身提供的存储过程，可以作为命令执行各种操作。

系统存储过程主要用来从系统表中获取信息，使用系统存储过程完成数据库服务器的管理工作，为系统管理员提供帮助，为用户查看数据库对象提供方便。系统存储过程位于数据库服务器中，并且以 sp_开头，系统存储过程在系统定义和用户定义的数据库中，在调用时不必在存储过程前加数据库限定名。例如，前面介绍的 sp_rename 系统存储过程可以更改当前数据库中用户创建对象的名称；sp_helptext 存储过程可以显示规则、默认值或视图的文本信息。SQL Server 2019 服务器中许多的管理工作都是通过执行系统存储过程来完成的，许多系统信息也可以通过执行系统存储过程来获得。

系统存储过程创建并存放于系统数据库 master 中，一些系统存储过程只能由系统管理员使用，而有些系统存储过程通过授权可以被其他用户所使用。

13.2.2 自定义存储过程

自定义存储过程就是用户为了实现某一特定业务需求，在用户数据库中编写的 Transact-SQL 语句集合，用户存储过程可以接收输入参数、向客户端返回结果和信息、返回输出参数等。创建自定义存储过程时，存储过程名前面加上"##"表示创建了一个全局的临时存储过程；存储过程名前面加上"#"时，表示创建局部临时存储过程。局部临时存储过程只能在创建它的会话中使用，会话结束时将被删除。这两种存储过程都存储在 tempdb 数据库中。

用户定义存储过程可以分为两类: Transact-SQL 和 CLR。

- Transact-SQL 存储过程是指保存的 Transact-SQL 语句集合, 可以接受和返回用户提供的参数。存储过程也可能从数据库向客户端应用程序返回数据。
- CLR 存储过程是指引用 Microsoft .NET Framework 公共语言方法的存储过程, 可以接受和返回用户提供的参数, 它们在.NET Framework 程序集中是作为类的公共静态方法实现的。

13.2.3 扩展存储过程

扩展存储过程是以在 SQL Server 2019 环境外执行的动态链接库 (DLL 文件) 来实现的, 可以加载到 SQL Server 2019 实例运行的地址空间中执行, 扩展存储过程可以使用 SQL Server 2019 扩展存储过程 API 来编写。扩展存储过程以前缀 "xp_" 来标识, 对于用户来说, 扩展存储过程和普通存储过程一样, 可以用相同的方式来执行。

13.3 创建存储过程

在 SQL Server 2019 中, 可以使用 CREATE PROCEDURE 语句或在对象资源管理器中创建存储过程, 再使用 EXEC 语句来调用存储过程。本节将介绍如何创建并调用存储过程。

13.3.1 如何创建存储过程

1. 使用 CREATE PROCEDURE 语句创建存储过程

CREATE PROCEDURE 语句的语法格式如下:

```
CREATE PROCEDURE [schema_name.] procedure_name [ ; number ]
{ @parameter data_type }
[ VARYING ] [ = default ] [ OUT | OUTPUT ] [READONLY]
[ WITH <ENCRYPTION ]|[ RECOMPILE ]|[ EXECUTE AS Clause ]> ]
[ FOR REPLICATION ]
AS  <sql_statement>
```

- procedure_name: 新存储过程的名称, 并且在架构中必须唯一。可在 procedure_name 前面使用一个数字符号 (#) (#procedure_name) 来创建局部临时过程, 使用两个数字符号 (##procedure_name) 来创建全局临时过程。对于 CLR 存储过程, 不能指定临时名称。
- number: 是可选整数, 用于对同名的过程分组。使用一个 DROP PROCEDURE 语句可将这些分组过程一起删除。例如, 名称为 orders 的应用程序可能使用名为 orderproc;1、orderproc;2 等的过程。DROP PROCEDURE orderproc 语句将删除整个组。如果名称中包含分隔标识符, 则数字不应包含在标识符中; 只应在 procedure_name 前后使用适当的分隔符。
- @parameter: 存储过程中的参数。在 CREATE PROCEDURE 语句中可以声明一个或多个参数。除非定义了参数的默认值或者将参数设置为等于另一个参数，否则用户必须在调用过程时为每个声明的参数提供值。存储过程最多可以有 2100 个参数。如果过程包含表值参数，并且该参数在调用中缺失，则传入空表默认值。

通过将@符号用作第一个字符来指定参数名称。每个过程的参数仅用于该过程本身；其他过程中可以使用相同的参数名称。默认情况下，参数只能代替常量表达式，而不能用于代替表名、列名或其他数据库对象的名称。如果指定了 FOR REPLICATION，则无法声明参数。

- date_type：指定参数的数据类型，所有数据类型都可以用作 Transact-SQL 存储过程的参数。可以使用用户定义表类型来声明表值参数作为 Transact-SQL 存储过程的参数。只能将表值参数指定为输入参数，这些参数必须带有 READONLY 关键字。cursor 数据类型只能用于 OUTPUT 参数。如果指定了 cursor 数据类型，则还必须指定 VARYING 和 OUTPUT 关键字。可以为 cursor 数据类型指定多个输出参数。对于 CLR 存储过程，不能指定 char、varchar、text、ntext、image、cursor、用户定义表类型和 table 作为参数。

- default：存储过程中参数的默认值。如果定义了 default 值，则无须指定此参数的值即可执行过程。默认值必须是常量或 NULL。如果过程使用带 LIKE 关键字的参数，则可包含下列通配符：%、_、[]和[^]。

- OUTPUT：指示参数是输出参数。此选项的值可以返回给调用 EXECUTE 的语句。使用 OUTPUT 参数将值返回给过程的调用方。除非是 CLR 过程，否则 text、ntext 和 image 参数不能用作 OUTPUT 参数。使用 OUTPUT 关键字的输出参数可以是游标占位符，CLR 过程除外。不能将用户定义表类型指定为存储过程的 OUTPUT 参数。

- READONLY：指示不能在过程的主体中更新或修改参数。如果参数类型为用户定义的表类型，则必须指定 READONLY。

- RECOMPILE：表明 SQL Server 2019 不会保存该存储过程的执行计划，该存储过程每执行一次都要重新编译。在使用非典型值或临时值而不希望覆盖保存在内存中的执行计划时，就可以使用 RECOMPILE 选项。

- ENCRYPTION：表示 SQL Server 2019 加密后的 syscomments 表，该表的 text 字段是包含 CREATE PROCEDURE 语句的存储过程文本。使用 ENCRYPTION 关键字无法通过查看 syscomments 表来查看存储过程的内容。

- FOR REPLICATION：用于指定不能在订阅服务器上执行为复制创建的存储过程。使用此选项创建的存储过程可用作存储过程的筛选，且只能在复制过程中执行。本选项不能和 WITH RECOMPILE 选项一起使用。

- AS：用于指定该存储过程要执行的操作。

- sql_statement 是存储过程中要包含的任意数目和类型的 Transact-SQL 语句。但有一些限制。

【例 13.1】创建查看 test_db 数据库中 fruits 表的存储过程，输入如下语句：

```
USE test_db;
GO
CREATE PROCEDURE SelProc
```

```
AS
SELECT * FROM fruits;
GO
```

上述程序语句创建了一个查看 fruits 表的存储过程，每次调用这个存储过程的时候都会执行 SELECT 语句查看表的内容，这个存储过程和使用 SELECT 语句查看表内容得到的结果是一样的，当然存储过程也可以是很多语句的复杂组合，就好像本小节刚开始给出的语句一样，其本身也可以调用其他函数，以组成更加复杂的操作。

【例 13.2】创建名为 CountProc 的存储过程，输入如下语句：

```
USE test_db;
GO
CREATE PROCEDURE CountProc
AS
SELECT COUNT(*) AS 总数 FROM fruits;
GO
```

输入完成后，单击【执行】按钮，上述程序语句的作用是创建一个获取 fruits 表记录条数的存储过程。

2. 创建存储过程的规则

为了创建有效的存储过程，需要遵循一定的约束和规则，这些规则如下：

● 可以引用在同一存储过程中创建的对象，只要引用时已经创建了该对象即可。
● 可以在存储过程中引用临时表。
● 如果在存储过程中创建本地临时表，则临时表仅在该存储过程中存在，退出存储过程后，临时表将消失。
● 如果执行的存储过程将调用另一个存储过程，则被调用的存储过程可以访问由第一个存储过程创建的所有对象，包括临时表。
● 存储过程中的参数最大数目为 2100 个。
● 存储过程的最大容量可达 128MB。
● 存储过程中的局部变量的最大数目仅受可用内存的限制。
● 存储过程中不能使用下列语句：

```
CREATE AGGREGATE
CREATE DEFAULT
CREATE/ALTER FUNCTION
CREATE PROCEDURE
CREATE SCHEMA
CREATE/ALTER TRIGGER
CREATE/ALTER VIEW
SET PARSEONLY
SET SHOWPLAN_ALL/SHOWPLAN/TEXT/SHOWPLAN/XML
SET database_name
```

3. 使用图形工具创建存储过程

使用 SSMS 创建存储过程的操作步骤如下：

01 打开 SSMS 窗口，连接到 test_db 数据库。依次打开【数据库】→【test_db】→【可编程性】节点。在【可编程性】节点下，右击【存储过程】节点，在弹出的快捷菜单中选择【新建】→【存储过程】菜单命令，如图 13-1 所示。

图 13-1　选择【新建】→【存储过程】菜单命令

02 打开创建存储过程的代码模板，这里显示了 CREATE PROCEDURE 语句模板，可以修改要创建的存储过程的名称，然后在存储过程中的 BEGIN END 代码块中添加需要的 SQL 语句，如图 13-2 所示。

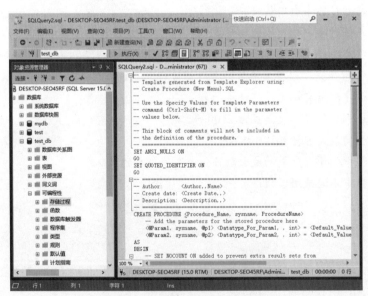

图 13-2　使用模板创建存储过程

03 添加完 SQL 语句之后，单击【执行】按钮即可创建一个存储过程。

13.3.2 调用存储过程

在 SQL Server 2019 中执行存储过程时，需要使用 EXECUTE 语句，如果存储过程是批处理中的第一条语句，那么不使用 EXECUTE 关键字也可以执行该存储过程，EXECUTE 语法格式如下：

```
[ { EXEC | EXECUTE } ]
{
  [ @return_status = ]
  { module_name [ ;number ] | @module_name_var }
  [ [ @parameter = ] { value | @variable [ OUTPUT ] | [ DEFAULT ]  } ]
  [ ,...n ]
  [ WITH RECOMPILE ]
}
```

- @return_status：可选的整数类型变量，存储模块的返回状态。这个变量在用于 EXECUTE 语句之前，必须在批处理、存储过程或函数中声明过。在用于调用标量值用户定义函数时，@return_status 变量可以是任意标量数据类型。

- module_name：模块名，是要调用的存储过程的完全限定或者不完全限定名称。用户可以执行在另一数据库中创建的模块，只要运行模块的用户拥有此模块或具有在该数据库中执行该模块的适当权限即可。

- number：可选整数，用于对同名的过程分组。该参数不能用于扩展存储过程。

- @module_name_var：是局部定义的变量名，代表模块名称。

- @parameter：存储过程中使用的参数，与在模块中定义的相同。参数名称前必须加上@符号。在与@parameter_name=value 格式一起使用时，参数名和常量不必按它们在模块中定义的顺序提供。但是，如果对任何参数使用了@parameter_name=value 格式，则对所有后续参数都必须使用此格式。默认情况下，参数可为空值。

- value：传递给模块或传递命令的参数值。如果参数名称没有指定，参数值必须以在模块中定义的顺序提供。

- @variable：是用来存储参数或返回参数的变量。

- OUTPUT：指定模块或命令字符串返回一个参数。该模块或命令字符串中的匹配参数也必须使用关键字 OUTPUT 创建。使用游标变量作为参数时使用该关键字。

- DEFAULT：根据模块的定义，提供参数的默认值。当模块需要的参数值没有定义默认值并且缺少参数或指定了 DEFAULT 关键字时，会出现错误。

- WITH RECOMPILE：执行模块后，强制编译、使用和放弃新计划。如果该模块存在现有查询计划，则该计划将保留在缓存中。如果所提供的参数为非典型参数或者数据有很大的改变，则使用该选项。该选项不能用于扩展存储过程。建议尽量少使用该选项，否则将消耗较多系统资源。

【例 13.3】例如调用 SelProc 和 CountProc 两个存储过程，输入如下语句：

```
USE test_db;
GO
```

```
EXEC SelProc;
EXEC CountProc;
```

提　示
EXECUTE 语句的执行是不需要任何权限的，但是操作 EXECUTE 字符串内引用的对象是需要相应的权限的。例如，如果要使用 DELETE 语句执行删除操作，则调用 EXECUTE 语句执行存储过程的用户必须具有 DELETE 权限。

13.3.3　创建带输入参数的存储过程

在设计数据库应用系统时，可能需要根据用户的输入信息来产生对应的查询结果，这时就需要把用户的输入信息作为参数传递给存储过程，即开发者需要创建带输入参数的存储过程。

在前面创建的存储过程中是没有输入参数的，这样的存储过程缺乏灵活性，如果用户只希望看到与自己相关的信息，那么查询时的条件就应该是可变的。

连接到服务器之后，在 SQL Server 2019 管理平台中单击【新建查询】按钮，打开查询编辑窗口。

【例 13.4】创建存储过程 QueryById，根据用户输入参数返回特定的记录，输入如下语句：

```
USE test_db;
GO
CREATE PROCEDURE QueryById @sID INT
AS
SELECT * FROM fruits WHERE s_id=@sID;
GO
```

输入完成后，单击【执行】按钮。该段程序代码创建一个名为 QueryById 的存储过程，使用一个整数类型的参数@sID 来执行存储过程。执行带输入参数的存储过程时，SQL Server 2019 提供了如下两种传递参数的方式。

（1）直接给出参数的值，当有多个参数时，给出的参数的顺序与创建存储过程的语句中的参数的顺序一致，即参数传递的顺序就是定义的顺序。

（2）使用"参数名=参数值"的形式给出参数值，这种传递参数方式的好处是，参数可以按任意的顺序给出。

分别使用这两种方式执行存储过程 QueryById，输入如下语句：

```
USE test_db;
GO
EXECUTE QueryById 101;
EXECUTE QueryById @sID=101;
```

执行结果如图 13-3 所示。

图 13-3　调用带输入参数的存储过程

执行 QueryById 存储过程时需要指定参数，如果没有指定参数，系统会提示错误，如果希望不给出参数时存储过程也能正常运行，或者希望为用户提供一个默认的返回结果，可以通过设置参数的默认值来实现。

【例 13.5】创建带默认参数的存储过程，输入如下语句：

```
USE test_db;
GO
CREATE PROCEDURE QueryById2 @sID INT=101
AS
SELECT * FROM fruits WHERE s_id=@sID;
GO
```

输入完成后，单击【执行】按钮。该段程序代码创建的存储过程 QueryById2 在调用时即使不指定参数值也可以返回一个默认的结果集。读者可以参照上面的执行过程，调用该存储过程。

除了使用 Transact-SQL 语句调用存储过程之外，还可以在图形用户界面中执行存储过程，具体步骤如下：

01 选择要执行的存储过程，这里选择名称为 QueryById 的存储过程。然后右击，在弹出的快捷菜单中选择【执行存储过程】菜单命令，如图 13-4 所示。

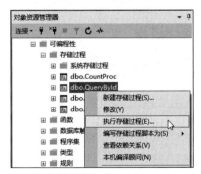

图 13-4　选择【执行存储过程】菜单命令

02 打开【执行过程】对话框，在【值】框中输入参数值 101，如图 13-5 所示。

图 13-5 【执行过程】对话框

03 单击【确定】按钮执行带输入参数的存储过程，执行结果如图 13-6 所示。

图 13-6 存储过程的执行结果

13.3.4 创建带输出参数的存储过程

在系统开发过程中执行一组数据库操作后，需要对操作的结果进行判断，并把判断的结果返回给用户，通过定义输出参数，可以从存储过程中返回一个或多个值。为了使用输出参数，必须在 CREATE PROCEDURE 语句和 EXECUTE 语句中指定 OUTPUT 关键字，如果忽略 OUTPUT 关键字，存储过程虽然能执行，但没有返回值。

【例 13.6】定义存储过程 QueryById3，根据用户输入的供应商 id，返回该供应商提供的所有水果种类，输入如下语句：

```
USE test_db;
GO
CREATE PROCEDURE QueryById3
@sID INT=101,
@fruitscount INT OUTPUT
AS
SELECT @fruitscount=COUNT(fruits.s_id)  FROM fruits WHERE s_id=@sID;
GO
```

该段程序语句将创建一个名为 QueryById3 的存储过程，该存储过程中有两个参数，@sID 为输出参数，指定要查询的供应商的 id，默认值为 101；@fruitscount 为输出参数，用来返回该供应商提供的水果的数量。

下面来看如何执行带输出参数的存储过程。既然有一个返回值，那么为了接收这一返回值，需要一个变量来存放返回参数的值，另外，在调用这个存储过程时，该变量必须加上 OUTPUT 关键字来声明。

【例 13.7】调用 QueryById3 存储过程，并将返回结果保存到@fruitscount 变量中。

```
USE test_db;
GO
DECLARE @fruitscount INT;
DECLARE @sID INT =101;
EXEC QueryById3 @sID, @fruitscount OUTPUT
SELECT '该供应商一共提供了' +LTRIM(STR(@fruitscount)) + ' 种水果'
GO
```

执行结果如图 13-7 所示。

图 13-7　执行带输出参数的存储过程

13.4　管理存储过程

在 SQL Server 2019 中，可以使用 OBJECT_DEFINITION 系统函数查看存储过程的内容，如果要修改存储过程，可使用 ALTER PROCEDURE 语句。本节将介绍这些管理存储过程的内容，包括修改存储过程、查看存储过程、重命名存储过程和删除存储过程。

13.4.1 修改存储过程

使用 ALTER 语句可以修改存储过程或函数的特性，本小节将介绍如何使用 ALTER 语句修改存储过程和函数。使用 ALTER PROCEDURE 语句修改存储过程时，SQL Server 2019 会覆盖以前定义的存储过程。ALTER PROCEDURE 语句的基本语法格式如下：

```
ALTER PROCEDURE [schema_name.] procedure_name [ ; number ]
{ @parameter data_type }
[ VARYING ] [ = default ] [ OUT | OUTPUT ] [READONLY]
[ WITH  <ENCRYPTION ]|[ RECOMPILE ]|[ EXECUTE AS Clause ]> ]
[ FOR REPLICATION ]
AS  <sql_statement>
```

除了 ALTER 关键字之外，这里其他的参数与 CREATE PROCEDURE 中的参数作用相同。下面介绍修改存储过程的操作步骤。

01 登录 SQL Server 2019 服务器之后，在 SSMS 中打开对象资源管理器窗口，选择【数据库】节点下创建存储过程的数据库，选择【可编程性】→【存储过程】节点，右击要修改的存储过程，在弹出的快捷菜单中选择【修改】菜单命令，如图 13-8 所示。

02 打开存储过程的修改窗口，用户即可再次修改存储语句，如图 13-9 所示。

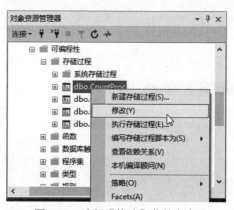

图 13-8 选择【修改】菜单命令

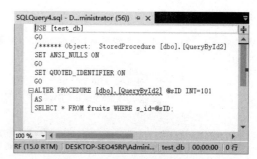

图 13-9 修改存储过程窗口

【例 13.8】修改名为 CountProc 的存储过程，输入如下语句，将 SELECT 语句查询的结果按 s_id 进行分组，修改内容如下：

```
USE [test_db]
GO
/****** Object:  StoredProcedure [dbo].[CountProc]     Script Date: 12/06/2011
21:12:29 ******/
SET ANSI_NULLS ON
GO
SET QUOTED_IDENTIFIER ON
GO
```

```
ALTER PROCEDURE [dbo].[CountProc]
AS
SELECT s_id,COUNT(*) AS 总数 FROM fruits GROUP BY s_id;
```

修改完成之后，单击【执行】命令，下面来执行修改之后的存储过程，可以使用 EXECUTE 语句执行新的 CountProc 存储过程。这里还可以修改存储过程的参数列表，增加输入参数、输出参数等。

> **提　示**
>
> ALTER PROCEDURE 语句只能修改一个单一的存储过程，如果过程调用了其他存储过程，嵌套的存储过程不受影响。

13.4.2 查看存储过程信息

创建完存储过程之后，需要查看修改后的存储过程的内容，查询存储过程有两种方法：一种是使用 SSMS 对象资源管理器；另一种是使用 Transact-SQL 语句。

1. 使用 SSMS 对象资源管理器查看存储过程

01 登录 SQL Server 2019 服务器之后，在 SSMS 中打开对象资源管理器窗口，选择【数据库】节点下创建存储过程的数据库，选择【可编程性】→【存储过程】节点，右击要修改的存储过程，在弹出的快捷菜单中选择【属性】菜单命令，如图 13-10 所示。

02 弹出【存储过程属性】对话框，用户即可查看存储过程的具体属性，如图 13-11 所示。

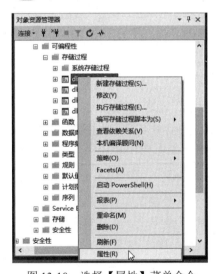

图 13-10　选择【属性】菜单命令

图 13-11　【存储过程属性】对话框

2. 使用 Transact-SQL 语句查看存储过程

如果希望使用系统函数查看存储过程的定义信息，那么可以使用系统存储过程，即 OBJECT_DEFINITION、sp_help 或者 sp_helptext，这 3 个存储过程的使用方法是相同的，在过程名称后指定要查看信息的对象名称。

【例 13.9】分别使用 OBJECT_DEFINITION、sp_help 或者 sp_helptext 这 3 个系统存储过程查看 QueryById 存储过程的定义信息，输入如下语句：

```
USE test_db;
GO
SELECT OBJECT_DEFINITION(OBJECT_ID('QueryById'));
EXEC sp_help QueryById
EXEC sp_helptext QueryById
```

执行结果如图 13-12 所示。

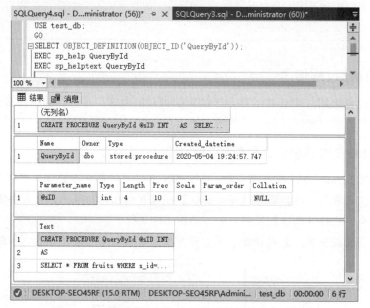

图 13-12　使用系统存储过程查看存储过程定义信息

13.4.3　重命名存储过程

重命名存储过程可以修改存储过程的名称，这样可以将不符合命名规则的存储过程的名称根据统一的命名规则进行更改。

重命名存储过程可以在对象资源管理器中轻松地完成。具体操作步骤如下：

01 登录 SQL Server 2019 服务器，在 SSMS 中打开对象资源管理器窗口，选择【数据库】节点下创建存储过程的数据库，然后选择【可编辑性】→【存储过程】节点，右击需要重命名的存储过程，在弹出的快捷菜单中选择【重命名】菜单命令，如图 13-13 所示。

02 在显示的文本框中输入存储过程的新名称，按 Enter 键确认即可，如图 13-14 所示。

图 13-13　选择【重命名】菜单命令　　　图 13-14　输入新的名称

　　输入新名称之后，在对象资源管理器中的空白处单击鼠标，或者直接按回车键确认，即可完成修改操作。也可以在选择一个存储过程之后，间隔一小段时间，再次单击该存储过程；或者选择存储过程之后，直接按 F2 快捷键。这几种方法都可以完成存储过程名称的修改。

　　读者还可以使用系统存储过程 sp_rename 来重命名存储过程。其语法格式为：

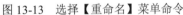

```
sp_rename oldObjectName,newObjectName
```

　　sp_rename 的用法在前面章节中已经介绍过，读者可以参考有关章节。

13.4.4　删除存储过程

　　不需要的存储过程可以删除，删除存储过程有两种方法：一种是通过图形用户界面的工具删除；另一种是使用 Transact-SQL 语句删除。

1. 在对象资源管理器中删除存储过程

　　删除存储过程可以在对象资源管理器中轻松地完成。具体操作步骤如下：

　　01 登录 SQL Server 2019 服务器，在 SSMS 中打开对象资源管理器窗口，选择【数据库】节点下创建存储过程的数据库，然后选择【可编辑性】→【存储过程】节点，右击需要删除的存储过程，在弹出的快捷菜单中选择【删除】菜单命令，如图 13-15 所示。

　　02 打开【删除对象】对话框，单击【确定】按钮，完成存储过程的删除，如图 13-16 所示。

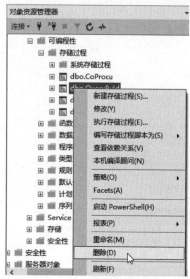

图 13-15 选择【删除】菜单命令

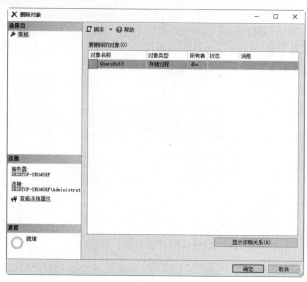

图 13-16 【删除对象】对话框

提 示

该方法一次只能删除一个存储过程。

---

2. 使用 Transact-SQL 语句删除存储过程

```
DROP { PROC | PROCEDURE } { [ schema_name. ] procedure } [ ,...n ]
```

● schema_name：存储过程所属架构的名称。不能指定服务器名称或数据库名称。

● procedure：要删除的存储过程或存储过程组的名称。

该语句可以从当前数据库中删除一个或多个存储过程或过程组。

【例 13.10】登录到 SQL Server 2019 服务器之后，打开 SQL Server 2019 管理平台，单击【新建查询】命令，打开查询编辑窗口，输入如下语句：

```
USE test_db;
GO
DROP PROCEDURE  dbo.SelProc
```

输入完成后，单击【执行】命令，即可删除名为 SelProc 的存储过程，删除之后，可以刷新【存储过程】节点，查看删除结果。

13.5 扩展存储过程

扩展存储过程使用户能够在编程语言（如 C、C++）中创建自己的外部例程。扩展存储过程的显示方式和执行方式与常规存储过程一样，可以将参数传递给扩展存储过程，且扩展存储过程也可以返回结果和状态。

扩展存储过程是 SQL Server 2019 实例可以动态加载和运行的 DLL。扩展存储过程是使用 SQL Server 2019 扩展存储过程 API 编写的，可直接在 SQL Server 2019 实例的地址空间中运行。

SQL Server 2019 中包含如下几个常规扩展存储过程：

- xp_enumgroups：提供 Windows 本地组列表或在指定 Windows 域中定义的全局组列表。
- xp_findnextmsg：接受输入的邮件 ID 并返回输出的邮件 ID，需要与 xp_processmail 配合使用。
- xp_grantlogin：授予 Windows 组或用户对 SQL Server 2019 的访问权限。
- xp_logevent：将用户定义消息记入 SQL Server 2019 日志文件和 Windows 事件查看器中。
- xp_loginconfig：报告 SQL Server 2019 实例在 Windows 上运行时的登录安全配置。
- xp_logininfo：报告账户、账户类型、账户的特权级别、账户的映射登录名和账户访问 SQL Server 2019 的权限路径。
- xp_msver：返回有关 SQL Server 2019 的版本信息。
- xp_revokelogin：撤销 Windows 组或用户对 SQL Server 2019 的访问权限。
- xp_sprintf：设置一系列字符和值的格式并将其存储到字符串输出参数值。每个格式参数都用相应的参数替换。
- xp_sqlmaint：用包含 SQLMaint 开关的字符串调用 SQLMaint 实用工具，在一个或多个数据库上执行一系列维护操作。
- xp_sscanf：将数据从字符串读入每个格式参数所指定的参数位置。
- xp_availablemedia：查看系统上可用的磁盘驱动器的空间信息。
- xp_dirtree：查看某个目录下子目录的结构。

【例 13.11】执行 xp_msver 扩展存储过程，查看系统版本信息，在查询编辑窗口输入如下语句：

```
EXEC xp_msver
```

执行结果如图 13-17 所示。

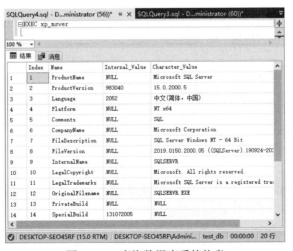

图 13-17　查询数据库系统信息

这里返回的信息包含数据库的产品信息、产品编号、运行平台、操作系统的版本号以及处理器类型信息等。

13.6　自定义函数

用户自定义函数可以像系统函数一样在查询或存储过程中调用，也可以像存储过程一样使用 EXECUTE 命令来执行。与编程语言中的函数类似，Microsoft SQL Server 2019 用户定义函数可以接受参数、执行操作（例如复杂计算）并将操作结果以值的形式返回。返回值可以是单个标量值或结果集。

1. 标量函数

标量函数返回一个确定类型的标量值，对于多语句标量函数，定义在 BEGIN　END 块中的函数体包含一系列返回单个值的 Transact-SQL 语句。返回类型可以是除 text、ntext、image、cursor 和 timestamp 外的任何数据类型。

2. 表值函数

表值函数是返回数据类型为 table 的函数，内联表值函数没有由 BEGIN END 语句括起来的函数体，返回的表值是单个 SELECT 语句查询的结果。内联表值型函数功能相当于一个参数化的视图。

对于多语句表值函数，在 BEGIN END 语句块中定义的函数体包含一系列 Transact-SQL 语句，这些语句可生成行并将其插入到返回的表中。

3. 多语句表值函数

多语句表值函数可以看作标量型函数和表值函数的结合体。该函数的返回值是一个数据表，但它和标量值自定义函数一样，有一个用 BEGIN END 包含起来的函数体，返回值的表中的数据是由函数体中的语句插入的。由此可见，它可以进行多次查询，对数据进行多次筛选与合并，弥补了表值自定义函数的不足。

在 SQL Server 2019 中使用用户定义函数有以下优点：

1. 允许模块化程序设计

只需创建一次函数并将其存储在数据库中，以后便可以在程序中调用任意次。用户定义函数可以独立于程序源代码进行修改。

2. 执行速度更快

与存储过程相似，Transact-SQL 用户定义函数通过缓存计划并在重复执行时重用它来降低 Transact-SQL 代码的编译开销。这意味着每次使用用户定义函数时均无须重新解析和重新优化，从而缩短了执行时间。

和用于计算任务、字符串操作和业务逻辑的 Transact-SQL 函数相比，CLR 函数具有显著的性能优势。Transact-SQL 函数更适用于数据访问密集型逻辑。

3. 减少网络流量

对于无法用单个标量的表达式来表示的复杂约束（用来过滤数据的操作），就可以用函数形式来实现。然后，便可以在 WHERE 子句中调用这类函数，以减少发送至客户端的数字或行数。

13.6.1　创建标量函数

创建标量函数的语法格式如下：

```
CREATE FUNCTION [ schema name. ] function name
(
 [ { @parameter name [ AS ] parameter data type [ = default ] [ READONLY ] }
[ ,...n ] ]
)
RETURNS return data type
    [ WITH < ENCRYPTION > [ ,...n ] ]
    [ AS ]
    BEGIN
        function body
        RETURN scalar expression
    END
```

- function_name: 用户定义函数的名称。
- @parameter_name: 用户定义函数中的参数。可声明一个或多个参数（一个函数最多可以有 2100 个参数。执行函数时，如果未定义参数的默认值，则用户必须提供每个已声明参数的值）。
- parameter_data_type: 参数的数据类型。
- [= default]: 参数的默认值。
- return_data_type: 标量用户定义函数的返回值。
- function_body: 指定一系列定义函数值的 Transact-SQL 语句。function_body 仅用于标量函数和多语句表值函数。
- RETURN scalar_expression: 指定标量函数返回的标量值。

【例 13.12】创建标量函数 GetStuNameById，根据指定的学生 Id 值，返回该编号学生的姓名，输入如下语句：

```
CREATE FUNCTION GetStuNameById(@stuid INT)
RETURNS VARCHAR(30)
AS
BEGIN
DECLARE @stuName CHAR(30)
SELECT @stuName=(SELECT s name FROM stu info WHERE s id = @stuid)
RETURN @stuName
END
```

执行结果如图 13-18 所示。

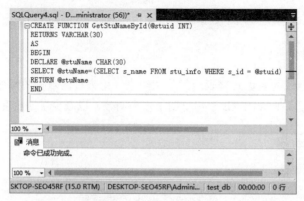

图 13-18　创建标量函数

上述程序语句输入完成之后，单击【执行】按钮。该段程序定义的函数名称为 GetStuNameById，该函数带一个整数类型的输入变量；RETURNS VARCHAR(30) 定义了返回数据的类型；@stuName 为定义的用户返回数据的局部变量，通过查询语句对 @stuName 变量赋值；最后 RETURN 语句返回学生姓名。

13.6.2　创建表值函数

创建表值函数的语法格式如下：

```
CREATE FUNCTION [ schema name. ] function name
(
 [ { @parameter name [ AS ] parameter data type [ = default ] [ READONLY ] }
[ ,...n ] ]
)
 RETURNS TABLE
    [ WITH < ENCRYPTION > [ ,...n ] ]
    [ AS ]
    RETURN [ ( ) select_stmt [ ) ]
```

select_stmt 定义内联表值函数返回值的单个 SELECT 语句。

【例 13.13】创建内联表值函数，返回 stu_info 数据表中的学生记录，输入如下语句：

```
CREATE FUNCTION getStuRecordBySex(@stuSex CHAR(2) )
RETURNS TABLE
AS
RETURN
(
  SELECT s id, s name,s sex, (s score-10) AS newScore
  FROM stu info
  WHERE s sex=@stuSex
)
```

执行结果如图 13-19 所示。

上述程序语句输入完成后，单击【执行】按钮。该段程序创建一个表值函数，该函数根据用户输入的参数值，分别返回所有男同学或女同学的记录。SELECT 语句查询结果集组成了返回表值的内容。输入下面的语句来执行该函数。

```
SELECT * FROM getStuRecordbySex('男');
```

执行结果如图 13-20 所示。

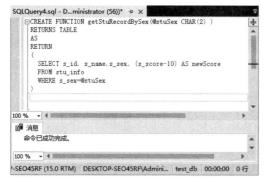

图 13-19　创建表值内联函数

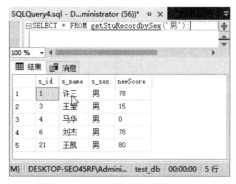

图 13-20　调用自定义表值函数

从返回结果可以看到，这里返回了所有男同学的成绩，在返回的数据表中还有一个名为 newScore 的字段，该字段是与原表值 s_score 字段计算后生成的结果字段。

13.6.3　删除函数

当自定义函数不再需要时，可以将其删除。在 SQL Server 2019 中，可以在对象资源管理器中删除自定义函数，也可以使用 Transact-SQL 语言中的 DROP 语句进行删除。

1. 使用对象资源管理器删除自定义函数

删除自定义函数可以在对象资源管理器中轻松地完成。具体操作步骤如下：

01 选择需要删除的表值函数，右击并在弹出的快捷菜单中选择【删除】菜单命令，如图 13-21 所示。

02 打开【删除对象】对话框，单击【确定】按钮，完成自定义函数的删除，如图 13-22 所示。

图 13-21　【删除】自定义函数命令

图 13-22　【删除对象】对话框

该方法一次只能删除一个自定义函数。

2. 使用 DROP 语句删除自定义函数

DROP 语句可以从当前数据库中删除一个或多个用户定义函数，DROP 语句的语法格式如下：

```
DROP FUNCTION { [ schema_name. ] function_name } [ ,...n ]
```

- schema_name：用户定义函数所属的架构的名称。
- function_name：要删除的用户定义函数的名称。可以选择是否指定架构名称。

【例 13.14】删除前面定义的标量函数 GetStuNameById，输入如下语句：

```
DROP FUNCTION GetStuNameById
```

执行结果如图 13-23 所示。

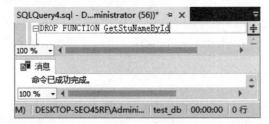

图 13-23　使用 DROP 语句删除自定义函数

13.7　疑难解惑

1. 如何更改存储过程中的代码

更改存储过程可以有两种方法：一种是删除并重新创建该过程；另一种是使用 ALTER PROCEDURE 语句修改。当删除并重新创建存储过程时，原存储过程的所有关联权限将丢失；而更改存储过程时，只是更改存储过程的内部定义，并不影响与该存储过程相关联的存储权限，并且不会影响相关的存储过程。

带输出参数的存储过程在执行时，一定要实现定义输出变量，输出变量的名称可以设定为符合标识符命名规范的任意字符，也可以和存储过程中定义的输出变量名称保持一致，变量的类型要和存储过程中变量的类型完全一致。

2. 存储过程中可以调用其他的存储过程吗

存储过程包含用户定义的 SQL 语句集合，可以使用 CALL 语句调用存储过程，当然在存储过程中也可以使用 CALL 语句调用其他存储过程，但是不能使用 DROP 语句删除其他存储过程。

13.8 经典习题

1. 编写一个输出"Hello SQL Server 2019"字符串的存储过程和函数。

2. 编写一个完整的包括输入参数、变量、变量赋值、SELECT 返回结果集的存储过程。

3. 创建一个执行动态 SQL 的存储过程，该存储过程接受一个字符串变量，该变量中包含用户动态生成的查询语句。

4. 编写一个存储过程，@min_price 和@max_price 为 int 类型输入参数，在存储过程中通过 SELECT 语句，查询 fruits 表中的 f_price 字段值位于指定区间的记录集。

第14章 视图操作

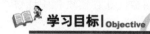学习目标|Objective

数据库中的视图是一个虚拟数据表。同真实的数据表一样，视图包含一系列带有名称的行和列数据。行和列数据用来自由定义视图的查询所引用的表，并且在引用视图时动态生成。本章将通过一些实例来介绍视图的概念、视图的作用、创建视图、查看视图、修改视图、更新视图和删除视图等 SQL Server 的数据库知识。

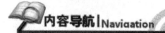内容导航|Navigation

- 了解视图的基本概念
- 掌握创建视图的各种方法
- 掌握修改视图的方法
- 掌握查看视图信息的方法
- 掌握使用视图修改数据的方法
- 掌握删除视图的方法

14.1 视图概述

视图是从一个或者多个数据表中导出的，它的行为与表非常相似，但视图是一个虚拟表。在视图中用户可以使用 SELECT 语句查询数据，以及使用 INSERT、UPDATE 和 DELETE 语句修改记录。视图不仅可以方便用户操作，而且可以保障数据库系统的安全。

14.1.1 视图的概念

视图是一个虚拟数据表，是从数据库中一个或多个表中导出来的表。视图还可以在已经存在的视图的基础上定义。

视图一经定义便存储在数据库中，与其相对应的数据并没有像数据表那样在数据库中再存储一份，通过视图看到的数据只是存放在基本数据表中的数据。对视图的操作与对表的操作一样，可以对其进行查询、修改和删除。当对通过视图看到的数据进行修改时，相应的基本表的数据也要发生变化，同时，若基本表的数据发生变化，则这种变化也可以自动地反映到视图中。

下面有 student 表和 stu_detail 表，在 student 表中包含了学生的 id 号和姓名，stu_detail 表中包

含了学生的 id 号、班级和家庭住址，而现在公布分班信息，只需要 id 号、姓名和班级，这该如何解决？通过学习后面的内容就可以找到完美的解决方案。

表设计语句如下：

```
CREATE TABLE student
(
  s_id  INT,
  name  VARCHAR(40)
);

CREATE TABLE stu_detail
(
  s_id   INT,
  glass  VARCHAR(40),
  addr   VARCHAR(90)
);
```

视图提供了一个很好的解决方法，创建一个视图，这些信息来自表的一部分，其他的信息不取，这样既能满足要求也不会破坏表原来的结构。

14.1.2 视图的分类

SQL Server 2019 中的视图可以分为 3 类，分别是：标准视图、索引视图和分区视图。

1. 标准视图

标准视图组合了一个或多个表中的数据，可以获得使用视图的大多数好处，包括将重点放在特定数据上及简化数据操作。

2. 索引视图

索引视图是被具体化了的视图，即它已经过计算并存储。可以为视图创建索引，即对视图创建一个唯一的聚集索引。索引视图可以显著提高某些类型查询的性能。索引视图尤其适用于聚合许多行的查询，但它们不太适于经常更新的基本数据集。

3. 分区视图

分区视图在一台或多台服务器间水平连接一组成员表中的分区数据。这样，数据看上去如同来自于一个数据表。连接同一个 SQL Server 实例中的成员表的视图是一个本地分区视图。

14.1.3 视图的优点和作用

与直接从数据表中读取相比，视图有以下优点。

1. 简单化

看到的就是需要的。视图不仅可以简化用户对数据的理解，也可以简化它们的操作。那些被经常使用的查询可以被定义为视图，从而使得用户不必为以后的每次操作指定全部的条件。

2. 安全性

通过视图用户只能查询和修改他们所能见到的数据。数据库中的其他数据则既看不见也取不到。数据库授权命令可以使每个用户对数据库的检索限制到特定的数据库对象上，但不能授权到数据库特定行和特定的列上。通过视图，用户可以被限制在数据的不同子集上：

（1）使用权限可被限制在基本数据表的行的子集上。

（2）使用权限可被限制在基本数据表的列的子集上。

（3）使用权限可被限制在基本数据表的行和列的子集上。

（4）使用权限可被限制在多个基本数据表的连接所限定的行上。

（5）使用权限可被限制在基本数据表中的数据的统计汇总上。

（6）使用权限可被限制在另一个视图的一个子集上，或是一些视图和基本数据表合并后的子集上。

3. 逻辑数据独立性

视图可帮助用户屏蔽真实数据表结构变化带来的影响。

14.2　创建视图

视图中包含了 SELECT 查询的结果，因此视图的创建基于 SELECT 语句和已存在的数据表，视图可以建立在一个数据表上，也可以建立在多个数据表上。创建视图时可以使用 SSMS 中的视图设计器或者使用 Transact-SQL 命令，本节分别介绍创建视图的两种方法。

14.2.1　使用视图设计器创建视图

使用视图设计器很容易，因为创建视图的人可能并不需要了解实际做了什么，用户也不需要知道许多关于查询的内容。

在创建视图之前，需要在指定的数据库中创建一个基本数据表。本节将基于下表创建视图，执行下面的语句：

```
CREATE TABLE t (quantity INT, price INT);
INSERT INTO t VALUES(3, 50);
```

使用视图设计器创建视图的具体操作步骤如下：

01 启动 SSMS，打开【数据库】节点中创建 t 表的数据库的节点，右击【视图】节点，在弹出的快捷菜单中选择【新建视图】菜单命令，如图 14-1 所示。

02 弹出【添加表】对话框。在【表】选项卡中列出了用来创建视图的基本表，选择 t 表，单击【添加】按钮，然后单击【关闭】按钮，如图 14-2 所示。

图 14-1 选择【新建视图】菜单命令　　　　图 14-2 【添加表】对话框

提 示

视图的创建也可以基于多个表，如果要选择多个数据表，那么先按住 Ctrl 键，然后分别选择列表中的数据表。

03 此时，即可打开【视图编辑器】窗口，窗口中包含了 3 块区域，第一块区域是【关系图】窗格，在这里可以添加或者删除表。第二块区域是【条件】窗格，在这里可以对视图的显示格式进行修改。第三块区域是【SQL】窗格，在这里用户可以输入 SQL 执行语句。在【关系图】窗格区域中单击表中字段左边的复选框选择需要的字段，如图 14-3 所示。

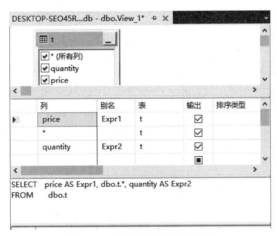

图 14-3 【视图编辑器】窗口

在【SQL】窗格区域中，可以进行以下具体操作。

（1）通过输入 SQL 语句创建新查询。

（2）根据在【关系图】窗格和【条件】窗格中进行的设置，对查询和视图设计器创建的 SQL 语句进行修改。

（3）输入语句可以利用所使用数据库的特有功能。

04 单击工具栏上的【保存】按钮，打开【选择名称】对话框，输入视图的名称后，单击【确定】按钮即可完成视图的创建，如图 14-4 所示。

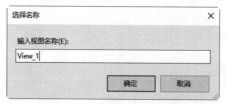

图 14-4　【选择名称】对话框

用户也可以单击工具栏上的对应按钮选择打开或关闭这些窗格按钮，在使用时将鼠标放在相应的图标上，系统将会弹出提示该图标命令作用的信息。

14.2.2　使用 Transact-SQL 命令创建视图

使用 Transact-SQL 命令创建视图的基本语法格式如下：

```
CREATE VIEW [schema_name. ]view_name [column_list]
[ WITH <ENCRYPTION | SCHEMABINDING | VIEW_METADATA>]
AS select_statement
[ WITH CHECK OPTION ];
```

- schema_name: 视图所属架构的名称。
- view_name: 视图的名称。视图名称必须符合有关标识符的规则。可以选择是否指定视图所有者名称。
- column_list: 视图中各个列使用的名称。
- AS: 指定视图要执行的操作。
- select_statement: 定义视图的 SELECT 语句。该语句可以使用多个表和其他视图。
- WITH CHECK OPTION: 强制针对视图执行的所有数据修改语句，都必须符合在 select_statement 中设置的条件。通过视图修改行时，WITH CHECK OPTION 可确保提交修改后，仍可通过视图看到数据。

视图定义中的 SELECT 子句不能包括下列内容：

（1）COMPUTE 或 COMPUTE BY 子句。

（2）ORDER BY 子句，除非在 SELECT 语句的选择列表中也有一个 TOP 子句。

（3）INTO 关键字。

（4）OPTION 子句。

（5）引用临时表或表变量。

提　示

ORDER BY 子句仅用于确定视图定义中的 TOP 子句返回的行。ORDER BY 不保证在查询视图时得到有序结果，除非在查询本身中也指定了 ORDER BY。

---

1. 在单个表上创建视图

【例 14.1】在数据表 t 上创建一个名为 view_t 的视图，输入如下语句：

```
CREATE VIEW view_t
AS SELECT quantity, price, quantity *price AS Total_price
FROM test_db.dbo.t;
GO
USE test_db;
SELECT * FROM view_t;
```

执行结果如图 14-5 所示。

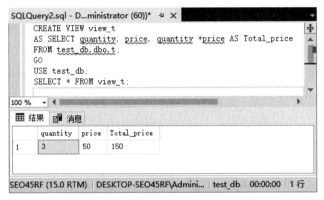

图 14-5　在单个表上创建视图

从执行结果可以看到，从视图 view_t 中查询的内容和基本表中是一样的，这里的 view_t 中还包含了一个表达式列，该列计算了数量和价格相乘之后的总价格。

> **提　示**
>
> 如果用户创建完视图后立刻查询该视图，有时候会提示错误信息"该对象不存在"，此时刷新一下视图列表即可解决问题。

2. 在多个表上创建视图

【例 14.2】在表 student 和表 stu_detail 上创建视图 stu_glass，输入如下语句：
首先向两个数据表中插入一些数据。

```
INSERT INTO student VALUES(1,'wanglin1'),(2,'gaoli'),(3,'zhanghai');
INSERT INTO stu_detail VALUES(1, 'wuban','henan'),(2,'liuban','hebei'),
(3,'qiban','shandong');
```

创建 stu_glass 视图，输入如下语句：

```
USE test_db;
GO
CREATE VIEW stu_glass (id,name, glass)
AS SELECT student.s_id,student.name, stu_detail.glass
```

```
FROM student ,stu_detail
WHERE student.s_id=stu_detail.s_id;
GO
SELECT * FROM stu_glass;
```

执行结果如图 14-6 所示。

图 14-6　在多个表上创建视图

这个例子就解决了刚开始提出的那个问题，这个视图可以很好地保护基本表中的数据。视图中的信息很简单，只包含了 id、姓名和班级，id 字段对应表 student 中的 s_id 字段，name 字段对应了表 student 中的 name 字段，glass 字段对应表 stu_detail 中的 glass 字段。

14.3　修改视图

SQL Server 中提供了两种修改视图的方法：

（1）在 SQL Server 管理平台中，右击要修改的视图，从弹出的快捷菜单中选择【设计】选项，出现【视图修改】对话框。该对话框与创建视图的对话框相同，可以按照创建视图的方法修改视图。

（2）使用 ALTER VIEW 语句修改视图，但首先必须拥有使用视图的权限，然后才能使用 ALTER VIEW 语句。除了关键字不同外，ALTER VIEW 语句的语法格式与 CREATE VIEW 语法格式基本相同。下面介绍如何使用 Transact-SQL 命令修改视图。

【例 14.3】使用 ALTER VIEW 语句修改视图 view_t，输入如下语句：

```
ALTER VIEW view_t AS SELECT quantity FROM t;
```

上述程序语句执行之后，查看视图的设计窗口，结果如图 14-7 所示。

图 14-7　使用 ALTER VIEW 语句修改视图

与前面相比，可以看到，这里定义发生了变化，视图中只包含一个字段。

14.4　查看视图信息

视图定义好之后，用户可以随时查看视图的信息，不仅可以直接在 SQL Server 查询编辑窗口中查看，也可以使用系统的存储过程查看。

1. 使用 SSMS 图形用户界面的工具查看视图定义信息

启动 SSMS 之后，选择视图所在的数据库位置，选择要查看的视图，右击并在弹出的快捷菜单中选择【属性】菜单命令，打开【视图属性】对话框，即可查看视图的定义信息，如图 14-8 所示。

图 14-8　【视图属性】对话框

2. 使用系统存储过程查看视图定义信息

sp_help 系统存储过程是报告有关数据库对象、用户定义数据类型或 SQL Server 所提供的数据类型的信息。语法格式如下：

```
sp_help view_name
```

其中，view_name 表示要查看的视图名，如果不加参数名称，将列出有关 master 数据库中每个对象的信息。

【例 14.4】使用 sp_help 存储过程查看 view_t 视图的定义信息，输入如下语句：

```
USE test_db;
GO
EXEC sp_help 'test_db.dbo.view_t';
```

执行结果如图 14-9 所示。

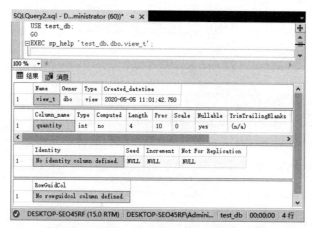

图 14-9　使用 sp_help 查看 view_t 视图信息

sp_helptext 系统存储过程是用来显示规则、默认值、未加密的存储过程、用户定义函数、触发器或视图的文本。语法格式如下：

```
sp_helptext view_name
```

其中，view_name 表示要查看的视图名。

【例 14.5】使用 sp_helptext 存储过程查看 view_t 视图的定义信息，输入如下语句：

```
USE test_db;
GO
EXEC sp_helptext 'test_db.dbo.view_t';
```

执行结果如图 14-10 所示。

图 14-10　使用 sp_helptext 查看 view_t 视图的定义语句

14.5　使用视图修改数据

更新视图是指通过视图来插入、更新、删除表中的数据，因为视图是一个虚拟表，其中没有数据。通过视图更新的时候都是转到基本表进行更新的，如果对视图增加或者删除记录，实际上是对其基本表增加或者删除记录。本节将介绍视图更新的 3 种方法：INSERT、UPDATE 和 DELETE。

修改视图时需要注意以下几点：

（1）修改视图中的数据时，不能同时修改两个或多个基本表。

（2）不能修改视图中通过计算得到的字段，例如包含算术表达式或者聚合函数的字段。

（3）执行 UPDATE 或 DELETE 命令时，无法用 DELETE 命令删除数据，若使用 UPDATE 命令则应当与 INSERT 命令一样，被更新的列（即数据表中的字段）必须属于同一个数据表。

14.5.1　通过视图向基本表中插入数据

【例 14.6】通过视图向基本表中插入一条新记录，输入如下语句：

```
USE test_db;
GO
CREATE VIEW view_stuinfo(编号,名字,成绩,性别)
AS
SELECT s_id,s_name,s_score,s_sex
FROM stu_info
WHERE  s_name='张靓';
GO
SELECT * FROM stu_info;       --查看插入记录之前基本表中的内容
INSERT INTO view_stuinfo      --向stu_info基本表中插入一条新记录,
VALUES(8, '雷永',90,'男');
SELECT * FROM stu_info;       --查看插入记录之后基本表中的内容
```

执行结果如图 14-11 所示。

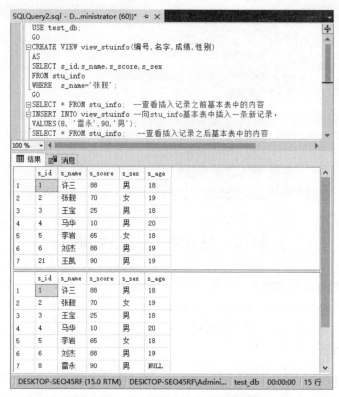

图 14-11 通过视图向基本表中插入记录

从执行结果可以看到，通过在视图 view_stuinfo 中执行一条 INSERT 操作，实际上就向基本表中插入了一条记录。

14.5.2 通过视图更新基本表中的数据

除了可以插入一条完整的记录外，通过视图也可以更新基本表中的记录的某些字段值。

【例 14.7】通过 view_stuinfo 更新表中姓名为"张靓"的同学的成绩，输入如下语句：

```
USE test_db;
GO
SELECT * FROM view_stuinfo;
UPDATE view_stuinfo
SET 成绩=88
WHERE 名字='张靓'
SELECT * FROM stu_info;
```

执行结果如图 14-12 所示。

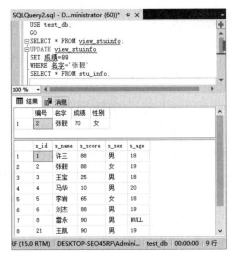

图 14-12　通过视图更新基本表中的数据

UPDATE 语句修改 view_stuinfo 视图中的成绩字段，更新之后，基本表中的 s_score 字段同时被修改为新的数值。

14.5.3　通过视图删除基本表中的数据

当数据不再使用时，可以通过 DELETE 语句在视图中将其删除。

【例 14.8】通过视图删除基本表 stu_info 中的记录，输入如下语句：

```
DELETE view_stuinfo WHERE 名字='张靓'
SELECT * FROM view_stuinfo;
SELECT * FROM stu_info;
```

执行结果如图 14-13 所示。

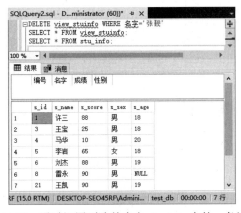

图 14-13　通过视图删除基本表 stu_info 中的一条记录

可以看到，视图 view_stuinfo 中已经不存在记录了，基本表中"s_name=张靓"的记录也同时被删除了。

提 示
建立在多个数据表之上的视图，无法使用 DELETE 语句进行删除操作。

14.6 删除视图

对于不再使用的视图，可以使用 SQL Server 对象资源管理器或 Transact-SQL 命令来删除视图。

1. 使用对象资源管理器删除视图

具体操作步骤如下：

01 在 SSMS 的【对象资源管理器】窗口中，打开视图所在数据库节点，右击要删除的视图名称，在弹出的快捷菜单中选择【删除】菜单命令，或者按键盘上的 DELETE 键删除，如图 14-14 所示。

02 在弹出的【删除对象】对话框中单击【确定】按钮，即可完成视图的删除，如图 14-15 所示。

图 14-14　选择【删除】菜单命令　　　　　图 14-15　【删除对象】对话框

2. 使用 Transact-SQL 命令删除视图

Transact-SQL 中可以使用 DROP VIEW 语句删除视图，其语法格式如下：

```
DROP VIEW [schema. ] view_name1, view_name2...... , view_nameN;
```

该语句可以同时删除多个视图，只需要在删除各视图名称之间用逗号（,）分隔即可。

【例 14.9】同时删除系统中的 view_stuinfo 和 view_t 视图，输入如下语句：

```
DROP VIEW dbo.view_stuinfo,dbo.view_t;
exec sp_help 'view_stuinfo'
exec sp_help 'view_t'
```

14.7　疑难解惑

1. 视图和数据表的区别是什么

（1）视图是已经编译好的 SQL 语句，是基于 SQL 语句的结果集的可视化的数据表，而数据表不是。

（2）视图没有实际的物理记录，而基本表有。

（3）数据表是内容，视图是窗口。

（4）数据表占用物理空间而视图不占用物理空间，视图只是逻辑概念的存在。数据表可以及时对它进行修改，但视图只能用创建的语句来修改。

（5）视图是查看数据表的一种方法，可以查询数据表中某些字段构成的数据，只是一些 SQL 语句的集合。从安全的角度说，视图可以防止用户接触数据表，从而不知道表结构。

（6）数据表属于全局模式中的表，是真实表；视图属于局部模式的表，是虚拟表。

（7）视图的建立和删除只影响视图本身，不影响对应的基本表。

2. 视图和数据表有什么联系

视图（View）是在基本表之上建立的数据表，它的结构（即所定义的列）和内容（即所有记录）都来自基本表，它依据基本表的存在而存在。一个视图可以对应一个基本表，也可以对应多个基本表。视图是基本表的抽象和在逻辑意义上建立的新关系。

14.8　经典习题

1. 如何在一个数据表上创建视图？
2. 如何在多个数据表上创建视图？
3. 使用 Transact-SQL 语句更改视图。
4. 如何查看视图的详细信息？
5. 如何更新视图的内容？

第15章 触发器

 学习目标 | Objective

本章将介绍 SQL Server 中一种特殊的存储过程——触发器。触发器可以执行复杂的数据库操作和完整性约束过程，最大的特点是其被调用执行 Transact-SQL 语句时是自动的。下面将介绍触发器的概念、工作原理，以及如何创建和管理触发器。

内容导航 | Navigation

- 了解触发器的概念
- 熟悉触发器的作用
- 掌握创建 DML 触发器的方法
- 掌握创建 DDL 触发器的方法
- 掌握管理触发器的方法

15.1 触发器概述

触发器是一种特殊类型的存储过程，与前面介绍过的存储过程不同。触发器主要是通过事件触发来执行的，而存储过程可以通过存储过程名来直接调用。触发器是一个功能强大的工具，它使每个站点可以在有数据修改时自动强制执行其业务规则。触发器可以用于 SQL Server 约束、默认值和规则的完整性检查。

当往某一个数据表中插入、修改或者删除记录时，SQL Server 就会自动执行触发器所定义的 SQL 语句，从而确保对数据的处理必须符合由这些 SQL 语句所定义的规则。在触发器中可以查询其他数据表或者包括复杂的 SQL 语句。触发器和引起触发器执行的 SQL 语句被当作一次事务处理，如果这次事务未获得成功，SQL Server 会自动返回该事务执行前的状态。和 CHECK 约束相比较，触发器可以强制实现更加复杂的数据完整性，而且可以参考其他数据表的字段。

15.1.1 什么是触发器

触发器是一个在修改指定表值的数据时执行的存储过程，不同的是执行存储过程要使用 EXEC 语句来调用，而触发器的执行不需要使用 EXEC 语句来调用，通过创建触发器可以保证不同数据表中的相关数据的引用完整性或一致性。

触发器的主要优点如下：

（1）触发器是自动的。当对数据表中的数据做了任何修改（比如手工输入或者应用程序采取的操作）之后触发器会立即被激活。

（2）触发器可以通过数据库中的相关数据表进行层叠更改。

（3）触发器可以强制一些限制。这些限制比用 CHECK 约束所定义的更复杂。与 CHECK 约束不同的是，触发器可以引用其他数据表中的列（即数据表中的字段）。

15.1.2 触发器的作用

触发器的主要作用就是其能够实现由主键和外键所不能保证的复杂的引用完整性和数据的一致性，它能够对数据库中的相关表进行级联修改，能提供比 CHECK 约束更复杂的数据完整性，并自定义错误信息。触发器的主要作用有以下几个方面：

● 强制数据库间的引用完整性。

● 级联修改数据库中所有相关的数据表，自动触发其他与之相关的操作。

● 跟踪变化，撤销或回滚违法操作，防止非法修改数据。

● 返回自定义的错误信息，约束无法返回信息，而触发器可以。

● 触发器可以调用更多的存储过程。

触发器与存储过程的区别：

触发器与存储过程的主要区别在于触发器的运行方式，存储过程需要用户、应用程序或者触发器来显式地调用并执行，而触发器是当特定事件（INSERT、UPDATE、DELETE）出现的时候，自动执行。

15.1.3 触发器分类

触发器有两种类型：数据操作语言触发器和数据定义语言触发器。

1. 数据操作语言触发器

数据操作语言（Data Manipulation Language，DML）触发器是一些附加在特定表或视图上的操作代码，当数据库服务器中发生数据操作语言事件时执行这些操作。SQL Server 中 DML 触发器有 3 种：INSERT 触发器、UPDATE 触发器和 DELETE 触发器。当遇到下面的情形时，考虑使用 DML 触发器。

● 通过数据库中的相关表实现级联更改。

● 防止恶意或者错误的 INSERT、UPDATE 和 DELETE 操作，并强制执行比 CHECK 约束定义的限制更为复杂的其他限制。

● 评估数据修改前后表的状态，并根据该差异采取措施。

在 SQL Server 2019 中，针对每个 DML 触发器定义了两个特殊的表：DELETED 表和 INSERTED 表，这两个逻辑表在内存中存放，由系统来创建和维护，用户不能对它们进行修改。触发器执行完成之后与该触发器相关的这两个表也会被删除。

- DELETED 表存放执行 DELETE 或者 UPDATE 语句时要从表中删除的行。在执行 DELETE 或 UPDATE 时，被删除的行从触发触发器的表中被移动到 DELETED 表，即 DELETED 表和触发触发器的表有公共的行。
- INSERTED 表存放执行 INSERT 或 UPDATE 语句时要向表中插入的行，在执行 INSERT 或 UPDATE 事务中，新行同时添加到触发触发器的表和 INSERTED 表。INSERTED 表的内容是触发触发器的表中新行的副本，即 INSERTED 表中的行总是与触发触发器的表中的新行相同。

2. 数据定义语言触发器

数据定义语言（Data Definition Language，DDL）触发器是当服务器或者数据库中发生数据定义语言事件时被激活而调用，使用 DDL 触发器可以防止对数据库架构进行的某些未授权更改。

15.2　创建 DML 触发器

DML 触发器是指当数据库服务器中发生数据库操作语言事件时要执行的操作，DML 事件包括对数据表或视图发出的 INSERT、DELETE、UPDATE 语句。本节将介绍如何创建各种类型的 DML 触发器。

15.2.1　INSERT 触发器

因为触发器是一种特殊类型的存储过程，所以创建触发器的语法格式与创建存储过程的语法格式相似，使用 Transact-SQL 语句创建触发器的基本语法格式如下：

```
CREATE TRIGGER trigger_name
ON {table | view}
[ WITH < ENCRYPTION >]
{
{
{FOR | AFTER | INSTEAD OF}{[DELETE][,][INSERT][,][UPDATE]}
AS
sql_statement[,..n]
}
}
```

其中，各参数的说明如下：

- trigger_name：用于指定触发器的名称。其名称在当前数据库中必须是唯一的。
- table|view：用于指定在其上执行触发器的数据表或视图，有时称为触发器表或触发器视图。
- WITH < ENCRYPTION > ：用于加密 syscomments 表中包含 CREATE TRIGGER 语句文本的条目。使用此选项可以防止将触发器作为系统复制的部分。

- AFTER：用于指定触发器只有在触发 SQL 语句中指定的所有操作都已成功执行后才触发。所有的引用级联操作和约束检查也必须成功完成后，才能执行此触发器。如果仅指定 FOR 关键字，则 AFTER 是默认设置。注意该类型触发器仅能在表上创建，而不能在视图上定义。

- INSTEAD OF：用于规定执行的是触发器而不是执行触发 SQL 语句，从而用触发器替代触发语句的操作。在表或视图上，每个 INSERT、UPDATE 或 DELETE 语句最多可以定义一个 INSTEAD OF 触发器。然而，可以在每个具有 INSTEAD OF 触发器的视图上定义视图。INSTEAD OF 触发器不能在 WITH CHECK OPTION 的可更新视图上定义。如果向指定的 WITH CHECK OPTION 选项的可更新视图添加 INSTEAD OF 触发器，系统将产生错误。用户必须用 ALTER VIEW 删除该选项后才能定义 INSTEAD OF 触发器。

- {[DELETE][,][INSERT][,][UPDATE]}：用于指定在表或视图上执行哪些数据修改语句时，将激活触发器的关键字。必须至少指定一个选项。在触发器定义中允许使用以任何的顺序组合这些关键字。如果指定的选项多于一个，需要用逗号分隔。

- AS：触发器要执行的操作。

- sql_statement 触发器的条件和操作。触发器条件指定其他准则，以确定 DELETE、INSERT 或 UPDATE 语句是否会触发触发器的执行。

当用户向表中插入新的记录行时，被标记为 FOR INSERT 的触发器的代码就会执行，如前所述，同时 SQL Server 会创建一个新行的副本，将副本插入到一个特殊表中。该表只在触发器的作用域内存在。下面来创建当用户执行 INSERT 操作时触发的触发器。

【例 15.1】在 stu_info 表上创建一个名为 Insert_Student 的触发器，在用户向 stu_info 表中插入数据时触发，输入如下语句：

```
CREATE TRIGGER Insert_Student
ON stu_info
AFTER INSERT
AS
BEGIN
  IF OBJECT_ID(N'stu_Sum',N'U') IS NULL          --判断stu_Sum表是否存在
    CREATE TABLE stu_Sum(number INT DEFAULT 0);  --创建存储学生人数的stu_Sum表
  DECLARE @stuNumber INT;
  SELECT @stuNumber = COUNT(*) FROM stu_info;
  IF NOT EXISTS (SELECT * FROM stu_Sum)          --判断表中是否有记录
    INSERT INTO stu_Sum VALUES(0);
  UPDATE stu_Sum SET number = @stuNumber;--把更新后总的学生人数插入到stu_Sum表中
END
GO
```

单击【执行】按钮，执行创建触发器的操作。

上述程序语句的执行过程分析如下：

```
IF OBJECT_ID(N'stu_Sum',N'U') IS NULL          --判断stu_Sum表是否存在
CREATE TABLE stu_Sum(number INT DEFAULT 0);    --创建存储学生人数的stu_Sum表
```

IF 语句判断是否存在名为 stu_Sum 的表，如果不存在则创建该表。

```
DECLARE @stuNumber INT;
SELECT @stuNumber = COUNT(*) FROM stu_info;
```

这两行语句声明一个整数类型的变量@stuNumber，其中存储了 SELECT 语句查询 stu_info 表中所有学生的人数。

```
IF NOT EXISTS (SELECT * FROM stu_Sum)           --判断表中是否有记录
    INSERT INTO stu_Sum VALUES(0);
```

如果是第一次操作 stu_Sum 表，需要向该表中插入一条记录，否则下面的 UPDATE 语句将不能执行。

当创建完触发器之后，向 stu_info 表中插入记录，触发触发器的执行。执行下面的语句：

```
SELECT COUNT(*) stu_info表中总人数 FROM  stu_info;
INSERT INTO stu_info (s_id,s_name,s_score,s_sex) VALUES(20,'白雪',87,'女');
SELECT COUNT(*) stu_info表中总人数 FROM  stu_info;
SELECT number AS stu_Sum表中总人数 FROM stu_Sum;
```

执行结果如图 15-1 所示。

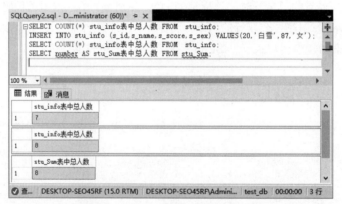

图 15-1 激活 Insert_Student 触发器

从触发器的触发过程可以看到，查询语句中的第 2 行执行了一条 INSERT 语句，向 stu_info 表中插入一条记录，结果显示插入前后 stu_info 表中总的记录数；第 4 行语句查看触发器执行之后 stu_Sum 表中的结果，可以看到，这里成功地将 stu_info 表中总的学生人数计算之后插入到 stu_Sum 表，实现了表的级联操作。

在某些情况下，根据数据库设计的需要，可能会禁止用户对某些表的操作，可以在表上指定拒绝执行插入操作。例如前面创建的 stu_Sum 表，其中插入的数据是根据 stu_info 表中计算得到的，用户不能随便插入数据。

【例 15.2】创建触发器，当用户向 stu_Sum 表中插入数据时，禁止操作，输入如下语句：

```
CREATE TRIGGER Insert_forbidden
ON stu_Sum
```

```
AFTER INSERT
AS
BEGIN
  RAISERROR('不允许直接向该表插入记录，操作被禁止',1,1)
ROLLBACK TRANSACTION
END
```

输入下面的语句调用触发器：

```
INSERT INTO stu_Sum VALUES(5);
```

执行结果如图 15-2 所示。

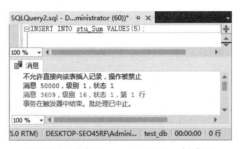

图 15-2   调用 Insert_forbidden 触发器

15.2.2   DELETE 触发器

用户执行 DELETE 操作时，就会激活 DELETE 触发器，从而控制用户能够从数据库中删除的数据记录。触发 DELETE 触发器之后，用户删除的记录行会被添加到 DELETED 表中，原来表中的相应记录被删除，所以可以在 DELETED 表中查看被删除的记录。

【例 15.3】创建 DELETE 触发器，用户对 stu_info 表执行删除操作后触发，并返回删除的记录信息，输入如下语句：

```
CREATE TRIGGER Delete_Student
ON stu_info
AFTER DELETE
AS
BEGIN
  SELECT s_id AS 已删除的学生编号,s_name,s_score,s_sex,s_age
FROM DELETED
END
GO
```

与创建 INSERT 触发器过程相同，这里 AFTER 后面指定 DELETE 关键字，表明这是一个用户执行 DELETE 删除操作触发的触发器。输入完成后，单击【执行】按钮，创建该触发器，如图 15-3 所示。

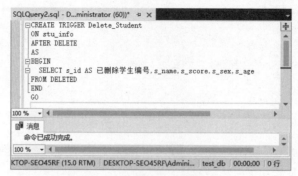

图 15-3　创建 DELETE 触发器

创建完成，执行一条 DELETE 语句触发该触发器，输入如下语句：

```
DELETE FROM stu_info WHERE s_id=6;
```

执行结果如图 15-4 所示。

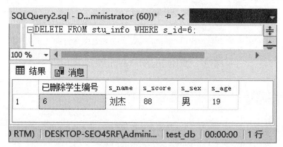

图 15-4　调用 Delete_Student 触发器

> **提　示**
>
> 这里返回的结果记录是从 DELETED 表中查询到的。

15.2.3　UPDATE 触发器

UPDATE 触发器是当用户在指定表上执行 UPDATE 语句时被触发而调用的。这种类型的触发器用来约束用户对现有数据的修改。

UPDATE 触发器可以执行两种操作：更新前的记录存储到 DELETED 表；更新后的记录存储到 INSERTED 表。

【例 15.4】创建 UPDATE 触发器，用户对 stu_info 表执行更新操作后触发，并返回更新的记录信息，输入如下语句：

```
CREATE TRIGGER Update_Student
ON stu_info
AFTER UPDATE
AS
BEGIN
DECLARE @stuCount INT;
```

```
SELECT @stuCount = COUNT(*) FROM stu_info;
UPDATE  stu_Sum SET number = @stuCount;

SELECT s_id AS 更新前学生编号，s_name AS 更新前学生姓名 FROM DELETED
SELECT s_id AS 更新后学生编号，s_name AS 更新后学生姓名 FROM INSERTED
END
GO
```

输入完成后，单击【执行】按钮，创建该触发器。

创建完成，执行一条 UPDATE 语句触发该触发器，输入如下语句：

```
UPDATE stu_info SET s_name='张懿' WHERE s_id=1;
```

执行结果如图 15-5 所示。

图 15-5　调用 Update_Student 触发器

从执行过程可以看到，UPDATE 语句触发触发器之后，DELETED 和 INSERTED 两个表中保存的数据分别为执行更新前后的数据。该触发器同时也更新了保存所有学生人数的 stu_Sum 表，该表中 number 字段的值也同时被更新。

15.2.4　替代触发器

与前面介绍的 3 种 AFTER 触发器不同，SQL Server 服务器在执行触发 AFTER 触发器的 SQL 代码后，先建立临时的 INSERTED 和 DELETED 表，然后执行 SQL 代码中对数据的操作，最后才激活触发器中的代码。而对于替代 INSTEAD OF 触发器，SQL Server 服务器在执行触发 INSTEAD OF 触发器的代码时，先建立临时的 INSERTED 和 DELETED 表，然后直接触发 INSTEAD OF 触发器，而拒绝执行用户输入的 DML 操作语句。

基于多个基本表的视图必须使用 INSTEAD OF 触发器来对多个表中的数据进行插入、更新和删除操作。

【例 15.5】创建 INSTEAD OF 触发器，当用户插入到 stu_info 表中的学生记录中的成绩大于 100 分时，拒绝插入，同时提示"插入成绩错误"的信息，输入如下语句：

```
CREATE TRIGGER InsteadOfInsert_Student
ON stu_info
INSTEAD OF INSERT
AS
```

```
BEGIN
DECLARE @stuScore INT;
SELECT @stuScore = (SELECT s_score FROM inserted)
If @stuScore > 100
    SELECT '插入成绩错误' AS 失败原因
END
GO
```

输入完成后，单击【执行】按钮，创建该触发器。

创建完成，执行一条 INSERT 语句触发该触发器，输入如下语句：

```
INSERT INTO stu_info (s_id,s_name,s_score,s_sex)
VALUES(22,'周鸿',110,'男');
SELECT * FROM stu_info;
```

执行结果如图 15-6 所示。

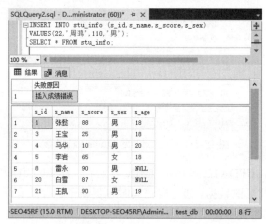

图 15-6　调用 InsteadOfInsert_Student 触发器

从返回结果可以看到，插入的记录的 s_score 字段值大于 100，将无法插入到基本表，基本表中没有新增记录。

15.2.5　允许使用嵌套触发器

如果一个触发器在执行操作时调用了另外一个触发器，而这个触发器又接着调用了下一个触发器，那么就形成了嵌套触发器。嵌套触发器在安装时就被启用，但是可以使用系统存储过程 sp_configure 禁用和重新启用嵌套触发器。

触发器最多可以嵌套 32 层，如果嵌套的次数超过限制，那么该触发器将被终止，并回滚整个事务。使用嵌套触发器需要考虑以下注意事项。

● 默认情况下，嵌套触发器配置选项是开启的。

● 在同一个触发器事务中，一个嵌套触发器不能被触发两次。

● 由于触发器是一个事务，如果在一系列嵌套触发器的任意层中发生错误，则整个事务都将取消，而且所有数据将回滚。

嵌套是用来保持整个数据库的完整性的重要功能，但有时可能需要禁用嵌套，如果禁用了嵌套，那么修改一个触发器的实现不会再触发该表上的任何触发器。在下述情况下，用户可能需要禁止使用嵌套。

● 嵌套触发要求复杂而有条理的设计，级联修改可能会修改用户不想涉及的数据。

● 在一系列嵌套触发器中的任意点的时间修改操作都会触发一些触发器，尽管这时数据库提供很强的保护，但如果要以特定的顺序更新表，就会产生问题。

使用如下语句禁用嵌套：

```
EXEC sp_configure 'nested triggers',0
```

如要再次启用嵌套可以使用如下语句：

```
EXEC sp_configure 'nested triggers',1
```

如果不想对触发器进行嵌套，还可以通过【允许触发器激发其他触发器】的服务器配置选项来控制。但不管此设置是什么，都可以嵌套 INSTEAD OF 触发器。

设置触发器嵌套选项更改的具体操作步骤如下：

01 在【对象资源管理器】窗口中，右击服务器名，并在弹出的快捷菜单中选择【属性】菜单命令，如图 15-7 所示。

02 打开【服务器属性】对话框，选择【高级】选项。设置【高级】选项卡【杂项】里【允许触发器激活其他触发器】为 True 或 False，分别代表激活或不激活，设置完成后，单击【确定】按钮，如图 15-8 所示。

图 15-7　选择【属性】菜单命令

图 15-8　设置触发器嵌套是否激活

15.2.6　递归触发器

递归触发器是指一个触发器从其内部再一次激活该触发器，例如 UPDATE 操作激活的触发器内部还有一条对数据表的更新语句，那么这条更新语句就有可能再次激活这个触发器本身，当然，这种递归的触发器内部还会有判断语句，只有在一定情况下才会执行那条 Transact-SQL 语句，否则就成了无限调用的死循环了。

SQL Server 2019 中的递归触发器包括两种：直接递归和间接递归。

● 直接递归：触发器被触发并执行一个操作，而该操作又使同一个触发器再次被触发。

● 间接递归：触发器被触发并执行一个操作，而该操作又使另一个表中的某个触发器被触发，第二个触发器使原始表得到更新，从而再次触发第一个触发器。

默认情况下，递归触发器选项是禁用的，但可以通过管理平台来设置启用递归触发器，操作步骤如下：

01 选择需要修改的数据库右击，在弹出的快捷菜单中选择【属性】菜单命令，如图 15-9 所示。

02 打开【数据库属性】对话框，选择【选项】选项，在选项卡的【杂项】选项组中，在【递归触发器已启用】后的下拉列表框中选择 True，单击【确定】按钮，完成修改，如图 15-10 所示。

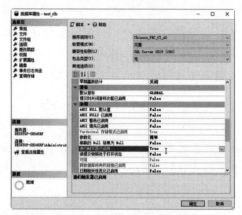

图 15-9　设置触发器嵌套是否激活　　　　图 15-10　设置递归触发器已启用

提　示

递归触发器最多只能递归 16 层，如果递归中的第 16 个触发器激活了第 17 个触发器，则结果与发布 ROLLBACK 命令一样，所有数据将回滚。

15.3　创建 DDL 触发器

与 DML 触发器相同，DDL 触发器可以通过用户的操作而激活，是当用户创建、修改和删除数据库对象时触发。对于 DDL 触发器而言，其创建和管理过程与 DML 触发器类似。本节将介绍如何创建 DDL 触发器。

15.3.1　创建 DDL 触发器的语法

创建 DDL 触发器的语法格式如下：

```
CREATE TRIGGER trigger_name
```

```
ON {ALL SERVER | DATABASE}
[ WITH < ENCRYPTION >]
{
{FOR | AFTER | { event_type}}
AS sql_statement
}
```

- DATABASE：表示将 DDL 触发器的作用域应用于当前数据库。
- ALL SERVER：表示将 DDL 或登录触发器的作用域应用于当前服务器。
- event_type：指定激发 DDL 触发器的 Transact-SQL 语言相关事件的名称。

15.3.2 创建服务器作用域的 DDL 触发器

创建服务器作用域的 DDL 触发器，需要指定 ALL SERVER 参数。

【例 15.6】创建数据库作用域的 DDL 触发器，拒绝用户对数据库中数据表的删除和修改操作，输入如下语句：

```
USE test;
GO
CREATE TRIGGER DenyDelete_test
ON DATABASE
FOR DROP_TABLE,ALTER_TABLE
AS
BEGIN
PRINT '用户没有权限执行删除操作！'
ROLLBACK TRANSACTION
END
GO
```

ON 关键字后面的 test 指定触发器作用域；"DROP_TABLE,ALTER_TABLE"语句指定 DDL 触发器的触发事件，即删除和修改表；最后定义 BEGIN END 语句块，输出提示信息。输入完成后，单击【执行】按钮，创建该触发器。

创建完成，执行一条 DROP 语句触发该触发器，输入如下语句：

```
DROP TABLE test;
```

执行结果如图 15-11 所示。

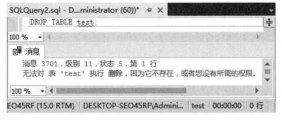

图 15-11　激活数据库级别的 DDL 触发器

【例15.7】创建服务器作用域的DDL触发器，拒绝用户对数据库中数据表的删除和修改操作，输入如下语句：

```
CREATE TRIGGER DenyCreate_AllServer
ON ALL SERVER
FOR CREATE_DATABASE,ALTER_DATABASE
AS
BEGIN
PRINT '用户没有权限创建或修改服务器上的数据库！'
ROLLBACK TRANSACTION
END
GO
```

输入完成后，单击【执行】按钮，创建该触发器。

创建成功之后，依次打开服务器的【服务器对象】下的【触发器】节点，可以看到创建的服务器作用域的DenyCreate_AllServer触发器，如图15-12所示。

上述程序代码成功创建了整个服务器作为作用域的触发器，当用户创建或修改数据库时触发触发器，禁止用户的操作，并显示提示信息。执行下面的语句来测试触发器的执行过程。

```
CREATE DATABASE test01;
```

执行结果如图15-13所示，即可看到触发器已经激活。

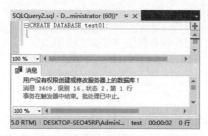

图15-12　服务器【触发器】节点　　　图15-13　激活服务器域的DDL触发器

15.4　管理触发器

介绍完触发器的创建和调用过程，下面来介绍管理触发器。管理触发器包含查看、修改和删除触发器、启用和禁用触发器。

15.4.1　查看触发器

查看已经定义好的触发器有两种方法：使用对象资源管理器查看和使用系统存储过程查看。

1. 使用对象资源管理器查看触发器信息

01 首先登录到SQL Server 2019图形用户界面的管理平台，在【对象资源管理器】窗口中打开需要查看的触发器所在的数据表节点。在存储过程列表中选择要查看的触发器，右击并在弹出的快捷菜单中选择【修改】菜单命令，或者双击该触发器，如图 15-14 所示。

02 在查询编辑窗口中将显示创建该触发器的代码内容，如图 15-15 所示。

图 15-14 选择【修改】菜单命令

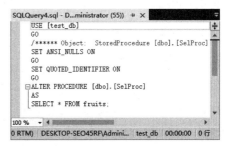

图 15-15 查看触发器内容

2. 使用系统存储过程查看触发器

因为触发器是一种特殊的存储过程，所以也可以使用查看存储过程的方法来查看触发器的内容，例如使用 so_helptext、sp_help 以及 sp_depends 等系统存储过程来查看触发器的信息。

【例 15.8】使用 sp_helptext 查看 Insert_Student 触发器的信息，输入如下语句：

```
sp_helptext Insert_student;
```

执行结果如图 15-16 所示。

图 15-16 使用 sp_helptext 查看触发器定义信息

从结果可以看到，使用系统存储过程 sp_helptext 查看的触发器的定义信息与用户输入的代码是相同的。

15.4.2 修改触发器

当触发器不满足需求时，可以修改触发器的定义和属性，在 SQL Server 中可以通过两种方式进行修改：先删除原来的触发器，再重新创建与之名称相同的触发器；直接修改现有触发器的定义。

修改触发器定义可以使用 ALTER TRIGGER 语句，ALTER TRIGGER 语句的基本语法格式如下：

```
ALTER TRIGGER trigger name
ON {table | view}
[ WITH < ENCRYPTION >]
{
{
{FOR | AFTER | INSTEAD OF}{[DELETE][,][INSERT][,][UPDATE]}
AS  sql statement[,..n]
}
}
```

除了关键字由 CREATE 换成 ALTER 之外，修改触发器的语句和创建触发器的语法格式完全相同。各个参数的作用这里也不再赘述，读者可以参考创建触发器小节。

【例 15.9】修改 Insert_Student 触发器，将 INSERT 触发器修改为 DELETE 触发器，输入如下语句：

```
ALTER TRIGGER Insert Student
ON stu info
AFTER DELETE
AS
BEGIN
  IF OBJECT_ID(N'stu_Sum',N'U') IS NULL         --判断stu_Sum表是否存在
    CREATE TABLE stu_Sum(number INT DEFAULT 0);  --创建存储学生人数的stu_Sum表
  DECLARE @stuNumber INT;
  SELECT @stuNumber = COUNT(*) FROM stu_info;
  IF NOT EXISTS (SELECT * FROM stu_Sum)
    INSERT INTO stu_Sum VALUES(0);
  UPDATE stu_Sum SET number = @stuNumber;--把更新后总的学生人数插入到stu_Sum表中
END
```

这里将 INSERT 关键字替换为 DELETE，其他内容不变，输入完成后，单击【执行】按钮，执行对触发器的修改，这里也可以根据需要修改触发器中的操作语句内容。

读者也可以在使用图形用户界面的工具查看触发器信息时对触发器进行修改，具体查看方法参考 15.4.1 小节。

15.4.3　删除触发器

当触发器不再需要使用时，可以将其删除，删除触发器不会影响其操作的数据表，而当某个表被删除时，该表上的触发器也同时被删除。

删除触发器有两种方式：在对象资源管理器中删除和使用 DROP TRIGGER 语句删除。

1. 在对象资源管理器中删除触发器

与前面介绍的删除数据库、数据表以及存储过程类似，在对象资源管理器中选择要删除的触发器，在弹出的菜单中选择【删除】命令或者按键盘上的 Delete 键进行删除，在弹出的【删除对象】对话框中单击【确定】按钮。

2. 使用 DROP TRIGGER 语句删除触发器

DROP TRIGGER 语句可以删除一个或多个触发器，其语法格式如下：

```
DROP TRIGGER trigger_name [ ,...n ]
```

trigger_name 为要删除的触发器的名称。

【例 15.10】使用 DROP TRIGGER 语句删除 Insert_Student 触发器，输入如下语句：

```
USE test_db;
GO
DROP TRIGGER Insert_Student;
```

输入完成后，单击【执行】按钮，删除该触发器。

【例 15.11】删除服务器作用域的触发器 DenyCreate_AllServer，输入如下语句：

```
DROP TRIGGER DenyCreate_AllServer ON ALL Server;
```

15.4.4 启用和禁用触发器

触发器创建之后便启用了，如果暂时不需要使用某个触发器，可以将其禁用。触发器被禁用后并没有删除，它仍然作为对象存储在当前数据库中。但是当用户执行触发操作（INSERT、DELETE、UPDATE）时，触发器不会被调用。禁用触发器可以使用 ALTER TABLE 语句或者 DISABLE TRIGGER 语句。

1. 禁用触发器

【例 15.12】禁用 Update_Student 触发器，输入如下语句：

```
ALTER TABLE stu_info
DISABLE TRIGGER Update_Student
```

输入完成后，单击【执行】按钮，名为 Update_Student 的触发器就被禁用了。
也可以使用下面的语句禁用 Update_Student 触发器。

```
DISABLE TRIGGER Update_Student ON stu_info
```

由此可以看到，这两种方法的思路是相同的，指定要删除的触发器的名称和触发器所在的表。读者在删除时选择其中一种即可。

【例 15.13】禁用数据库作用域的 DenyDelete_test 触发器，输入如下语句：

```
DISABLE  TRIGGER DenyDelete_test ON DATABASE;
```

ON 关键字后面指定触发器作用域。

2. 启用触发器

被禁用的触发器可以通过 ALTER TABLE 语句或 ENABLE TRIGGER 语句重新启用。

【例 15.14】启用 Update_Student 触发器，输入如下语句：

```
ALTER TABLE stu_info
ENABLE TRIGGER Update_Student
```

输入完成后，单击【执行】按钮，启用名称为 Update_Student 的触发器。

也可以使用下面的语句启用 Update_Student 触发器。

```
ENABLE TRIGGER Update_Student ON stu_info
```

【例 15.15】启用数据库作用域的 DenyDelete_test 触发器，输入如下语句：

```
ENABLE TRIGGER DenyDelete_test ON DATABASE;
```

15.5　疑难解惑

1. 使用触发器需要注意的问题是什么

在使用触发器的时候需要注意的是，对相同的数据表、相同的事件只能创建一个触发器，比如对表 account 创建了一个 AFTER INSERT 触发器，那么如果对表 account 再次创建一个 AFTER INSERT 触发器，SQL Server 将会报错，此时，只可以在表 account 上创建 AFTER INSERT 或者 INSTEAD OF UPDATE 类型的触发器。灵活地运用触发器将为操作省去很多麻烦。

2. 不再使用的触发器如何处理

触发器定义之后，每次执行触发事件，都会激活触发器并执行触发器中的语句。如果需求发生变化，而触发器没有进行相应的改变或者删除，则触发器仍然会执行旧的语句，从而会影响新的数据的完整性。因此，要将不再使用的触发器及时删除。

15.6　经典习题

1. 什么是触发器，触发器可以分为几类？
2. 创建 INSERT 事件的触发器。
3. 创建 UPDATE 事件的触发器。
4. 创建 DELETE 事件的触发器。
5. 查看触发器。
6. 删除触发器。

第16章   SQL Server 2019 的安全机制

📖 **学习目标** | Objective

随着信息技术的发展，数据库系统在工作生活中的应用也越来越广泛，而且在某些领域如电子商务、ERP 系统，在数据库中保存着非常重要的商业数据和客户资料。数据库安全方面的管理在数据库管理系统中有着非常重要的地位。作为数据库系统管理员，需要了解 SQL Server 2019 的安全性控制策略，以保障数据库中数据的安全。本章将详细介绍 SQL Server 2019 的安全机制、验证方式、登录名管理、管理用户账户、角色和权限配置等内容。

📖 **内容导航** | Navigation

- 了解数据库安全性的基本概念
- 掌握查看和修改安全验证方式的方法
- 掌握创建和修改登录名的方法
- 掌握创建和修改角色的方法

16.1   SQL Server 2019 安全性概述

随着互联网应用的范围越来越广，数据库的安全性也变得越来越重要，数据库中存储着重要的客户或资产信息等，这些无形的资产是公司的宝贵财富，必须对其进行严格的保护。SQL Server 的安全性就是用来保护服务器和存储在服务器中的数据，SQL Server 2019 中的安全性可以决定哪些用户可以登录到服务器，登录到服务器的用户可以对哪些数据库对象执行操作或管理任务等。

16.1.1   SQL Server 2019 的安全机制简介

SQL Server 2019 整个安全体系结构从顺序上可以分为认证和授权两个部分，其安全机制可以分为 5 个层级。

- 客户机安全机制。
- 网络传输的安全机制。
- 实例级别安全机制。
- 数据库级别安全机制。

● 对象级别安全机制。

这些层级由高到低，所有的层级之间相互联系，用户只有通过了高一层级的安全验证，才能继续访问数据库中低一层级的内容。

（1）客户机安全机制——数据库管理系统需要运行在某一特定的操作系统平台下，客户机操作系统的安全性直接影响到 SQL Server 2019 的安全性。在用户使用客户计算机通过网络访问 SQL Server 2019 服务器时，用户首先要获得客户计算机操作系统的使用权限。保证操作系统的安全性是操作系统管理员或网络管理员的任务。由于 SQL Server 2019 采用了集成 Windows NT 网络安全性机制，因此提高了操作系统的安全性，但与此同时也加大了管理数据库系统安全的难度。

（2）网络传输的安全机制——SQL Server 2019 对关键数据进行了加密，即使攻击者通过了防火墙和服务器上的操作系统到达了数据库，还要对数据进行破解。SQL Server 2019 有两种对数据加密的方式：数据加密和备份加密。

● 数据加密：可以执行所有的数据库级别的加密操作，省去了应用程序开发人员创建定制的代码来实现数据的加密和解密的开发工作。数据在写到磁盘时进行加密，从磁盘读的时候解密。使用 SQL Server 来管理加密和解密，可以保护数据库中的数据。

● 备份加密：对备份进行加密可以防止数据泄露和被篡改。

（3）实例级别安全机制——SQL Server 2019 采用了标准 SQL Server 登录和集成 Windows 登录两种。无论使用哪种登录方式，用户在登录时必须提供账号和登录密码，管理和设计合理的登录方式是 SQL Server 数据库管理员的重要任务，也是 SQL Server 安全体系中重要的组成部分。SQL Server 服务器中预先设定了许多固定服务器的角色，用来为具有服务器管理员资格的用户分配使用权利，固定服务器角色的成员可以用于服务器级的管理权限。

（4）数据库级别安全机制——在建立用户的登录账号信息时，SQL Server 提示用户选择默认的数据库，并分配给用户权限，以后每次用户登录服务器后，都会自动转到默认数据库上。对任何用户来说，如果在设置登录账号时没有指定默认数据库，则用户的权限将限制在 master 数据库以内。SQL Server 2019 允许用户在数据库上建立新的角色，然后为该角色授予多个权限，最后再通过角色将权限赋给 SQL Server 2019 的用户，使其他用户获取具体数据库的操作权限。

（5）对象级别安全机制——对象安全性检查时，数据库管理系统的最后一个安全等级。创建数据库对象时，SQL Server 2019 将自动把该数据库对象的用户权限赋予该对象的所有者，对象的所有者可以实现该对象的安全控制。数据库对象访问权限定义了用户对数据库中数据对象的引用、数据操作语句的许可权限，这通过定义对象和语句的许可权限来实现。

SQL Server 2019 安全模式下的层次对于用户权限的划分并不是孤立的，相邻的层次之间通过账号建立关联，用户访问的时候需要经过 3 个阶段的处理。

● 第一阶段：用户登录到 SQL Server 的实例进行身份鉴别，被确认合法才能登录到 SQL Server 实例。

● 第二阶段：用户在每个要访问的数据库里必须有一个账号，SQL Server 实例将登录映射到数据库用户账号上，在这个数据库的账号上定义数据库的管理和数据库对象访问的安全策略。

- 第三阶段：检查用户是否具有访问数据库对象、执行操作的权限，经过语句许可权限的验证，才能够实现对数据的操作。

16.1.2　基本安全术语

基本安全术语是 SQL Server 安全性的一些基本概念，这些术语对理解 SQL Server 安全性起到非常重要的作用，下面分别介绍关于安全性的一些基本术语。

1. 数据库所有者

数据库所有者（DBO）是数据库的创建者，每个数据库只有一个数据库所有者。DBO 有数据库中的所有特权，可以提供给其他用户访问权限。

2. 数据库对象

数据库对象包含数据表、索引、视图、触发器、规则和存储过程，创建数据库对象的用户是数据库对象的所有者，数据库对象的所有者可以授予其他用户访问其拥有的数据库对象的权限。

3. 域

域是一组计算机的集合，它们可以共享一个通用的安全数据库。

4. 数据库组

数据库组是一组数据库用户的集合。这些用户接受相同的数据库用户许可。使用组可以简化大量数据库用户的管理，组提供了让大量用户授权和取消许可的一种简便方法。

5. 系统管理员

系统管理员是负责管理 SQL Server 全面性能和综合应用的管理员，简称 sa。系统管理员的工作包括安装 SQL Server 2019、配置服务器、管理和监视磁盘空间、内存和连接的使用、创建设备和数据库、确认用户和授权许可、从 SQL Server 数据库导入导出数据、备份和恢复数据库、实现和维护复制调度任务、监视和调配 SQL Server 性能、诊断系统问题等。

6. 许可

使用许可可以增强 SQL Server 数据库的安全性，SQL Server 许可系统指定哪些用户被授予使用哪些数据库对象的操作，指定许可的能力由每个用户的状态（系统管理员、数据库所有者或者数据库对象所有者）决定。

7. 用户名

SQL Server 服务器分配给登录 ID 的名字，用户使用用户名连接到 SQL Server 2019。

8. 主体

主体是可以请求对 SQL Server 资源访问权限的实体，包括用户、组或进程。主体有以下特征：每个主体都有自己的安全标识号（SID），每个主体有一个作用域，作用域基于定义主体的级别，主体可以是主体的集合（Windows 组）或者不可分割的主体（Windows 登录名）。

Windows 级别的主体包括：Windows 域登录名和 Windows 本地登录名；SQL Server 级别的主体包括：SQL Server 登录名和服务器角色；数据库级别的主体包括：数据库用户、数据库角色，以及应用程序角色。

9. 角色

角色中包含了 SQL Server 2019 预定义的一些特殊权限，可以将角色分别授予不同的主体。使用角色可以提供有效而复杂的安全模型，以及管理可保护对象的访问权限。SQL Server 2019 中包含 4 类不同的角色，分别是：固定服务器角色、固定数据库角色、用户自定义数据库角色和应用程序角色。

16.2　安全验证方式

验证方式也就是用户登录，这是 SQL Server 实施安全性的第一步，用户只有登录到服务器之后才能对 SQL Server 数据库系统进行管理。如果把数据库作为大楼的一个个房间的话，那么用户登录数据库就是首先进入这栋大楼。

SQL Server 提供了两种验证模式：Windows 身份验证模式和混合模式。

16.2.1　Windows 身份验证模式

Windows 身份验证模式：一般情况下 SQL Server 数据库系统都运行在 Windows 服务器上，作为一个网络操作系统，Windows 本身就提供账号的管理和验证功能。Windows 验证模式利用了操作系统用户安全性和账号管理机制，允许 SQL Server 使用 Windows 的用户名和口令。在这种模式下，SQL Server 把登录验证的任务交给了 Windows 操作系统，用户只要通过 Windows 的验证，就可以连接到 SQL Server 服务器。

使用 Windows 身份验证模式可以获得最佳工作效率，在这种模式下，域用户不需要独立的 SQL Server 账户和密码就可以访问数据库。如果用户更新了自己的域密码，那么就不必更改 SQL Server 2019 的密码，但是该模式下用户要遵从 Windows 安全模式的规则。默认情况下，SQL Server 2019 使用 Windows 身份验证模式，即本地账号来登录。

16.2.2　混合模式

SQL Server 和 Windows（混合）身份验证模式：使用混合模式登录时，可以同时使用 Windows 身份验证和 SQL Server 身份验证。如果用户使用 TCP/IP Sockets 进行登录验证，则使用 SQL Server 身份验证；如果需要使用本地账户来登录数据库，则使用 Windows 身份验证。

在 SQL Server 2019 身份验证模式中，用户安全连接到 SQL Server 2019。在该认证模式下，用户连接到 SQL Server 2019 时必须提供登录账号和密码，这些信息保存在数据库中的 syslogins 系统表中，与 Windows 的登录账号无关。如果登录的账号是在服务器中注册的，则身份验证失败。

登录数据库服务器时，可以选择任意一种方式登录到 SQL Server。

16.2.3 设置验证模式

SQL Server 2019 两种登录模式可以根据不同用户的实际情况来进行选择。在 SQL Server 2019 的安装过程中，需要执行服务器的身份验证登录模式。登录到 SQL Server 2019 之后，就可以设置服务器身份验证。具体操作步骤如下：

01 打开 SSMS，在【对象资源管理器】窗口右击服务器名称，在弹出的快捷菜单中选择【属性】菜单命令，如图 16-1 所示。

02 打开【服务器属性】对话框，选择左侧的【安全性】选项卡，系统提供了设置身份验证的模式：【Windows 身份验证模式】和【SQL Server 和 Windows 身份验证模式】，选择其中的一种模式，单击【确定】按钮，重新启动 SQL Server 服务（MSSQLSERVER），完成身份验证模式的设置，如图 16-2 所示。

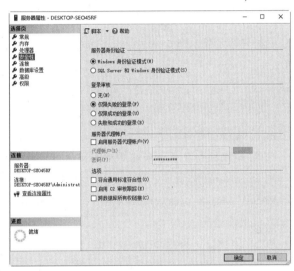

图 16-1　选择【属性】菜单命令　　　　图 16-2　【服务器属性】对话框

16.3　SQL Server 2019 登录名

管理登录名包括创建登录名、设置密码查看登录策略、查看登录名信息、修改和删除登录名。通过使用不同的登录名可以配置不同的访问级别，本节将向读者介绍如何为 SQL Server 2019 服务器创建和管理登录账户。

16.3.1 创建登录账户

创建登录账户可以使用图形用户界面的管理工具或者 Transact-SQL 语句。Transact-SQL 语句既可将 Windows 登录名映射到 SQL Server 系统中，也可以创建 SQL Server 登录账户，创建登录账户的 Transact-SQL 语句的语法格式如下：

```
CREATE LOGIN loginName { WITH <option_list1> | FROM <sources> }
```

```
<option_list1> ::=
    PASSWORD = { 'password' | hashed_password HASHED } [ MUST_CHANGE ]
    [ , <option_list2> [ ,... ] ]

<option_list2> ::=
    SID = sid
    | DEFAULT_DATABASE = database
    | DEFAULT_LANGUAGE = language
    | CHECK_EXPIRATION = { ON | OFF}
    | CHECK_POLICY = { ON | OFF}
    | CREDENTIAL = credential_name

<sources> ::=
    WINDOWS [ WITH <windows_options> [ ,... ] ]
    | CERTIFICATE certname
    | ASYMMETRIC KEY asym_key_name

<windows_options> ::=
    DEFAULT_DATABASE = database
    | DEFAULT_LANGUAGE = language
```

- loginName: 指定创建的登录名。有 4 种类型的登录名：SQL Server 登录名、Windows 登录名、证书映射登录名和非对称密钥映射登录名。如果从 Windows 域账户映射 loginName，则 loginName 必须用方括号（[ ]）括起来。

- PASSWORD = 'password': 仅适用于 SQL Server 登录名。指定正在创建的登录名的密码。应使用强密码。

- PASSWORD = hashed_password: 仅适用于 HASHED 关键字。指定要创建的登录名对应的密码的哈希值。

- HASHED: 仅适用于 SQL Server 登录名。指定在 PASSWORD 参数后输入的密码已经过哈希运算。如果未选择此选项，则在把作为密码输入的字符串存储到数据库之前，对其进行哈希运算。

- MUST_CHANGE: 仅适用于 SQL Server 登录名。如果包括此选项，则 SQL Server 将在首次使用新登录名时提示用户输入新密码。

- CREDENTIAL = credential_name: 将映射到新 SQL Server 登录名的凭据的名称。该凭据必须已存在于服务器中。当前此选项只将凭据链接到登录名。在未来的 SQL Server 版本中可能会扩展此选项的功能。

- SID = sid: 仅适用于 SQL Server 登录名。指定新 SQL Server 登录名的 GUID。如果未选择此选项，则 SQL Server 自动指派 GUID。

- DEFAULT_DATABASE = database: 指定将指派给登录名的默认数据库。如果未包括此选项，则默认数据库将设置为 master。

- DEFAULT_LANGUAGE = language: 指定将指派给登录名的默认语言。如果未包括此选项，则默认语言将设置为服务器的当前默认语言。即使将来服务器的默认语言发生更改，登录名的默认语言也仍保持不变。

- CHECK_EXPIRATION = { ON | OFF }：仅适用于 SQL Server 登录名。指定是否对此登录账户强制实施密码过期策略。默认值为 OFF。
- CHECK_POLICY = { ON | OFF }：仅适用于 SQL Server 登录名。指定应对此登录名强制实施运行 SQL Server 的计算机的 Windows 密码策略。默认值为 ON。
- WINDOWS：指定将登录名映射到 Windows 登录名。
- CERTIFICATE certname：指定将与此登录名关联的证书名称。此证书必须已存在于 master 数据库中。
- ASYMMETRIC KEY asym_key_name：指定将与此登录名关联的非对称密钥的名称。此密钥必须已存在于 master 数据库中。

1. 创建 Windows 登录账户

Windows 身份验证模式是默认的验证方式，可以直接使用 Windows 的账户登录。SQL Server 2019 中的 Windows 登录账户可以映射到单个用户、管理员创建的 Windows 组以及 Windows 内部组（例如 Administrators）。

通常情况下，创建的登录应该映射到单个用户或自己创建的 Windows 组中。创建 Windows 登录账户的第一步是创建操作系统的用户账户。具体操作步骤如下：

01 单击【开始】按钮，在弹出的快捷菜单中选择【控制面板】菜单命令，打开【所有控制面板项】窗口，选择【管理工具】选项，如图 16-3 所示。

02 打开【管理工具】窗口，双击【计算机管理】选项，如图 16-4 所示。

图 16-3　【所有控制面板项】窗口

图 16-4　【管理工具】窗口

03 打开【计算机管理】窗口，选择【系统工具】→【本地用户和组】选项，选择【用户】节点，右击并在弹出的快捷菜单中选择【新用户】菜单命令，如图 16-5 所示。

04 弹出【新用户】对话框，输入用户名为 DataBaseAdmin，描述为【数据库管理员】，设置登录密码之后，选择【密码永不过期】复选框，单击【创建】按钮，完成新用户的创建，如图 16-6 所示。

图 16-5　【计算机管理】窗口

图 16-6　【新用户】对话框

05 新用户创建完成之后，下面就可以创建映射到这些账户的 Windows 登录名。登录到 SQL Server 2019 之后，在【对象资源管理器】窗口中依次打开服务器下面的【安全性】→【登录名】节点，右击【登录名】节点，在弹出的快捷菜单中选择【新建登录名】菜单命令，如图 16-7 所示。

06 打开【登录名-新建】对话框，单击【搜索】按钮，如图 16-8 所示。

图 16-7　选择【新建登录名】菜单命令

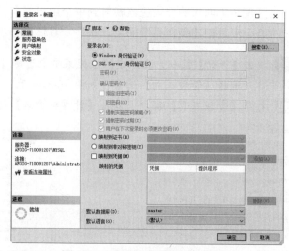

图 16-8　【登录名-新建】对话框

07 弹出【选择用户或组】对话框，依次单击对话框中的【高级】和【立即查找】按钮，从用户列表中选择刚才创建的名称为 DataBaseAdmin 的用户，如图 16-9 所示。

08 选择用户完成，单击【确定】按钮，返回【选择用户或组】对话框，这里列出了刚才选择的用户，如图 16-10 所示。

图 16-9　【选择用户或组】对话框 1

图 16-10　【选择用户或组】对话框 2

09 单击【确定】按钮，返回【登录名-新建】对话框，在该窗口中单击【Windows 身份验证】单选按钮，同时在下面的【默认数据库】下拉列表框中选择 master 数据库，如图 16-11 所示。

图 16-11　【登录名-新建】对话框

10 单击【确定】按钮，完成 Windows 身份验证账户的创建。为了验证创建结果，创建完成之后，重新启动计算机，使用新创建的操作系统用户 DataBaseAdmin 登录本地计算机，就可以使用 Windows 身份验证方式连接服务器了。

用户也可以在创建完新的操作系统用户之后，使用 Transact-SQL 语句，添加 Windows 登录账户。

【例 16.1】添加 Windows 登录账户，输入如下语句：

```
CREATE LOGIN [KEVIN\DataBaseAdmin] FROM WINDOWS
WITH DEFAULT_DATABASE=test;
```

2. 创建 SQL Server 登录账户

Windows 登录账户使用非常方便，只要能获得 Windows 操作系统的登录权限，就可以与 SQL Server 建立连接，如果正在为其创建登录的用户无法建立连接，则必须为其创建 SQL Server 登录账户，具体操作步骤如下：

01 打开 SSMS，在【对象资源管理器】中依次打开服务器下面的【安全性】→【登录名】节点。右击【登录名】节点，在弹出的快捷菜单中选择【新建登录名】菜单命令，打开【登录名-新建】对话框，选择【SQL Server 身份验证】单选按钮，然后输入用户名和密码，取消【强制实施密码策略】复选项，并选择新账户的默认数据库，如图 16-12 所示。

02 选择左侧的【用户映射】选项，启用默认数据库 test，系统会自动创建与登录名同名的数据库用户，并进行映射，这里可以选择该登录账户的数据库角色，为登录账户设置权限，默认选择 public 表示拥有最小权限，如图 16-13 所示。

图 16-12　创建 SQL Server 登录账户

图 16-13　【用户映射】选项

03 单击【确定】按钮，完成 SQL Server 登录账户的创建。

创建完成之后，可以断开服务器连接，重新打开 SSMS，使用登录名 DataBaseAdmin2 进行连接，具体操作步骤如下：

01 使用 Windows 登录账户登录到服务器之后，右击服务器节点，在弹出的快捷菜单中选择【重新启动】菜单命令，如图 16-14 所示。

02 在弹出的对话框中单击【是】按钮，如图 16-15 所示。

图 16-14　选择【重新启动】菜单命令

图 16-15　重启服务器提示对话框

03 系统开始自动重启，并显示重启的进度条，如图 16-16 所示。

图 16-16　显示重启的进度条

04 单击【对象资源管理器】左上角的【连接】按钮，在下拉列表框中选择【数据库引擎】命令，弹出【连接到服务器】对话框，从【身份验证】下拉列表框中选择【SQL Server 身份验证】选项，在【登录名】文本框中输入用户名 DataBaseAdmin2，【密码】文本框中输入对应的密码，如图 16-17 所示。

05 单击【连接】按钮，登录服务器，登录成功之后可以查看相应的数据库对象，如图 16-18 所示。

图 16-17　【连接到服务器】对话框

图 16-18　使用 SQL Server 账户登录

同样，用户也可以使用 Transact-SQL 语句创建 SQL Server 登录账户。重新使用 Windows 身份验证登录 SQL Server 服务器，运行下面的 Transact-SQL 语句。

【例 16.2】添加 SQL Server 登录名账户，输入如下语句：

```
CREATE LOGIN DBAdmin
WITH PASSWORD= 'dbpwd', DEFAULT_DATABASE=test
```

输入完成后，单击【执行】按钮，执行完成之后会创建一个名为 DBAdmin 的 SQL Server 账户，密码为 dbpwd，默认数据库为 test。

16.3.2 修改登录账户

登录账户创建完成之后，可以根据需要修改登录账户的名称、密码、密码策略、默认数据库以及禁用或启用该登录账户等。

修改登录账户信息使用 ALTER LOGIN 语句，其语法格式如下：

```
ALTER LOGIN login_name
    {
    <status_option>
    | WITH <set_option> [ ,... ]
    | <cryptographic_credential_option>
    }

<status_option> ::=
        ENABLE | DISABLE

<set_option> ::=
    PASSWORD = 'password' | hashed_password HASHED
    [
      OLD_PASSWORD = 'oldpassword' | MUST_CHANGE | UNLOCK
    ]
    | DEFAULT_DATABASE = database
    | DEFAULT_LANGUAGE = language
    | NAME =login_name
    | CHECK_POLICY = { ON | OFF }
    | CHECK_EXPIRATION = { ON | OFF }
    | CREDENTIAL = credential_name
    | NO CREDENTIAL

<cryptographic_credentials_option> ::=
        ADD CREDENTIAL credential_name
        | DROP CREDENTIAL credential_name
```

- login_name：指定要修改的 SQL Server 登录账户（用登录名来指定）。
- ENABLE | DISABLE：启用或禁用此登录。

可以看到，其他各个参数与 CREATE LOGIN 语句中的作用相同，这里就不再赘述。

【例 16.3】使用 ALTER LOGIN 语句将登录名 DBAdmin 修改为 NewAdmin，输入如下语句：

```
ALTER LOGIN DBAdmin WITH NAME=NewAdmin
```

```
GO
```

输入完成后，单击【执行】按钮。

提 示

SQL Server 系统中登录名的标识符是 SID，登录名是一个逻辑上使用的名称，修改登录名之后，由于 SID 不变，因此与该登录名有关的密码、权限等不会发生任何变化。

用户也可以通过图形用户界面的管理工具修改登录账户。操作步骤如下：

01 打开【对象资源管理器】窗口，依次打开【服务器】节点下的【安全性】→【登录名】节点，该节点下列出了当前服务器中所有登录账户。

02 选择要修改的账户，例如这里刚修改过的 DataBaseAdmin2，右击该账户节点，在弹出的快捷菜单中选择【重命名】菜单命令，在显示的虚文本框中输入新的名称即可，如图 16-19 所示。

03 如果要修改账户的其他属性信息，如默认数据库、权限等，可以在弹出的快捷菜单中选择【属性】菜单命令，而后在弹出的【登录属性】对话框中进行修改，如图 16-20 所示。

图 16-19　选择【重命名】菜单命令

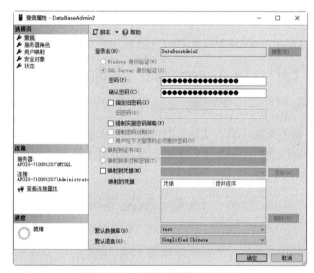

图 16-20　【登录属性】对话框

16.3.3　删除登录账户

用户管理的另一项重要内容就是删除不再使用的登录账户，及时删除不再使用的账户，可以保证数据库的安全。可以在【对象资源管理器】中删除登录账户，操作步骤如下：

01 打开【对象资源管理器】窗口，依次打开【服务器】节点下的【安全性】→【登录名】节点，该节点下列出了当前服务器中所有登录账户。

02 选择要修改的账户，例如这里选择 DataBaseAdmin2，右击该账户节点，在弹出的快捷菜单中选择【删除】菜单命令，弹出【删除对象】对话框，如图 16-21 所示。

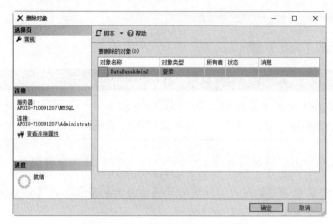

图 16-21 【删除对象】对话框

03 单击【确定】按钮，完成登录账户的删除操作。

也可以使用 DROP LOGIN 语句删除登录账户。DROP LOGIN 语句的语法格式如下：

```
DROP LOGIN login_name
```

login_name 是登录账户的登录名。

【例 16.4】使用 DROP LOGIN 语句删除名称为 DataBaseAdmin2 的登录账户，输入如下语句：

```
DROP LOGIN DataBaseAdmin2
```

输入完成，单击【执行】按钮，完成删除操作。
删除之后，刷新【登录名】节点，可以看到该节点下面少了两个登录账户。

16.4 SQL Server 2019 的角色与权限

使用登录账户可以连接到服务器，但是如果不为登录账户分配权限，则依然无法对数据库中的数据进行访问和管理。角色相当于 Windows 操作系统中的用户组，可以集中管理数据库或服务器的权限。

16.4.1 固定服务器角色

服务器角色可以授予服务器管理的能力，服务器角色的权限作用域为服务器范围。用户可以向服务器角色中添加 SQL Server 登录名、Windows 账户和 Windows 组。固定服务器角色的每个成员都可以向其所属角色添加其他登录名。

SQL Server 2019 中提供了 9 个固定服务器角色，在【对象资源管理器】窗口中，依次打开【安全性】→【服务器角色】节点，即可看到所有的固定服务器角色，如图 16-22 所示。

图 16-22　固定服务器角色列表

表 16-1 列出了固定服务器角色的名称及说明。

表 16-1　固定服务器角色的名称及说明

固定服务器角色名称	说明
sysadmin	固定服务器角色的成员可以在服务器上执行任何活动。默认情况下，Windows BUILTIN\Administrators 组（本地管理员组）的所有成员都是 sysadmin 固定服务器角色的成员
serveradmin	固定服务器角色的成员可以更改服务器范围的配置选项和关闭服务器
securityadmin	固定服务器角色的成员可以管理登录名及其属性。它们可以拥有 GRANT、DENY 和 REVOKE 服务器级别的权限，也可以拥有 GRANT、DENY 和 REVOKE 数据库级别的权限。此外，它们还可以重置 SQL Server 登录名的密码
public	每个 SQL Server 登录名都属于 public 服务器角色。如果未向某个服务器主体授予或拒绝对某个安全对象的特定权限，该用户将继承授予该对象的 public 角色的权限
processadmin	固定服务器角色的成员可以终止在 SQL Server 实例中运行的进程
setupadmin	固定服务器角色的成员可以添加和删除连接服务器
bulkadmin	固定服务器角色的成员可以运行 BULK INSERT 语句
diskadmin	固定服务器角色用于管理磁盘文件
dbcreator	固定服务器角色的成员可以创建、更改、删除和还原任何数据库

16.4.2　数据库角色

数据库角色是针对某个具体数据库的权限分配，数据库用户可以作为数据库角色的成员，继承数据库角色的权限，数据库管理人员也可以通过管理角色的权限来管理数据库用户的权限。SQL Server 2019 中常用的数据库角色，如表 16-2 所示。

表 16-2 　数据库角色的名称及说明

数据库角色名称	说明
db_owner	固定数据库角色的成员可以执行数据库的所有配置和维护活动，还可以删除数据库
db_securityadmin	固定数据库角色的成员可以修改角色成员身份和管理权限。向此角色中添加主体可能会导致意外的权限升级
db_accessadmin	固定数据库角色的成员可以为 Windows 登录名、Windows 组和 SQL Server 登录名添加或删除数据库访问权限
db_backupoperator	固定数据库角色的成员可以备份数据库
db_ddladmin	固定数据库角色的成员可以在数据库中运行任何数据定义语言（DDL）命令
db_datawriter	固定数据库角色的成员可以在所有用户表中添加、删除或更改数据
db_datareader	固定数据库角色的成员可以从所有用户表中读取所有数据
db_denydatawriter	固定数据库角色的成员不能添加、修改或删除数据库内用户表中的任何数据
db_denydatareader	固定数据库角色的成员不能读取数据库内用户表中的任何数据
public	每个数据库用户都属于 public 数据库角色。如果未向某个用户授予或拒绝对安全对象的特定权限时，该用户将继承授予该对象的 public 角色的权限

16.4.3　自定义数据库角色

实际的数据库管理过程中，某些用户可能只对数据库进行插入、更新和删除的操作，但是固定数据库角色中不能提供这样一个角色，因此，需要创建一个自定义的数据库角色。下面将介绍自定义数据库角色的创建过程。

01 打开 SSMS，在【对象资源管理器】窗口中，依次打开【数据库】→【test_db】→【安全性】→【角色】节点，使用鼠标右击【角色】节点下的【数据库角色】节点，在弹出的快捷菜单中选择【新建数据库角色】菜单命令，如图 16-23 所示。

02 打开【数据库角色-新建】对话框。设置角色名为 Monitor，所有者选择 dbo，单击【添加】按钮，如图 16-24 所示。

图 16-23　选择【新建数据库角色】菜单命令

图 16-24　【数据库角色-新建】对话框 1

03 打开【选择数据库用户或角色】对话框，单击【浏览】按钮，找到并添加对象 public，单击【确定】按钮，如图 16-25 所示。

04 添加用户完成，返回【数据库角色-新建】对话框，如图 16-26 所示。

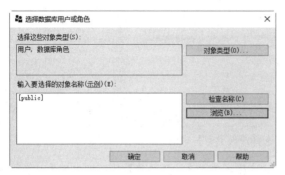

图 16-25　【选择数据库用户或角色】对话框　　图 16-26　【数据库角色-新建】对话框 2

05 选择【数据库角色-新建】对话框左侧的【安全对象】选项卡，在【安全对象】选项卡中单击【搜索】按钮，如图 16-27 所示。

06 打开【添加对象】对话框，选择【特定对象】单选按钮，如图 16-28 所示。

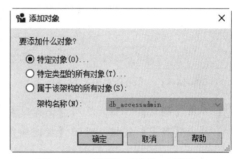

图 16-27　【安全对象】选项卡　　　　图 16-28　【添加对象】对话框

07 单击【确定】按钮，打开【选择对象】对话框，单击【对象类型】按钮，如图 16-29 所示。

图 16-29　【选择对象】对话框 1

08 打开【选择对象类型】对话框，选择【表】复选框，如图 16-30 所示。

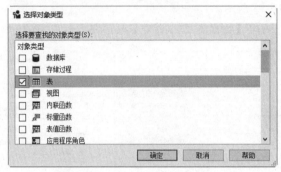

图 16-30 【选择对象类型】对话框

09 完成选择后，单击【确定】按钮返回，然后再单击【选择对象】对话框中的【浏览】按钮，如图 16-31 所示。

10 打开【查找对象】对话框，选择匹配的对象列表中 stu_info 数据表前面的复选框，如图 16-32 所示。

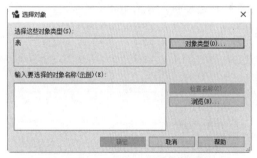

图 16-31 【选择对象】对话框 2

图 16-32 选择 stu_info 数据表

11 单击【确定】按钮，返回【选择对象】对话框，如图 16-33 所示。

12 单击【确定】按钮，返回【数据库角色-新建】对话框，如图 16-34 所示。

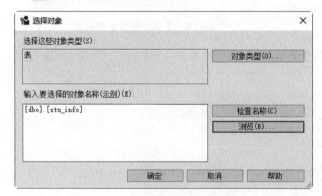

图 16-33 【选择对象】对话框 3

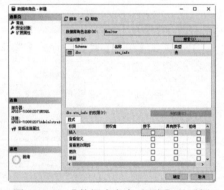

图 16-34 【数据库角色-新建】对话框 3

13 如果希望限定用户只能对某些列进行操作，可以单击【数据库角色-新建】对话框中的【列权限】按钮，为该数据库角色配置更细致的权限，如图 16-35 所示。

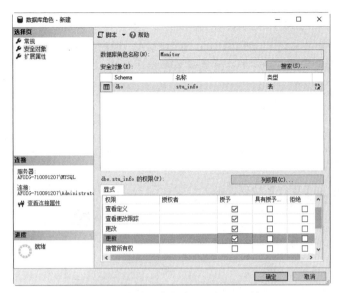

图 16-35 【数据库角色-新建】对话框 4

14 权限分配完毕，单击【确定】按钮，完成角色的创建。

使用 SQL Server 账户 NewAdmin 连接到服务器之后，执行下面两条查询语句：

```
SELECT s_name, s_age, s_sex, s_score FROM stu_info;
--SELECT s_id, s_name, s_age, s_sex, s_score FROM stu_info;
```

第一条语句可以正确执行，而第二条语句在执行过程中出错，这是因为数据库角色 NewAdmin 没有对 stu_info 表中 s_id 列的操作权限。而第一条语句中的查询列都是权限范围内的列，所以可以正常执行。

16.4.4 应用程序角色

应用程序角色能够用其自身、类似用户的权限来运行，它是一个数据库主体。应用程序主体只允许通过特定应用程序连接的用户访问特定数据。

与服务器角色和数据库角色不同，SQL Server 2019 中应用程序角色在默认情况下不包含任何成员，并且应用程序角色必须激活之后才能发挥作用。当激活某个应用程序角色之后，连接将失去用户权限，转而获得应用程序权限。

添加应用程序角色可以使用 CREATE APPLICATION ROLE 语句，其语法格式如下：

```
CREATE APPLICATION ROLE application_role_name
WITH PASSWORD = 'password' [ , DEFAULT_SCHEMA = schema_name ]
```

- application_role_name：指定应用程序角色的名称。该名称一定不能被用于引用数据库中任何主体。
- PASSWORD = 'password'：指定数据库用户将用于激活应用程序角色的密码。应始终使用强密码。

- DEFAULT_SCHEMA = schema_name：指定服务器在解析该角色的对象名时将搜索的第一个架构。如果未定义 DEFAULT_SCHEMA，则应用程序角色将使用 DBO 作为其默认架构。schema_name 可以是数据库中不存在的架构。

【例 16.5】使用 Windows 身份验证登录 SQL Server 2019，创建名为 App_User 的应用程序角色，输入如下语句：

```
CREATE APPLICATION ROLE App_User
WITH PASSWORD = '123pwd'
```

输入完成后，单击【执行】按钮，插入结果如图 16-36 所示。

图 16-36　创建应用程序角色

前面提到过，默认情况下应用程序角色是没有被激活的，所以使用之前必须先将其激活，系统存储过程 sp_setapprole 可以完成应用程序角色的激活过程。

【例 16.6】使用 SQL Server 登录账户 DBAdmin 登录服务器，激活应用程序角色 App_User，输入如下语句：

```
sp_setapprole 'App_User', @PASSWORD='123pwd'
USE test_db;
GO
SELECT * FROM stu_info
```

输入完成后，单击【执行】按钮，插入结果如图 16-37 所示。

SQLQuery9.sql - A...ministrator (53))*　⊣ ×

```
sp_setapprole 'App_User', @PASSWORD='123pwd'
USE test_db;
GO
SELECT * FROM stu_info
```

100 %

⊞ 结果　■ 消息

	s_id	s_name	s_score	s_sex	s_age
1	1	张懿	88	男	18
2	3	王宝	25	男	18
3	4	马华	10	男	20
4	5	李岩	65	女	18
5	8	雷永	90	男	NULL
6	20	白雪	87	女	NULL
7	21	王凯	90	男	19

图 16-37　激活应用程序角色

使用 DataBaseAdmin2 登录服务器之后，如果直接执行 SELECT 语句，将会出错，系统提示如下错误：

```
消息229，级别14，状态5，第1行
拒绝了对对象'stu_info'（数据库'test'，架构'dbo'）执行SELECT的权限
```

这是因为 DataBaseAdmin2 在创建时，没有指定对数据库的 SELECT 权限。而当激活应用程序角色 App_User 之后，服务器将 DBAdmin 当作 App_User 角色，而这个角色拥有对 test 数据库中 stu_info 表的 SELECT 权限，因此，执行 SELECT 语句可以看到正确的结果。

16.4.5 将登录指派到角色

登录名类似公司里面需要的员工编号，而角色则类似一个人在公司中的职位，公司会根据每个人的特点和能力，将不同的人安排到所需的岗位上，例如会计、车间工人、经理、文员等，这些不同的职位角色有不同的权限。本小节将介绍如何为登录账户指派不同的角色。具体操作步骤如下：

01 打开 SSMS 窗口，在【对象资源管理器】窗口中，依次展开服务器节点下的【安全性】→【登录名】节点。右击名称为 DataBaseAdmin2 的登录账户，在弹出的快捷菜单中选择【属性】菜单命令，如图 16-38 所示。

02 打开【登录属性-DataBaseAdmin2】对话框，选择该对话框左侧列表中的【服务器角色】选项，在【服务器角色】列表中，通过选择列表中的复选框来授予 DataBaseAdmin2 用户不同的服务器角色，例如 sysadmin，如图 16-39 所示。

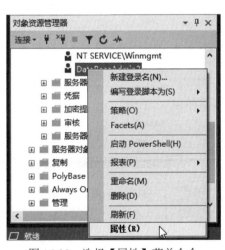

图 16-38　选择【属性】菜单命令

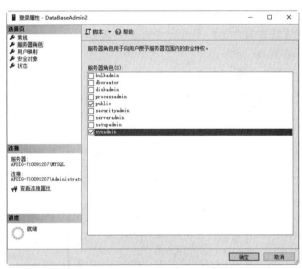

图 16-39　【登录属性-DataBaseAdmin2】对话框

03 如果要执行数据库角色，可以打开【用户映射】选项卡，在【数据库角色成员身份】列表中，通过启用复选框来授予 DataBaseAdmin2 不同的数据库角色，如图 16-40 所示。

图 16-40　【用户映射】选项卡

04 单击【确定】按钮，返回 SSMS 主界面。

16.4.6　将角色指派到多个登录账户

前面介绍的方法可以为某一个登录账户指派角色，如果要批量为多个登录账户指定角色，使用前面的方法将非常烦琐，此时可以将角色同时指派给多个登录账户，具体操作步骤如下：

01 打开 SSMS 窗口，在【对象资源管理器】窗口中，依次展开服务器节点下的【安全性】→【服务器角色】节点。右击系统角色 sysadmin，在弹出的快捷菜单中选择【属性】菜单命令，如图 16-41 所示。

02 打开【服务器角色属性-sysadmin】对话框，单击【添加】按钮，如图 16-42 所示。

图 16-41　选择【属性】菜单命令

图 16-42　【服务器角色属性-sysadmin】对话框

03 打开【选择服务器登录名或角色】对话框，选择要添加的登录账户，可以单击【浏览】按钮，如图 16-43 所示。

04 打开【查找对象】对话框，选择登录名前的复选框，然后单击【确定】按钮，如图 16-44 所示。

图 16-43 　【选择服务器登录名或角色】对话框 1 　　　　　图 16-44 　【查找对象】对话框

05 返回到【选择服务器登录名或角色】对话框，单击【确定】按钮，如图 16-45 所示。

技　巧
也可以输入部分名称，再单击【检查名称】按钮来自动补齐。

06 返回【服务器角色属性-sysadmin】对话框，如图 16-46 所示。用户在这里还可以删除不需要的登录名。

图 16-45 　【选择服务器登录名或角色】对话框 2 　　图 16-46 　【服务器角色属性-sysadmin】对话框

07 完成服务器角色指派的配置后，单击【确定】按钮，此时已经成功地将 3 个登录账户指派为 sysadmin 角色。

16.4.7　权限管理

在 SQL Server 2019 中，根据是否是系统预定义，可以把权限划分为预定义权限和自定义权限；按照权限与特定对象的关系，可以把权限划分为针对所有对象的权限和针对特殊对象的权限。

1. 预定义权限和自定义权限

SQL Server 2019 安装完成之后即可以拥有预定义权限，不必通过授予即可取得。固定服务器角色和固定数据库角色就属于预定义权限。

自定义权限是指需要经过授权或者继承才可以得到的权限，大多数安全主体都需要经过授权才能获得指定对象的使用权限。

2. 所有对象的权限和特殊对象的权限

所有对象权限可以针对 SQL Server 2019 中所有的数据库对象，CONTROL 权限可用于所有对象。

特殊对象权限是指某些只能在指定对象上执行的权限，例如 SELECT 可用于数据表或者视图，但是不可用于存储过程；而 EXEC 权限只能用于存储过程，而不能用于数据表或者视图。

针对数据表和视图，数据库用户在操作这些对象之前必须拥有相应的操作权限，可以授予数据库用户的针对数据表和视图的权限有 INSERT、UPDATE、DELETE、SELECT 和 REFERENCES 5 种。

用户只有获得了针对某种对象指定的权限后，才能对该类对象执行相应的操作，在 SQL Server 2019 中，不同的对象有不同的权限，权限管理包括授予权限、拒绝权限和撤销权限。

1. 授予权限

为了允许用户执行某些操作，需要授予相应的权限，使用 GRANT 语句进行授权活动，授予权限命令的基本语法格式如下：

```
GRANT { ALL [ PRIVILEGES ] }
      | permission [ ( column [ ,...n ] ) ] [ ,...n ]
      [ ON [ class :: ] securable ] TO principal [ ,...n ]
      [ WITH GRANT OPTION ] [ AS principal ]
```

使用 ALL 参数相当于授予以下权限：

- 如果安全对象为数据库，则 ALL 表示 BACKUP DATABASE、BACKUP LOG、CREATE DATABASE、CREATE DEFAULT、CREATE FUNCTION、CREATE PROCEDURE、CREATE RULE、CREATE TABLE 和 CREATE VIEW。
- 如果安全对象为标量函数，则 ALL 表示 EXECUTE 和 REFERENCES。
- 如果安全对象为表值函数，则 ALL 表示 DELETE、INSERT、REFERENCES、SELECT 和 UPDATE。
- 如果安全对象是存储过程，则 ALL 表示 EXECUTE。
- 如果安全对象为表，则 ALL 表示 DELETE、INSERT、REFERENCES、SELECT 和 UPDATE。
- 如果安全对象为视图，则 ALL 表示 DELETE、INSERT、REFERENCES、SELECT 和 UPDATE。

其他参数的含义解释如下：

- PRIVILEGES：包含此参数是为了符合 ISO 标准。
- permission：权限的名称，例如 SELECT、UPDATE、EXEC 等。
- column：指定数据表中将授予其权限的列的名称。需要使用括号()。
- class：指定将授予其权限的安全对象的类。需要范围限定符::。
- securable：指定将授予其权限的安全对象。
- TO principal：主体的名称。可为其授予安全对象权限的主体，随安全对象而异。相关有效的组合，请参阅下面列出的子主题。
- GRANT OPTION：指示被授权者在获得指定权限的同时还可以将指定权限授予其他主体。
- AS principal：指定一个主体，执行该查询的主体从该主体获得授予该权限的权利。

【例 16.7】向 Monitor 角色授予对 test 数据库中 stu_info 表的 SELECT、INSERT、UPDATE 和 DELETE 权限，输入如下语句：

```
USE test;
GRANT SELECT,INSERT, UPDATE, DELETE
ON stu_info
TO Monitor
GO
```

2. 拒绝授予权限

拒绝授予权限可以在授予用户指定的操作权限之后，根据需要暂时停止用户对指定数据库对象的访问或操作，拒绝对象权限的基本语法格式如下：

```
DENY { ALL [ PRIVILEGES ] }
    | permission [ ( column [ ,...n ] ) ] [ ,...n ]
    [ ON [ class :: ] securable ] TO principal [ ,...n ]
    [ CASCADE] [ AS principal ]
```

可以看到 DENY 语句与 GRANT 语句中的参数完全相同，这里就不再赘述。

【例 16.8】拒绝授予 guest 用户对 test_db 数据库中 stu_info 表的 INSERT 和 DELETE 权限，输入如下语句：

```
USE test_db;
GO
DENY INSERT, DELETE
ON stu_info
TO guest
GO
```

3. 撤销权限

撤销权限可以删除某个用户已经授予的权限。撤销权限使用 REVOKE 语句，其基本语法格式如下：

```
REVOKE [ GRANT OPTION FOR ]
    {
      [ ALL [ PRIVILEGES ] ]
      |permission [ ( column [ ,...n ] ) ] [ ,...n ]
    }
    [ ON [ class :: ] securable ]
    { TO | FROM } principal [ ,...n ]
    [ CASCADE] [ AS principal ]
```

CASCADE 表示当前正在撤销的权限也将从其他被该主体授权的主体中撤销。使用 CASCADE 参数时，还必须同时指定 GRANT OPTION FOR 参数。REVOKE 语句与 GRANT 语句中的其他参数作用相同。

【例 16.9】撤销 Monitor 角色对 test_db 数据库中 stu_info 表的 DELETE 权限，输入如下语句：

```
USE test_db;
GO
REVOKE DELETE
ON OBJECT::stu_info
FROM Monitor CASCADE
```

16.5　疑难解惑

1. 应用程序角色的有效时间

应用程序激活后，其有效时间只存在于连接会话中。当断开当前服务器连接时，会自动关闭应用程序角色。

2. 如何利用访问权限减少管理开销

为了减少管理的开销，在对象级安全管理上应该在大多数场合赋予数据库用户以广泛的权限，然后再针对实际情况在某些敏感的数据上实施具体的访问权限限制。

16.6　经典习题

1. SQL Server 用户名和登录名有什么区别，什么是角色、什么是权限、角色和权限之间有什么关系？

2. 分别使用 Transact-SQL 语句或图形用户界面的管理工具，创建名为 manager 的 SQL Server 登录账户，并将其指派到 securityadmin 角色。

3. 创建自定义数据库角色 dbrole，允许其对 test 数据库中 fruits 表和 suppliers 表的查询、更新和删除的操作。

第17章 数据库的备份与恢复

📖🎯 **学习目标** Objective

尽管采取了一些管理措施来保证数据库的安全，但是不确定的意外情况总是有可能造成数据的损失，例如意外的停电、管理员不小心的操作失误都可能会造成数据的丢失。保证数据安全的最重要的一个措施是确保对数据进行定期备份。如果数据库中的数据丢失或者出现错误，可以使用备份的数据进行还原，这样就尽可能地降低了意外原因导致的损失。SQL Server 提供了一整套功能强大的数据库备份和恢复工具。本章将介绍数据备份、数据还原以及创建维护计划任务的相关知识。

📖 **内容导航** Navigation

- 了解备份和恢复的基本概念
- 熟悉备份的设备和区别
- 掌握创建 Transact-SQL 语言备份数据库的方法
- 掌握在 SQL Server Management Studio 中还原数据库的方法
- 掌握使用 Transact-SQL 语言还原数据库的方法
- 掌握建立自动备份的维护计划的方法

17.1 备份与恢复介绍

备份就是对数据库结构和数据对象的复制，以便在数据库遭到破坏时能够及时修复数据库，数据备份是数据库管理员非常重要的工作。系统意外崩溃或者硬件的损坏都可能导致数据的丢失，如软件或硬件系统的瘫痪、人为操作失误、数据磁盘损坏或者其他意外事故等。因此 SQL Server 管理员应该定期地备份数据库，使得在意外情况发生时，尽可能地减少损失。

数据库备份后，一旦系统发生崩溃或者执行了错误的数据库操作，就可以从备份文件中恢复数据库。数据库恢复是指将数据库备份加载到系统中的过程。系统在恢复数据库的过程中，自动执行安全性检查、重建数据库结构以及完成填写数据库内容。

17.1.1 备份类型

SQL Server 2019 中有 4 种不同的备份类型，分别是完整数据库备份、差异备份、文件和文件组备份和事务日志备份。

1. 完整数据库备份

完整数据库备份将备份整个数据库，包括所有的对象、系统表、数据以及部分事务日志，开始备份时 SQL Server 将复制数据库中的一切。完整备份可以还原数据库在备份操作完成时的完整数据库状态。由于是对整个数据库的备份，因此这种备份类型速度较慢，并且将占用大量磁盘空间。在对数据库进行备份时，所有未完成的或发生在备份过程中的事务都将被忽略。这种备份方法可以快速备份小数据库。

2. 差异备份

差异备份基于所包含数据的前一次最新完整备份。差异备份仅捕获自该次完整备份后发生更改的数据。因为只备份改变的内容，所以这种类型的备份速度比较快，可以频繁地执行，差异备份中也备份了部分事务日志。

3. 文件和文件组备份

文件和文件组的备份方法可以对数据库中的部分文件和文件组进行备份。当一个数据库很大时，数据库的完整备份会花很多时间，这时可以采用文件和文件组备份。在使用文件和文件组备份时，还必须备份事务日志，所以不能在启用【在检查点截断日志】选项的情况下使用这种备份技术。文件组是一种将数据库存放在多个文件上的方法，并运行控制数据库对象存储到那些指定的文件上，这样数据库就不会受到只存储在单个硬盘上的限制，而是可以分散到许多硬盘上。利用文件组备份，每次可以备份这些文件当中的一个或多个文件，而不是备份整个数据库。

4. 事务日志备份

创建第一个日志备份之前，必须先创建完整备份，事务日志备份所有数据库修改的记录，用来在还原操作期间提交完成的事务以及回滚未完成的事务，事务日志备份记录备份操作开始时的事务日志状态。事务日志备份比完整数据库备份节省时间和空间，利用事务日志进行恢复时，可以指定恢复到某一个时间，而完整备份和差异备份做不到这一点。

17.1.2 恢复模式

恢复模式可以保证在数据库发生故障的时候恢复相关的数据库，SQL Server 2019 中包括 3 种恢复模式，分别是简单恢复模式、完整恢复模式和大容量日志恢复模式。不同恢复模式在备份、恢复方式和性能方面存在差异，而且不同的恢复模式对避免数据损失的程度也不同。

1. 简单恢复模式

简单恢复模式可以将数据库恢复到上一次的备份，这种模式的备份策略由完整备份和差异备份组成。简单恢复模式能够提高磁盘的可用空间，但是该模式无法将数据库还原到故障点或特定的时间点。对于小型数据库或者数据更改程序不高的数据库，通常使用简单恢复模式。

2. 完整恢复模式

完整恢复模式可以将数据库恢复到故障点或时间点。这种模式下，所有操作被写入日志，例如大容量的操作和大容量的数据加载，数据库和日志都将被备份，因为日志记录了全部事务，所以可以将数据库还原到特定时间点。

3. 大容量日志恢复模式

与完整恢复模式类似，大容量日志恢复模式使用数据库和日志备份来恢复数据库。使用这种模式可以在大容量操作和大批量数据装载时提供最佳性能和最少的日志使用空间。这种模式下，日志只记录多个操作的最终结果，而并非存储操作的过程细节，所以日志越小，大批量操作的速度也就越快。如果事务日志没有受到破坏，除了故障期间发生的事务以外，SQL Server 能够还原全部数据，但是该模式不能恢复数据库到特定的时间点。

17.1.3 配置恢复模式

用户可以根据实际需求选择适合的恢复模式，选择特定的恢复模式的操作步骤如下：

01 使用登录账户连接到 SQL Server 2019，打开 SSMS 图形用户界面的管理工具，在【对象资源管理器】窗口中，打开服务器节点，依次选择【数据库】→【test】节点，右击 test 数据库，从弹出的快捷菜单中选择【属性】菜单命令，如图 17-1 所示。

02 打开【数据库属性-test】对话框，选择【选项】选项，打开右侧的选项卡，在【恢复模式】下拉列表框中选择其中的一种恢复模式即可，如图 17-2 所示。

图 17-1　选择【属性】菜单命令

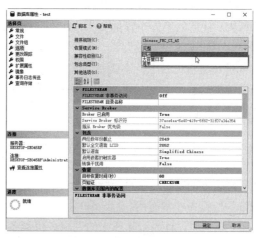

图 17-2　选择恢复模式

03 选择完成后单击【确定】按钮，完成恢复模式的配置。

提　示

SQL Server 2019 提供了几个系统数据库，分别是 master、model、msdb 和 tempdb，如果读者查看这些数据库的恢复模式，会发现 master、msdb 和 tempdb 使用的是简单恢复模式，而 model 数据库使用的是完整恢复模式。因为 model 是所有新建立数据库的模板数据库，所以用户数据库默认也是使用完整恢复模式。

17.2 备份设备

备份设备是用来存储数据库、事务日志或文件和文件组备份的存储介质，备份数据库之前，必须首先指定或创建备份设备。

17.2.1 备份设备类型

备份设备可以是磁盘或逻辑备份设备。

1. 磁盘备份设备

磁盘备份设备是存储在硬盘或者其他磁盘媒体上的文件，与常规操作系统文件一样，可以在服务器的本地磁盘或者共享网络资源的原始磁盘上定义磁盘设备备份。如果在备份操作将备份数据追加到媒体集时磁盘文件已满，则备份操作会失败。备份文件的最大大小由磁盘设备上的可用磁盘空间决定，因此，备份磁盘设备的大小取决于备份数据的大小。

2. 磁带备份设备

磁带备份设备的用法与磁盘设备相同，磁带设备必须物理连接到 SQL Server 实例运行的计算机上。在使用磁带机时，备份操作可能会写满一个磁带，并继续在另一个磁带上进行。每个磁带包含一个媒体标头。使用的第一个媒体称为"起始磁带"，每个后续磁带称为"延续磁带"，其媒体序列号比前一磁带的媒体序列号大。

将数据备份到磁带设备上，需要使用磁带备份设备或者微软操作系统平台支持的磁带驱动器，对于特殊的磁带驱动器，则需要使用驱动器制作商推荐的磁带。

3. 逻辑备份设备

逻辑备份设备是指向特定物理备份设备（磁盘文件或磁带机），具有可选的用户定义名称。通过逻辑备份设备，可以在引用相应的物理备份设备时使用间接寻址。逻辑备份设备可以更简单、有效地描述备份设备的特征。相对于物理设备的路径名称，逻辑设备备份名称较短。逻辑备份设备对于标识磁带备份设备非常有用。通过编写脚本使用特定逻辑备份设备，这样可以直接切换到新的物理备份设备。切换时，首先删除原来的逻辑备份设备，然后定义新的逻辑备份设备，新设备使用原来的逻辑设备名称，但映射到不同的物理备份设备。

17.2.2 创建备份设备

SQL Server 2019 中创建备份设备的方法有两种：第一种是通过图形用户界面的管理工具来创建；第二种是使用系统存储过程来创建。下面将分别介绍这两种方法。

使用图形用户界面的工具来创建备份设备，具体创建步骤如下：

01 使用 Windows 或者 SQL Server 身份验证连接到服务器，打开 SSMS 窗口。在【对象资源管理器】窗口中，依次打开服务器节点下面的【服务器对象】→【备份设备】节点，右击【备份设备】节点，从弹出的快捷菜单中选择【新建备份设备】菜单命令，如图 17-3 所示。

02 打开【备份设备】对话框，设置备份设备的名称，这里输入【test 数据库备份】，然后设置目标文件的位置或者保持默认值,目标硬盘驱动器上必须有足够的可用空间。设置完成后单击【确定】按钮,完成创建备份设备操作,如图 17-4 所示。

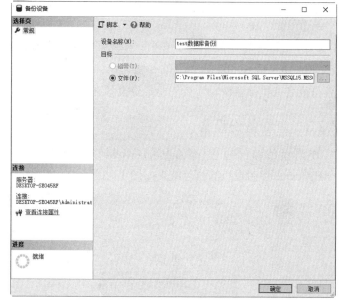

图 17-3 选择【新建备份设备】菜单命令 　　　图 17-4 【备份设备】对话框

使用系统存储过程 sp_addumpdevice 来创建备份设备。sp_addumpdevice 也可以用来添加备份设备,这个存储过程可以添加磁盘或磁带设备。sp_addumpdevice 语句的基本语法格式如下:

```
sp_addumpdevice [ @devtype = ] 'device_type'
, [ @logicalname = ] 'logical_name'
, [ @physicalname = ] 'physical_name'
[ , { [ @cntrltype = ] controller_type |
[ @devstatus = ] 'device_status' }
]
```

各语句的含义如下:

- [@devtype =] 'device_type': 备份设备的类型。
- [@logicalname =] 'logical_name': 在 BACKUP 和 RESTORE 语句中使用的备份设备的逻辑名称。logical_name 的数据类型为 sysname,无默认值,且不能为 NULL。
- [@physicalname =] 'physical_name': 备份设备的物理名称。物理名称必须遵循操作系统文件名规则或网络设备的通用命名约定,并且必须包含完整路径。
- [@cntrltype =] 'controller_type': 已过时。如果指定该选项,则忽略此参数。支持它完全是为了向后兼容。在使用新的 sp_addumpdevice 存储过程中应省略此参数。
- [@devstatus =] 'device_status': 已过时。如果指定该选项,则忽略此参数。支持它完全是为了向后兼容。在使用新的 sp_addumpdevice 存储过程中应省略此参数。

【例 17.1】添加一个名为 mydiskdump 的磁盘备份设备，其物理名称为 d:\dump\testdump.bak，输入如下语句：

```
USE master;
GO
EXEC sp_addumpdevice 'disk', 'mydiskdump', ' d:\dump\testdump.bak ';
```

使用 sp_addumpdevice 创建备份设备后，并不会立即在物理磁盘上创建备份设备文件，之后在该备份设备上执行备份时才会创建备份设备文件。

17.2.3　查看备份设备

使用系统存储过程 sp_helpdevice 可以查看当前服务器上所有备份设备的状态信息。sp_helpdevice 存储过程的执行结果如图 17-5 所示。

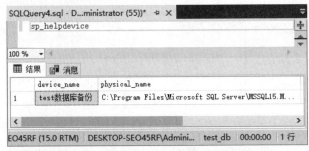

图 17-5　查看服务器上的备份设备信息

17.2.4　删除备份设备

当备份设备不再需要使用时，可以将其删除，删除备份设备后，备份中的数据都将丢失，删除备份设备使用系统存储过程 sp_dropdevice，该存储过程同时能删除操作系统文件。其语法格式如下：

```
sp_dropdevice [ @logicalname = ] 'device'
[ , [ @delfile = ] 'delfile' ]
```

各语句的含义如下：

● [@logicalname =] 'device'：在 master.dbo.sysdevices.name 中列出的数据库设备或备份设备的逻辑名称。device 的数据类型为 sysname，无默认值。
● [@delfile =] 'delfile'：指定物理备份设备文件是否应删除。如果指定为 DELFILE，则删除物理备份设备磁盘文件。

【例 17.2】删除备份设备 mydiskdump，输入如下语句：

```
EXEC sp_dropdevice mydiskdump
```

如果服务器创建了备份文件，之后要同时删除物理文件，则可以输入如下语句：

```
EXEC sp_dropdevice mydiskdump, delfile
```

当然，在对象资源管理器中，也可以执行备份设备的删除操作，在相应的节点上，选择具体的操作菜单命令即可。其操作过程比较简单，这里不再赘述。

17.3 使用 Transact-SQL 语句备份数据库

创建完备份设备之后，下面可以对数据库进行备份了，因为其他所有备份类型都依赖于完整备份，完整备份是其他备份策略中都要求完成的第一种备份类型，所以要先执行完整备份，之后才可以执行差异备份和事务日志备份。本节将介绍如何使用 Transact-SQL 语句创建完整备份和差异备份、文件和文件组备份以及事务日志备份。

17.3.1 完整备份与差异备份

完整备份将对整个数据库中的数据表、视图、触发器和存储过程等数据库对象进行备份，同时还对能够恢复数据的事务日志进行备份，完整备份的操作过程比较简单。使用 BACKUP DATABASE 菜单命令创建完整备份的基本语法格式如下：

```
BACKUP DATABASE { database_name | @database_name_var }
TO <backup_device> [ ,...n ]
 [ WITH
{
COPY_ONLY
| NAME = { backup_set_name | @backup_set_name_var }
| { NOINIT | INIT }
| DESCRIPTION = { 'text' | @text_variable }
| NAME = { backup_set_name | @backup_set_name_var }
| PASSWORD = { password | @password_variable }
| { EXPIREDATE = { 'date' | @date_var }
| RETAINDAYS = { days | @days_var } } [ ,...n ]
}
]
[;]
```

其中，各语句的含义如下：

● DATABASE：指定一个完整数据库备份。

● { database_name | @database_name_var }：备份事务日志、部分数据库或完整的数据库时所用的源数据库。如果作为变量（@database_name_var）提供，则可以将该名称指定为字符串常量（@database_name_var = database name）或指定为字符串数据类型（ntext 或 text 数据类型除外）的变量。

● <backup_device>：指定用于备份操作的逻辑备份设备或物理备份设备。

● COPY_ONLY：指定备份为仅复制备份，该备份不影响正常的备份顺序。仅复制备份是独立于定期计划的常规备份而创建的。仅复制备份不会影响数据库的总体备份和还原过程。

● { NOINIT | INIT }：控制备份操作是追加到还是覆盖媒体中的现有备份集。默认为追加到媒体中最新的备份集（NOINIT）。

➢ NOINIT：表示备份集将追加到指定的媒体集上，以保留现有的备份集。如果为媒体集定义了媒体密码，则必须提供密码。NOINIT 是默认设置。

➢ INIT：指定应覆盖所有备份集，但是保留媒体标头。如果指定了 INIT，将覆盖该设备上所有现有的备份集（如果条件允许）。

● NAME = { backup_set_name | @backup_set_name_var }：指定备份集的名称。

● DESCRIPTION = { 'text' | @text_variable }：指定说明备份集的自由格式文本。

● NAME = { backup_set_name | @backup_set_var }：指定备份集的名称。如果未指定NAME，它将为空。

● PASSWORD = { password | @password_variable }：为备份集设置密码。PASSWORD 是一个字符串。

● { EXPIREDATE ='date' || @date_var }：指定允许覆盖该备份的备份集的日期。

● RETAINDAYS = { days | @days_var }：指定必须经过多少天才可以覆盖该备份媒体集。

1. 创建完整数据库备份

【例 17.3】创建 test 数据库的完整备份，备份设备为创建好的【test 数据库备份】本地备份设备，输入如下语句：

```
BACKUP DATABASE test
TO test数据库备份
WITH INIT,
NAME='test数据库完整备份',
DESCRIPTION='该文件为test数据库的完整备份'
```

输入完成后，单击【执行】按钮，备份过程如图 17-6 所示。

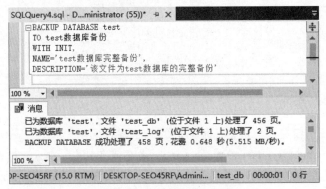

图 17-6　创建完整数据库备份

差异数据库备份比完整数据库备份数据量更小、速度更快，这缩短了备份的时间，但同时会增加备份的复杂程度。

2. 创建差异数据库备份

差异数据库备份也使用 BACKUP 菜单命令，与完整备份菜单命令语法格式基本相同，只是在使用菜单命令时将在 WITH 选项中指定 DIFFERENTIAL 参数。

【例 17.4】对 test 做一次差异数据库备份，输入如下语句：

```
BACKUP DATABASE test
TO test数据库备份
WITH DIFFERENTIAL,NOINIT,
NAME='test数据库差异备份',
DESCRIPTION='该文件为test数据库的差异备份'
```

输入完成后，单击【执行】按钮，备份过程如图 17-7 所示。

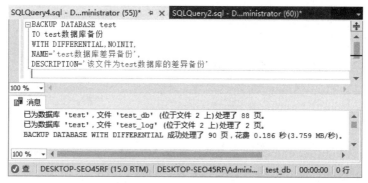

图 17-7　创建 test 数据库差异备份

技　巧

创建差异备份时使用了 NOINIT 选项，该选项表示备份数据追加到现有备份集，避免覆盖已经存在的完整备份。

17.3.2　文件和文件组备份

对于大型数据库，每次执行完整备份需要消耗大量时间， SQL Server 2019 提供的文件和文件组的备份就是为了解决大型数据库的备份问题。

创建文件和文件组备份之前，必须要先创建文件组，下面在 test_db 数据库中添加一个新的数据库文件，并将该文件添加至新的文件组，操作步骤如下：

01 使用 Windows 或者 SQL Server 身份验证登录到服务器，在【对象资源管理器】窗口中的服务器节点下，依次打开【数据库】→【test_db】节点，右击【test_db】数据库，从弹出的快捷菜单中选择【属性】菜单命令，打开【数据库属性】窗口。

02 在【数据库属性-test_db】对话框中，选择左侧的【文件组】选项，在右侧选项卡中，单击【添加】按钮，在【名称】文本框中输入 SecondFileGroup，如图 17-8 所示。

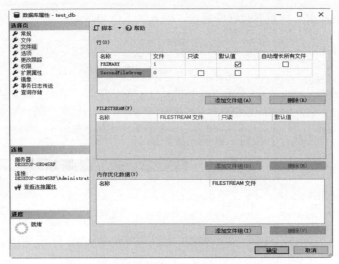

图 17-8　【数据库属性-test_db】对话框

03　选择【文件】选项，在右侧选项卡中，单击【添加】按钮，然后设置各选项如下：

● 逻辑名称：testDataDump。

● 文件类型：行数据。

● 文件组：SecondFileGroup。

● 初始大小：3MB。

设置完成后，结果如图 17-9 所示。

图 17-9　【文件】选项

04　单击【确定】按钮，在 SecondFileGroup 文件组上创建了这个新文件。

05　右击【test_db】数据库中的 stu_info 表，从弹出的快捷菜单中选择【设计】菜单命令，打开表设计器，然后选择【视图】→【属性】窗口菜单命令。

06 打开【属性】窗口，展开【常规数据库空间规范】节点，并将【文件组或分区方案】设置为 SecondFileGroup，如图 17-10 所示。

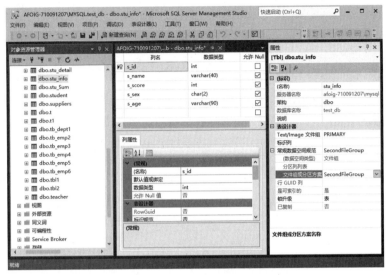

图 17-10　设置文件组或分区方案名称

07 单击【全部保存】按钮，完成当前表的修改，并关闭【表设计器】窗口和【属性】窗口。

创建文件组完成，下面是用 BACKUP 语句对文件组进行备份，BACKUP 语句备份文件组的语法格式如下：

```
BACKUP DATABASE database_name
<file_or_filegroup> [ ,...n ]
TO <backup_device> [ ,...n ]
WITH options
```

file_or_filegroup 指定要备份的文件或文件组，如果是文件，则编写为"FILE=逻辑文件名"；如果是文件组，则编写为"FILEGROUP=逻辑文件组名"；WITH options 指定备份选项，与前面介绍的参数作用相同。

【例 17.5】将 test 数据库中添加的文件组 SecondFileGroup 备份到本地备份设备【test 数据库备份】，输入如下语句：

```
BACKUP DATABASE test
FILEGROUP='SecondFileGroup'
TO test数据库备份
WITH NAME='test文件组备份', DESCRIPTION='test数据库的文件组备份'
```

17.3.3　事务日志备份

使用事务日志备份，除了运行还原备份事务外，还可以将数据库恢复到故障点或特定时间点，并且事务日志备份比完整备份占用更少的资源，可以频繁地执行事务日志备份，减少数据丢失的风险。创建事务日志备份使用 BACKUP LOG 语句，其基本语法格式如下：

```
BACKUP LOG { database_name | @database_name_var }
TO <backup_device> [ ,...n ]
[ WITH
NAME = { backup_set_name | @backup_set_name_var }
| DESCRIPTION = { 'text' | @text_variable }
]
{ { NORECOVERY | STANDBY = undo_file_name }} [ ,...n ] ]
```

LOG 指定仅备份事务日志，该日志是从上一次成功执行的日志备份到当前日志的末尾，必须创建完整备份，才能创建第一个日志备份，其他各参数与前面介绍的各个备份语句中的参数的作用相同。

【例 17.6】对 test 数据库执行事务日志备份，要求追加到现有的备份设备【test 数据库备份】上，输入如下语句：

```
BACKUP LOG test
TO test数据库备份
WITH NOINIT,NAME='test数据库事务日志备份',
DESCRIPTION='test数据库事务日志备份'
```

17.4　在 SQL Server Management Studio 中还原数据库

还原是备份的相反操作，当完成备份之后，如果发生硬件或软件的损坏、意外事故或者操作失误导致数据丢失时，需要对数据库中的重要数据进行还原，还原过程和备份过程相似，本节将介绍数据库还原的方式、还原时的注意事项以及具体过程。

17.4.1　还原数据库的方式

前面介绍了 4 种备份数据库的方式，在还原时也可以使用 4 种方式，分别是完整备份还原、差异备份还原、事务日志备份还原，以及文件和文件组备份还原。

1. 完整备份还原

完整备份是差异备份和事务日志备份的基础，同样在还原时，第一步要先做完整备份还原，完整备份还原将还原完整备份文件。

2. 差异备份还原

完整备份还原之后，可以执行差异备份还原。例如在周末晚上执行一次完整数据库备份，以后每隔一天创建一个差异备份集，如果在周三数据库发生了故障，则首先用最近上个周末的完整备份做一个完整备份还原，然后还原周二做的差异备份。如果在差异备份之后还有事务日志备份，那么还应该还原事务日志备份。

3. 事务日志备份还原

事务日志备份相对比较频繁，因此事务日志备份的还原步骤比较多。例如周末对数据库进行完整备份，每天晚上 8 点对数据库进行差异备份，每隔 3 个小时做一次事务日志备份。如果周三早上 9 点钟数据库发生故障，那么还原数据库的步骤为：首先恢复周末的完整备份，然后恢复周二下午做的差异备份，最后依次还原差异备份到损坏为止的每一个事务日志备份，即周二晚上 11 点、周三早上 2 点、周三早上 5 点和周三早上 8 点所做的事务日志备份。

4. 文件和文件组备份还原

该还原方式并不常用，只有当数据库中文件或文件组发生损坏时，才使用这种还原方式。

17.4.2　还原数据库前的注意事项

还原数据库备份之前，需要检查备份设备或文件，确认要还原的备份文件或设备是否存在，并检查备份文件或备份设备里的备份集是否正确无误。

验证备份集中内容的有效性可以使用 RESTORE VERIFYONLY 语句，该语句不仅可以验证备份集是否完整、整个备份是否可读，还可以对数据库执行额外的检查，从而及时地发现错误。RESTORE VERIFYONLY 语句的基本语法格式如下：

```
RESTORE VERIFYONLY
FROM <backup_device> [ ,...n ]
[ WITH
{
 MOVE 'logical_file_name_in_backup' TO 'operating_system_file_name'  [ ,...n ]
| FILE = { backup_set_file_number | @backup_set_file_number }
| PASSWORD = { password | @password_variable }
| MEDIANAME = { media_name | @media_name_variable }
| MEDIAPASSWORD = { mediapassword | @mediapassword_variable }
| { CHECKSUM | NO_CHECKSUM }
| { STOP_ON_ERROR | CONTINUE_AFTER_ERROR }
| STATS [ = percentage ]
} [ ,...n ]
]
[;]
<backup_device> ::=
{
{ logical_backup_device_name | @logical_backup_device_name_var }
| { DISK | TAPE } = { 'physical_backup_device_name'
| @physical_backup_device_name_var }
}
```

- MOVE 'logical_file_name_in_backup' TO 'operating_system_file_name' [...n]：对 于 由 logical_file_name_in_backup 指定的数据或日志文件，应当通过将其还原到 operating_system_file_name 所指定的位置来对其进行移动。默认情况下，logical_file_name_in_backup 文件将还原到它的原始位置。

- FILE ={ backup_set_file_number | @backup_set_file_number }: 标识要还原的备份集。例如，backup_set_file_number 为 1，指示备份媒体中的第一个备份集；backup_set_file_number 为 2，指示第二个备份集。可以通过使用 RESTORE HEADERONLY 语句来获取备份集的 backup_set_file_number。未指定时，默认值为 1。
- MEDIANAME = { media_name | @media_name_variable}: 指定媒体名称。
- MEDIAPASSWORD = { mediapassword | @mediapassword_variable}: 提供媒体集的密码。媒体集密码是一个字符串。
- { CHECKSUM | NO_CHECKSUM }: 默认行为是在存在校验和时就验证校验和，不存在校验和时就不进行验证并继续执行操作。
  - ➢ CHECKSUM: 指定必须验证备份校验和，在备份缺少备份校验和的情况下，该选项将导致还原操作失败，并会发出一条消息表明校验和不存在。
  - ➢ NO_CHECKSUM: 显式禁用还原操作的校验和验证功能。
- STOP_ON_ERROR: 指定还原操作在遇到第一个错误时停止。这是 RESTORE 的默认行为，但对于 VERIFYONLY 例外，后者的默认值是 CONTINUE_AFTER_ERROR。
- CONTINUE_AFTER_ERROR: 指定遇到错误后继续执行还原操作。
- STATS [= percentage]: 每当另一个百分比完成时显示一条消息，并用于测量进度。如果省略 percentage，则 SQL Server 每完成 10%（近似）就显示一条消息。
- { logical_backup_device_name | @logical_backup_device_name_var }: 是由 sp_addumpdevice 创建的备份设备（数据库将从该备份设备还原）的逻辑名称。
- {DISK | TAPE}={'physical_backup_device_name' | @physical_backup_device_name_var}: 允许从命名磁盘或磁带设备还原备份。

【例 17.7】检查名称为【test 数据库备份】的设备是否有误，输入如下语句：

```
RESTORE VERIFYONLY FROM test数据库备份
```

输入完成后，单击【执行】按钮，运行结果如图 17-11 所示。

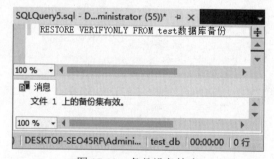

图 17-11　备份设备检查

默认情况下，RESTORE VERIFYONLY 检查第一个备份集，如果一个备份设备中可以包含多个备份集，例如要检查【test 数据库备份】设备中的第二个备份集是否正确，可以指定 FILE 值为 2，语句如下：

```
RESTORE VERIFYONLY
FROM test数据库备份 WITH FILE=2
```

在还原之前还要查看当前数据库是否还有其他人正在使用，如果还有其他人在使用，将无法还原数据库。

17.4.3 还原数据库备份

还原数据库备份是指根据保存的数据库备份，将数据库还原到某个时间点的状态。在 SQL Server 管理平台中，还原数据库的具体操作步骤如下：

01 使用 Windows 或 SQL Server 身份验证连接到服务器，在【对象资源管理器】窗口中，选择要还原的数据库，再右击之，依次从弹出的快捷菜单中选择【任务】→【还原】→【数据库】菜单命令，如图 17-12 所示。

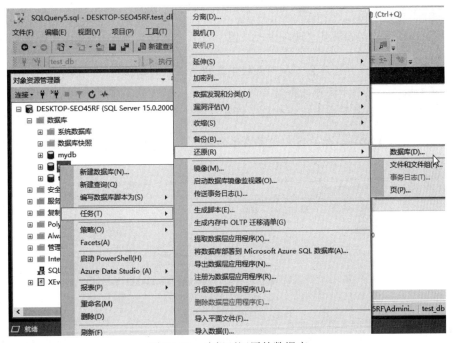

图 17-12 选择要还原的数据库

02 打开【还原数据库】对话框，包含【常规】选项、【文件】选项和【选项】选项。在【常规】选项中可以设置【源】和【目标】等信息，如图 17-13 所示。

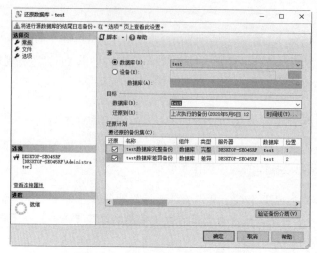

图 17-13 【还原数据库】对话框

【常规】选项可以对如下几个选项进行设置。

● 在【目标】→【数据库】下拉列表框中选择要还原的数据库。

● 【源】区域指定用于还原的备份集的源和位置。

● 【要还原的备份集】列表框中列出了所有可用的备份集。

03 选择【选项】选项，用户可以设置具体的还原选项，结尾日志备份和服务器连接等信息，如图 17-14 所示。

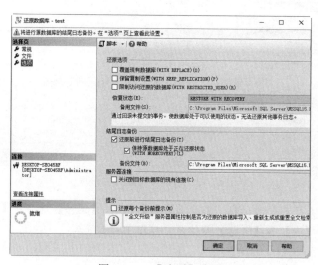

图 17-14 【选项】选项

【选项】选项中可以设置如下选项：

● 【覆盖现有数据库】选项会覆盖当前所有数据库以及相关文件，包括已存在的同名的其他数据库或文件。

● 【保留复制设置】选项会将已发布的数据库还原到创建该数据库的服务器之外的服务器时，

保留复制设置。只有选择"回滚未提交的事务，使数据库处于可以使用的状态。无法还原其他事务日志"单选按钮之后，该选项才可以使用。

- 【还原每个备份前提示】选项在还原每个备份设备前都会要求用户进行确认。
- 【限制访问还原的数据库】选项使还原的数据库仅供 db_owner、dbcreator 或 sysadmin 的成员使用。

【恢复状态】区域有 3 个选项。

- 【回滚未提交的事务，使数据库处于可以使用的状态。无法还原其他事务日志】选项可以让数据库在还原后进入可正常使用的状态，并自动恢复尚未完成的事务，如果本次还原是还原的最后一步，可以选择该选项。
- 【不对数据库执行任何操作，不回滚未提交的事务。可以还原其他事务日志】选项可以在还原后不恢复未完成的事务操作，但可以继续还原事务日志备份或差异备份，让数据库恢复到最接近目前的状态。
- 【使数据库处于只读模式。撤销未提交的事务，但将撤销操作保存在备用文件中，以便可使恢复效果逆转】选项可以在还原后恢复未完成事务的操作，并使数据库处于只读状态，如果要继续还原事务日志备份，还必须知道一个还原文件来存放被恢复的事务内容。

04 完成上述参数设置之后，单击【确定】按钮进行还原操作。

17.4.4　还原文件和文件组备份

文件还原的目标是还原一个或多个损坏的文件，而不是还原整个数据库。在 SQL Server 管理平台中还原文件和文件组的具体操作步骤如下：

01 在【对象资源管理器】窗口中，选择要还原的数据库，再右击之，依次从弹出的快捷菜单中选择【任务】→【还原】→【文件和文件组】菜单命令，如图 17-15 所示。

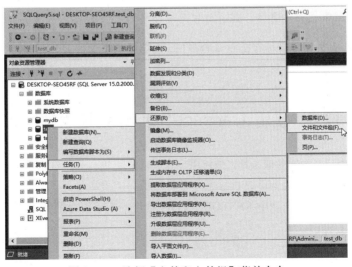

图 17-15　选择【文件和文件组】菜单命令

02 打开【还原文件和文件组】对话框，设置还原的目标和源，如图 17-16 所示。

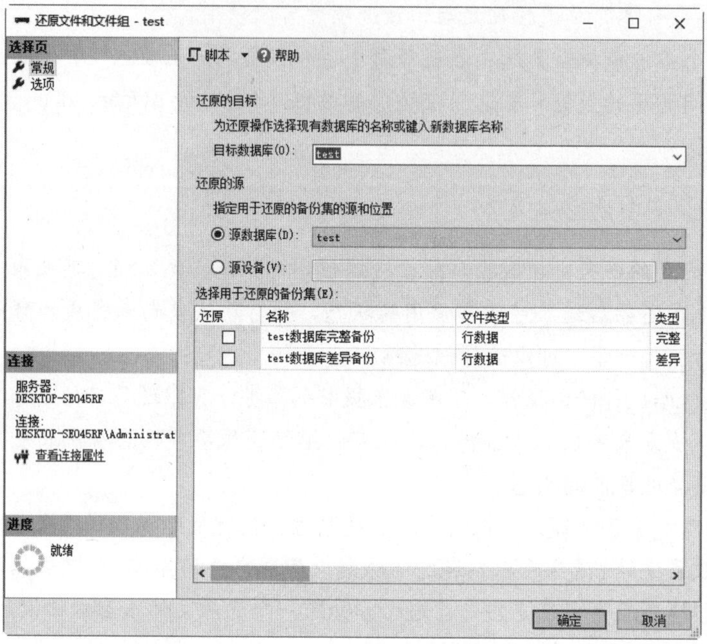

图 17-16　【还原文件和文件组】对话框

在【还原文件和文件组】对话框中，可以对如下选项进行设置。

- 在【目标数据库】下拉列表框中可以选择要还原的数据库。
- 【还原的源】该区域用来选择要还原的备份文件或备份设备，用法与还原数据库完整备份相同，这里不再赘述。
- 【选择用于还原的备份集】列表框中可以选择要还原的备份集。该区域列出的备份集中不仅包含文件和文件组的备份，还包括完整备份、差异备份和事务日志备份，这里不仅可以恢复文件和文件组备份，还可以恢复完整备份、差异备份和事务备份。

03 【选项】选项中的内容与前面介绍的相同，读者可以参考前面的介绍进行设置，设置完毕，单击【确定】按钮，执行还原操作。

17.5　使用 Transact-SQL 语句还原数据库

除了使用图形用户界面的管理工具之外，用户也可以使用 Transact-SQL 语句对数据库进行还原操作，RESTORE DATABASE 语句可以执行完整备份还原、差异备份还原、文件和文件组备份还原，如果要还原事务日志备份，则使用 RESTORE LOG 语句。本节将介绍如何使用 RESTORE 语句进行各种备份的恢复。

17.5.1 完整备份还原

数据库完整备份还原的目的是还原整个数据库。整个数据库在还原期间处于脱机状态。执行完整备份还原的 RESTORE 语句的基本语法格式如下：

```
RESTORE DATABASE { database_name | @database_name_var }
 [ FROM <backup_device> [ ,...n ] ]
 [ WITH
{
[ {CHECKSUM | NO_CHECKSUM} ]
| [ {CONTINUE_AFTER_ERROR | STOP_ON_ERROR}]
| [RECOVERY|NORECOVERY|STANDBY=
{standby_file_name | @standby_file_name_var } ]
| FILE = { backup_set_file_number | @backup_set_file_number }
| PASSWORD = { password | @password_variable }
| MEDIANAME = { media_name | @media_name_variable }
| MEDIAPASSWORD = { mediapassword | @mediapassword_variable }
| { CHECKSUM | NO_CHECKSUM }
| { STOP_ON_ERROR | CONTINUE_AFTER_ERROR }
| MOVE 'logical_file_name_in_backup' TO 'operating_system_file_name'
        [ ,...n ]
| REPLACE
| RESTART
 | RESTRICTED_USER
| ENABLE_BROKER
 | ERROR_BROKER_CONVERSATIONS
 | NEW_BROKER
| STOPAT = {'datetime' | @datetime_var }
| STOPATMARK = {'mark_name' | 'lsn:lsn_number' } [ AFTER 'datetime' ]
 | STOPBEFOREMARK = {'mark_name' | 'lsn:lsn_number' } [ AFTER 'datetime' ]
 }
]
[;]


<backup_device>::=
{
  { logical_backup_device_name |
        @logical_backup_device_name_var }
 | { DISK | TAPE } = { 'physical_backup_device_name' |
        @physical_backup_device_name_var }
}
```

- RECOVERY: 指示还原操作回滚任何未提交的事务。在恢复进程后即可随时使用数据库。如果既没有指定 NORECOVERY 和 RECOVERY，也没有指定 STANDBY，则默认为 RECOVERY。
- NORECOVERY: 指示还原操作不回滚任何未提交的事务。
- STANDBY = standby_file_name：指定一个允许撤销恢复效果的备用文件。

standby_file_name 指定了一个备用文件，其位置存储在数据库的日志中。如果某个现有文件使用了指定的名称，该文件将被覆盖，否则数据库引擎会创建该文件。

- MOVE：将逻辑名指定的数据文件或日志文件还原到所指定的位置。
- REPLACE：指定即使存在另一个具有相同名称的数据库，SQL Server 也应该创建指定的数据库及其相关文件。在这种情况下将删除现有的数据库。如果不指定 REPLACE 选项，则会执行安全检查。这样可以防止意外覆盖其他数据库。REPLACE 还会覆盖在恢复数据库之前备份尾日志的要求。
- RESTART：指定 SQL Server 应重新启动被中断的还原操作。RESTART 从中断点重新启动还原操作。
- RESTRICTED_USER：限制只有 db_owner、dbcreator 或 sysadmin 角色的成员才能访问新近还原的数据库。
- ENABLE_BROKER：指定在还原结束时启用 Service Broker 消息传递，以便可以立即发送消息。默认情况下，还原期间禁用 Service Broker 消息传递。数据库保留现有的 Service Broker 标识符。
- ERROR_BROKER_CONVERSATIONS：结束所有会话，并产生一个错误指出数据库已附加或还原。这样，应用程序即可为现有会话执行定期清理。在此操作完成之前，Service Broker 消息传递始终处于禁用状态，此操作完成后即处于启用状态。数据库保留现有的 Service Broker 标识符。
- NEW_BROKER：指定为数据库分配新的 Service Broker 标识符。
- STOPAT ={'datetime' | @datetime_var}：指定将数据库还原到它在 datetime 或 @datetime_var 参数指定的日期和时间时的状态。
- STOPATMARK ={'mark_name' | 'lsn:lsn_number' } [AFTER 'datetime']：指定恢复至指定的恢复点。恢复中包括指定的事务，但是，仅当该事务最初于实际生成事务时已获得提交，才可进行本次提交。
- STOPBEFOREMARK = { 'mark_name' | 'lsn:lsn_number' } [AFTER 'datetime']：指定恢复至指定的恢复点为止。在恢复中不包括指定的事务，且在使用 WITH RECOVERY 时将回滚。

【例 17.8】使用备份设备还原数据库，输入如下语句：

```
USE master;
GO
RESTORE DATABASE test FROM test数据库备份
WITH REPLACE
```

该段程序代码指定 REPLACE 参数，表示对 test 数据库执行恢复操作时将覆盖当前数据库。

【例 17.9】使用备份文件还原数据库，输入如下语句：

```
USE master
GO
RESTORE DATABASE test
```

```
FROM DISK='C:\Program Files\Microsoft SQL Server\MSSQL10.MSSQLSERVER\MSSQL\
Backup\test数据库备份.bak'
    WITH REPLACE
```

17.5.2　差异备份还原

　　差异备份还原与完整备份还原的语法基本一样，只是在还原差异备份时，必须先还原完整备份，再还原差异备份。完整备份和差异备份可能在同一个备份设备中，也可能不在同一个备份设备中。如果在同一个备份设备中应使用 file 参数指定备份集。无论备份集是否在同一个备份设备中，除了最后一个还原操作，其他所有还原操作都必须加上 NORECOVERY 或 STANDBY 参数。

　　【例 17.10】执行差异备份还原，输入如下语句：

```
USE master;
GO
RESTORE DATABASE test FROM test数据库备份
WITH FILE = 1, NORECOVERY, REPLACE
GO
RESTORE DATABASE test FROM test数据库备份
WITH FILE = 2
GO
```

　　前面对 test 数据库备份时，在备份设备中差异备份是【test 数据库备份】设备中的第 2 个备份集，因此需要指定 FILE 参数。

17.5.3　事务日志备份还原

　　与差异备份还原类似，事务日志备份还原时只要知道它在备份设备中的位置即可。还原事务日志备份之前，必须先还原在其之前的完整备份，除了最后一个还原操作，其他所有操作都必须加上 NORECOVERY 或 STANDBY 参数。

　　【例 17.11】事务日志备份还原，输入如下语句：

```
USE master
GO
RESTORE DATABASE test FROM test数据库备份
WITH FILE = 1, NORECOVERY, REPLACE
GO
RESTORE DATABASE test FROM test数据库备份
WITH FILE = 4
GO
```

　　因为事务日志恢复中包含日志，所以也可以使用 RESTORE LOG 语句还原事务日志备份，上面的代码可以修改如下：

```
USE master
GO
RESTORE DATABASE test FROM test数据库备份
WITH FILE = 1, NORECOVERY, REPLACE
```

```
GO
RESTORE LOG test FROM test数据库备份
WITH FILE = 4
GO
```

17.5.4 文件和文件组备份还原

RESTORE DATABASE 语句中加上 FILE 或者 FILEGROUP 参数之后可以还原文件和文件组备份，在还原文件和文件组之后，还可以还原其他备份来获得最近的数据库状态。

【例 17.12】使用名称为【test 数据库备份】的备份设备来还原文件和文件组，同时使用第 7 个备份集来还原事务日志备份，输入如下语句：

```
USE master
GO
RESTORE DATABASE test
FILEGROUP = 'PRIMARY'
FROM test数据库备份
WITH REPLACE,NORECOVERY
GO
RESTORE LOG test
FROM test数据库备份
WITH FILE = 7
GO
```

17.5.5 将数据库还原到某个时间点

SQL Server 2019 在创建日志时，同时为日志标上日志号和时间，这样就可以根据时间将数据库恢复到某个特定的时间点。在执行恢复之前，可以先向 stu_info 表中插入两条新的记录，然后对 test 数据库进行事务日志备份，具体操作步骤如下：

01 单击工具栏上的【新建查询】按钮，在新查询窗口中执行下面的 INSERT 语句：

```
USE test;
GO
INSERT INTO stu info VALUES(22,'张一',80,'男',17);
INSERT INTO stu_info VALUES(23,'张二',80,'男',17);
```

输入完成后，单击【执行】按钮，将向 test 数据库中的 stu_info 表中插入两条新的学生记录，执行结果如图 17-17 所示。

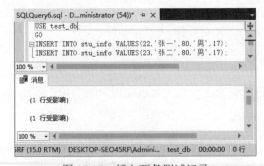

图 17-17 插入两条测试记录

02 为了执行按时间点恢复，首先要创建一个事务日志备份，使用 BACKUP LOG 语句，输入如下语句：

```
BACKUP LOG test
TO test数据库备份
```

03 打开 stu_info 表，删除刚才插入的两条记录。

04 重新登录到 SQL Server 服务器，打开 SSMS，在【对象资源管理器】窗口中，右击 test 数据库，依次从弹出的快捷菜单中选择【任务】→【还原】→【数据库】菜单命令，打开【还原数据库】对话框，单击【时间线】按钮，如图 17-18 所示。

图 17-18　【还原数据库】对话框

05 打开【备份时间线：test】对话框，选中【特定日期和时间】单选按钮，输入具体时间，这里设置为刚才执行 INSERT 语句之前的一小段时间，如图 17-19 所示。

图 17-19　【备份时间线：test】对话框

06 单击【确定】按钮，返回【还原数据库】对话框，然后选择备份设备【test 数据库备份】。

并选中相关完整和事务日志备份，还原数据库。还原成功之后将弹出还原成功提示对话框，单击【确定】按钮即可，如图 17-20 所示。

图 17-20　还原成功的提示对话框

为了验证还原之后数据库的状态，读者可以对 stu_info 表执行查询操作，查看刚才删除的两条记录是否还原了。

技　巧

在还原数据库的过程中，如果有其他用户正在使用数据库，将不能执行还原操作。还原数据库要求数据库工作在单用户模式。配置单用户模式的方法是配置数据库的属性，在数据库属性对话框中的【选项】选项中，设置【限制访问】参数为 Single 即可。

17.6　建立自动备份的维护计划

数据库备份非常重要，并且有些数据的备份非常频繁，例如事务日志，如果每次都要把备份的流程执行一遍，那将花费大量的时间，非常烦琐，也没有效率。SQL Server 2019 可以建立自动的备份维护计划，减少数据库管理员的工作负担，具体建立过程如下：

01 在【对象资源管理器】窗口中选择【SQL Server 代理（已禁用代理 xp）】节点，右击并在弹出的快捷菜单中选择【启动】菜单命令，如图 17-21 所示。

02 弹出警告对话框，单击【是】按钮，如图 17-22 所示。

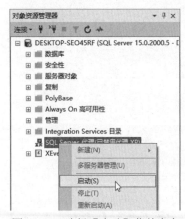

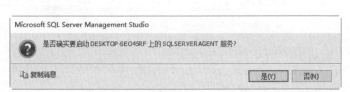

图 17-21　选择【启动】菜单命令　　　　　　　　　图 17-22　警告对话框

03 在【对象资源管理器】窗口中，依次打开服务器节点下的【管理】→【维护计划】节点。右击【维护计划】节点，在弹出的快捷菜单中选择【维护计划向导】菜单命令，如图 17-23 所示。

04 打开【维护计划向导】对话框，单击【下一步】按钮，如图 17-24 所示。

图 17-23　选择【维护计划向导】菜单命令　　　　图 17-24　【维护计划向导】对话框

05 打开【选择计划属性】对话框，在【名称】文本框中输入维护计划的名称，在【说明】文本框中输入维护计划的说明文字，如图 17-25 所示。

06 单击【下一步】按钮，进入【选择维护任务】对话框，用户可以选择多种维护任务，例如检查数据库完整性、收缩数据库、重新组织索引或重新生成索引、执行 SQL Server 代理作业、备份数据库等。这里选择【备份数据库（完整）】复选框。如果要添加其他维护任务，则选中前面相应的复选框即可，如图 17-26 所示。

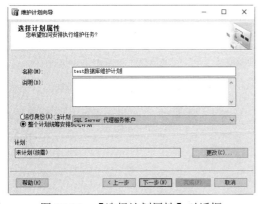

图 17-25　【选择计划属性】对话框　　　　图 17-26　【选择维护任务】对话框

07 单击【下一步】按钮，打开【选择维护任务顺序】对话框，如果有多个任务，这里可以通过单击【上移】和【下移】两个按钮来设置维护任务的顺序，如图 17-27 所示。

08 单击【下一步】按钮，打开定义任务属性的对话框，在【数据库】下拉列表框里可以选择要备份的数据库名，在【备份组件】区域里可以选择备份数据库还是数据库文件，还可以选择备份介质为磁盘或磁带等，如图 17-28 所示。

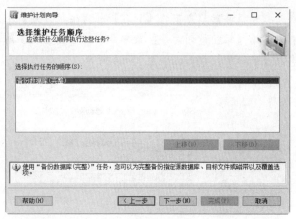

图 17-27 【选择维护任务顺序】对话框　　　　　　　图 17-28 定义任务属性

09 单击【下一步】按钮，弹出【选择报告选项】对话框，在该对话框中可以选择如何管理维护计划报告，可以将其写入文本文件，也可以通过电子邮件发送给数据库管理员，如图 17-29 所示。

10 单击【下一步】按钮，弹出【完成向导】对话框，如图 17-30 所示，单击【完成】按钮，即完成创建维护计划的配置。

图 17-29 【选择报告选项】对话框　　　　　　　图 17-30 【完成向导】对话框

11 SQL Server 2019 将执行创建维护计划任务，如图 17-31 所示，当所有步骤执行完毕之后，单击【关闭】按钮，即完成维护计划任务的创建。

图 17-31 执行维护计划操作

17.7　通过 Always Encrypted 安全功能为数据加密

SQL Server 2019 将通过新的全程加密（Always Encrypted）特性让加密工作变得更简单，这项特性提供了某种方式，以确保在数据库中不会看到敏感列中的未加密值，并且无须对应用进行重写。

下面将以加密数据表 authors 中的数据为例进行讲解，具体操作步骤如下：

注　意
不支持加密的数据类型包括：xml、rowversion、image、ntext、text、sql_variant、hierarchyid、geography、geometry 以及用户自定义类型。

01 在【对象资源管理器】窗口中，展开需要加密的数据库，选择【安全性】选项，在其中展开【Always Encrypted 密钥】选项，可以看到【列主密钥】和【列加密密钥】，如图 17-32 所示。

02 右击【列主密钥】选项，在弹出的快捷菜单中选择【新建列主密钥】菜单命令，如图 17-33 所示。

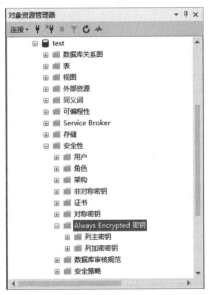

图 17-32　【Always Encrypted 密钥】选项　　　图 17-33　选择【新建列主密钥】菜单命令

03 打开【新列主密钥】对话框，在【名称】文本框中输入主密钥的名次，然后在【密钥存储】中指定密钥存储提供器，单击【生成证书】按钮，即可生成自签名的证书，如图 17-34 所示。

04 单击【确定】按钮，即可在【对象资源管理器】中查看新增的列主密钥，如图 17-35 所示。

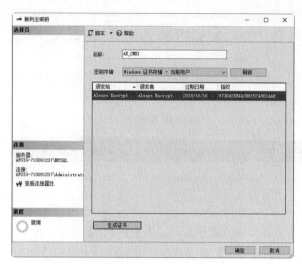

图 17-34 【新列主密钥】对话框

图 17-35 查看新增的列主密钥

05 在【对象资源管理器】窗口中右击【列加密密钥】选项，并在弹出的快捷菜单中选择【新建列加密密钥】菜单命令，如图 17-36 所示。

06 打开【新列加密密钥】对话框，在【名称】框中输入加密密钥的名称，列主密钥选择为【AE_CMK1】选项，单击【确定】按钮，如图 17-37 所示。

图 17-36 选择【新建列加密密钥】菜单命令

图 17-37 【新列加密密钥】对话框

07 在【对象资源管理器】窗口中查看新建的列加密密钥，如图 17-38 所示。

08 在【对象资源管理器】窗口中右击需要加密的数据表，在弹出的快捷菜单中选择【加密列】菜单命令，如图 17-39 所示。

图 17-38 查看新增的列加密密钥   图 17-39 【加密列】菜单命令

09 打开【简介】对话框，单击【下一步】按钮，如图 17-40 所示。

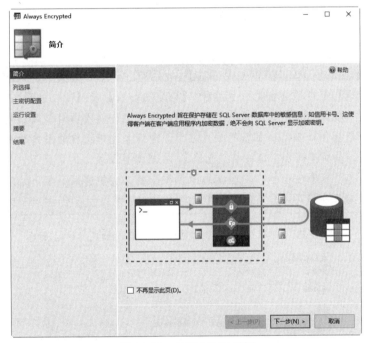

图 17-40 【简介】对话框

10 打开【列表框】对话框，选择需要加密的列，然后选择加密类型和加密密钥，如图 17-41 所示。

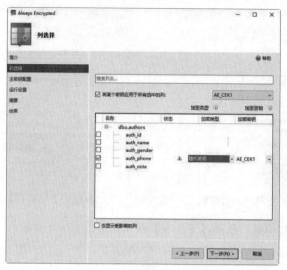

图 17-41　【列表框】对话框

提　示

　　在【列表框】窗口，加密类型有两种：【确定型加密】与【随机加密】。确定型加密能够确保对某个值加密后的结果是始终相同的，这就允许使用者对该数据列进行等值比较、连接及分组操作。确定型加密的缺点在于，它"允许未授权的用户通过对加密列的模式进行分析，从而猜测加密值的相关信息"。在取值范围较小的情况下，这一点会体现得尤为明显。为了提高安全性，应当使用随机型加密。它能够保证某个给定值在任意两次加密后的结果总是不同的，从而杜绝了猜出原值的可能性。

---

11 单击【下一步】按钮，打开【主密钥配置】对话框，如图 17-42 所示。

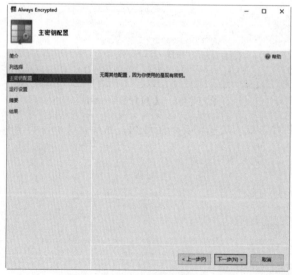

图 17-42　【主密钥配置】对话框

12 单击【下一步】按钮,打开【运行设置】对话框,选择【现在继续完成】单选按钮,如图
17-43 所示。

图 17-43 【运行设置】对话框

13 单击【下一步】按钮,打开【摘要】对话框,如图 17-44 所示。

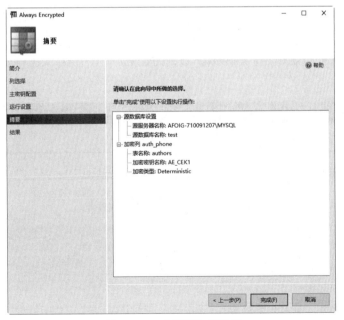

图 17-44 【摘要】对话框

14 确认加密信息后,单击【完成】按钮,打开【结果】对话框,加密完成后,显示"已通
过"信息,最后单击【关闭】按钮,如图 17-45 所示。

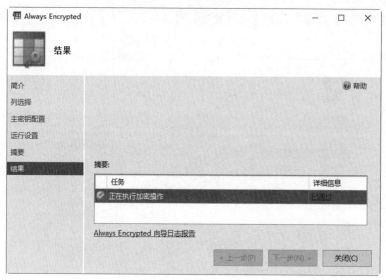

图 17-45　【结果】对话框

17.8　动态数据屏蔽

动态数据屏蔽是 SQL Server 2019 引入的一项新的特性，通过数据屏蔽，非授权用户无法看到敏感数据。动态数据屏蔽会在查询结果集里隐藏指定列（即字段）的敏感数据，而数据库中的实际数据并没有任何变化。动态数据屏蔽很容易应用到现有的应用系统中，因为屏蔽规则是应用在查询结果上，很多应用程序能够在不修改现有查询语句的情况下屏蔽敏感数据。

屏蔽规则可以在表的某列上定义，以保护该列的数据，有 4 种屏蔽类型：Default、Email、Custom String 和 Random。

注　意
在一个列上创建屏蔽不会阻止该列的更新操作。

下面通过一个案例来学习动态数据屏蔽的功能及使用方法。

01 创建一个保护动态数据屏蔽的数据表，输入如下语句：

```
CREATE TABLE Member(
Id int IDENTITY PRIMARY KEY,
Name varchar(50) NULL,
Phone varchar(12) MASKED WITH (FUNCTION = 'default()') NULL);
```

02 插入演示数据，输入如下语句：

```
INSERT Member (Id, Name, Phone) VALUES
(1,'张小明', '123456780'),
(2,'孙正华', '123456781'),
(3,'刘天佑', '123456782');
```

03 此时查询 Member 的内容，输入如下语句：

```
SELECT * FROM Member;
```

运行结果如图 17-46 所示（此处的电话号码仅仅作为例子，不是真实的电话号码）。

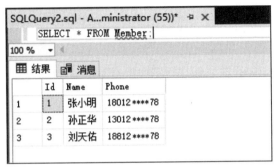

图 17-46　查询 Member 的内容

04 创建用户 MyUser，并授 SELECT 权限，该用户 MyUser 执行查询，就能看到数据屏蔽的情况，输入如下语句：

```
CREATE USER MyUser WITHOUT LOGIN;
GRANT SELECT ON Member TO MyUser;
```

05 以用户 MyUser 的身份查看数据表 Member 的内容，输入如下语句：

```
EXECUTE AS USER = ' MyUser ';
SELECT * FROM Member;
REVERT;
```

运行结果如图 17-47 所示。

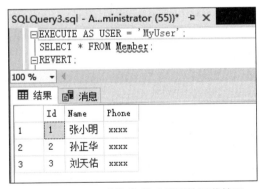

图 17-47　查询数据时看到的屏蔽情况

06 用户可以在已存在的列（即字段）上添加数据屏蔽功能。这里在 Name 列上添加数据屏蔽功能，输入如下语句：

```
ALTER TABLE Member
ALTER COLUMN Name ADD MASKED WITH (FUNCTION = 'partial(2,"XXX",0)');
```

07 再次以用户 MyUser 的身份查看数据表 Member 的内容，输入如下语句：

```
EXECUTE AS USER = ' MyUser ';
SELECT * FROM Member;
REVERT;
```

运行结果如图 17-48 所示。

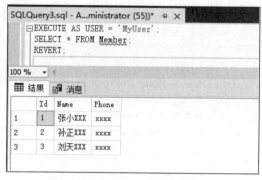

图 17-48 添加新的数据屏蔽功能

08 用户可以修改数据屏蔽功能。下面在 Name 列上修改数据屏蔽功能，输入如下语句：

```
ALTER TABLE Member
ALTER COLUMN Name varchar(50) MASKED WITH (FUNCTION =
'partial(1,"XXXXXXX",0)');
```

09 再次以用户 MyUser 的身份查看数据表 Member 的内容，输入如下语句：

```
EXECUTE AS USER = ' MyUser ';
SELECT * FROM Member;
REVERT;
```

运行结果如图 17-49 所示。

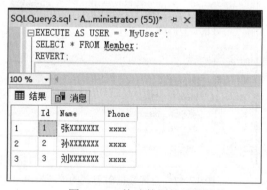

图 17-49 修改数据的屏蔽功能

10 用户也可以删除动态数据的屏蔽功能，例如要删除 Name 列上的动态数据屏蔽功能，输入如下语句：

```
ALTER TABLE Member
ALTER COLUMN Name DROP MASKED;
```

11 再次以用户 MyUser 的身份查看数据表 Member 的内容，输入如下语句：

```
EXECUTE AS USER = ' MyUser ';
SELECT * FROM Member;
REVERT;
```

运行结果如图 17-50 所示。

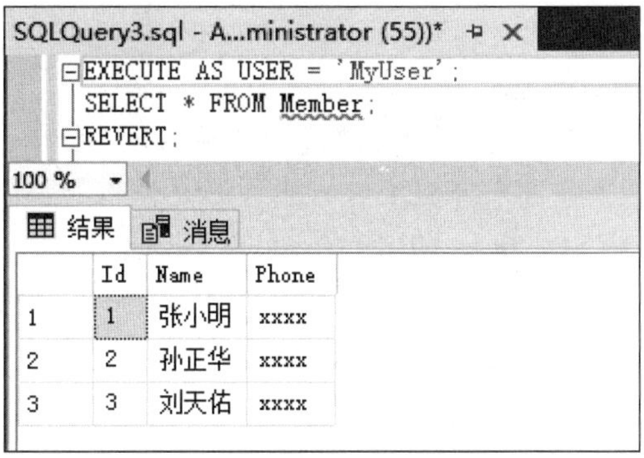

图 17-50　删除数据的屏蔽功能

17.9　疑难解惑

1. 如何加快备份速度

本章介绍的各种备份方式将所有备份文件放在一个备份设备中，如果要加快备份速度，可以备份到多个备份设备，这些种类的备份可以在硬盘驱动器、网络或者是本地磁带驱动器上执行。执行备份到多个备份设备时将并行使用多个设备，数据将同时写到所有介质上。

2. 日志备份如何不覆盖现有备份集

使用 BACKUP 语句执行差异备份时，要使用 WITH NOINIT 选项，这样将追加到现有的备份集，避免覆盖已存在的完整备份。

3. 时间点恢复有什么弊端

时间点恢复不能用于完全与差异备份，只可用于事务日志备份，并且使用时间点恢复时，指定时间点之后整个数据库上发生的任何修改都会丢失。

17.10　经典习题

1. SQL Server 2019 中有哪几种备份类型，分别有什么特点？
2. 创建 test 数据库的完整备份，删除两个数据表 fruits 和 suppliers，然后还原这两个数据表。
3. 创建一个 test 数据库的时间点备份，删除 fruits 表中的所有记录，使用按时间点恢复的方法恢复 fruits 表中的数据。

第18章 SQL Server 2019新增功能

📖 学习目标|Objective

Microsoft SQL Server 是一款功能强大的关系型数据库管理系统。目前，Microsoft 公司公布了新版 SQL Server 2019，此版本包含来自 SQL Server 历史版本的改进功能，可修复 bug、增强安全性和优化性能，本章就来介绍 SQL Server 2019 的一些新增功能。

📖 内容导航|Navigation

- 了解数据虚拟化与大数据群集
- 掌握新增的智能数据库功能
- 掌握新增的图形匹配查询
- 掌握新增的边缘约束功能
- 了解其他常用新增功能

18.1 数据虚拟化与大数据群集

通过 PolyBase 可以进行数据虚拟化，借助 PolyBase，SQL Server 实例可处理从外部数据源中读取数据的 Transact-SQL 查询。以前，SQL Server 2016 及更高版本可以访问 Hadoop 和 Azure Blob 存储中的外部数据。不过，从 SQL Server 2019 开始，使用 PolyBase 可以访问 SQL Server、Oracle、Teradata 和 MongoDB 中的外部数据。

在使用 PolyBase 之前，必须安装 PolyBase 功能，具体的安装方法是：在【功能选择】对话框上，选择【针对外部数据的 PolyBase 查询服务】复选框，如图 18-1 所示。然后按照 SQL Server 2019 安装向导进行安装即可。

安装完成后，必须启用 PolyBase 来获取其功能，我们可以使用以下 Transact-SQL 命令来启用 PolyBase 功能。语句如下：

```
exec sp_configure @configname = 'polybase enabled', @configvalue = 1;
RECONFIGURE;
```

注　意

PolyBase 安装后有三个用户数据库，分别为 DWConfiguration、DWDiagnostics 和 DWQueue，这些数据库供 PolyBase 使用，不能更改或删除它们。

图 18-1 【功能选择】对话框

那么如何确认是否安装了 PolyBase 功能呢？我们可以运行以下 Transact-SQL 语句。如果已安装 PolyBase 功能，则返回 1，否则返回 0。语句如下：

```
SELECT SERVERPROPERTY ('IsPolyBaseInstalled') AS IsPolyBaseInstalled;
```

运行结果如图 18-2 所示，可以看到返回的结果是"1"，则本台计算机安装了 PolyBase。

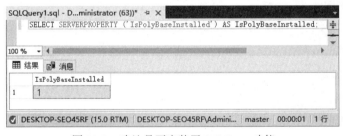

图 18-2 确认是否安装了 PolyBase 功能

当代企业通常掌管着庞大的数据资产，这些数据资产由托管在整个公司的孤立数据源中不断增长的各种数据集组成。利用 SQL Server 2019 大数据群集，可以处理包括机器学习和 AI 功能在内的大量数据。

使用 SQL Server 大数据群集可执行以下操作：

（1）部署 SQL Server、Spark 和在 Kubernetes 上运行的 HDFS 容器的可缩放群集。

（2）在 Transact-SQL 或 Spark 中读取、写入和处理大数据。

（3）通过大容量大数据轻松合并和分析高价值关系数据。

（4）在由 SQL Server 管理的 HDFS 中存储大数据。

（5）通过群集查询多个外部数据源的数据。

（6）将数据用于 AI、机器学习和其他分析任务。

（7）在大数据群集中部署和运行应用程序。

（8）使用 PolyBase 虚拟化数据。使用外部表从外部 SQL Server、Oracle、MongoDB 和 ODBC 数据源中查询数据。

（9）使用 Always On 可用性组技术为 SQL Server 主实例和所有数据库提供高可用性。

18.2   智能数据库

SQL Server 2019 是在早期版本创新的基础上构建的，旨在提供开箱即用的业界领先性能。从智能查询处理到对永久性内存设备的支持，SQL Server 智能数据库功能提高了数据库各种工作负荷下的性能和可伸缩性，而无须更改应用程序或数据库的设计。

18.2.1   批处理模式内存授予反馈

在 SQL Server 中，查询执行的计划包括执行所需的最小内存容量和能将所有行纳入内存的理想内存容量。如果授予的内存容量不足，导致数据从内存溢出到磁盘，就会使性能受到影响。如果授予的内存过量，则又浪费了宝贵的内存资源（因为减少了数据库并发执行的机会）。

通过解决重复工作负荷，批处理模式内存授予反馈可重新计算查询所需的实际内存容量，并更新内存缓存计划的授予值。执行相同的查询语句时，查询将使用修改后的内存授予大小，从而减少影响并发的过量内存授予。

图 18-3 所示是使用批处理模式自适应内存授予反馈的一个示例。对于首次执行查询，由于高溢出，因此持续时间相对较长一些，程序代码如下：

```
DECLARE @EndTime datetime = '2016-09-22 00:00:00.000';
DECLARE @StartTime datetime = '2016-09-15 00:00:00.000';
SELECT TOP 10 hash_unique_bigint_id
FROM dbo.TelemetryDS
WHERE Timestamp BETWEEN @StartTime and @EndTime
GROUP BY hash_unique_bigint_id
ORDER BY MAX(max_elapsed_time_microsec) DESC;
```

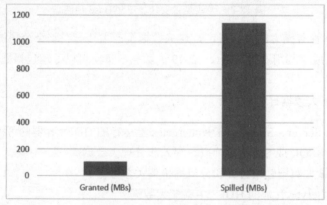

图 18-3   未启用批处理模式内存授予反馈后的示意图

当启用内存授予反馈后，再次执行上述程序代码，运行持续时间为 1 秒，从 88 秒减少到 1 秒，完全消除了内存溢出问题，且授予内存容量更高，如图 18-4 所示为启用内存授予反馈后的示意图。

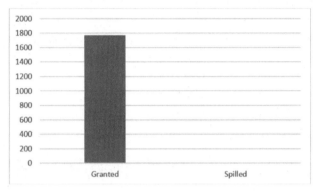

图 18-4　启用批处理模式内存授予反馈后的示意图

在不更改兼容级别的情况下，可以禁用批处理模式内存授予反馈，禁用的方法为：若要对源自数据库的所有查询禁用批处理模式内存授予反馈，则要在对应数据库的上下文中执行以下语句：

```
ALTER DATABASE SCOPED CONFIGURATION SET BATCH_MODE_MEMORY_GRANT_FEEDBACK =
OFF;
```

执行结果如图 18-5 所示。

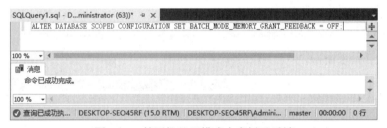

图 18-5　禁用批处理模式内存授予反馈

若要对源自数据库的所有查询重新启用批处理模式内存授予反馈，则要在对应数据库的上下文中执行以下语句：

```
ALTER DATABASE SCOPED CONFIGURATION SET BATCH_MODE_MEMORY_GRANT_FEEDBACK = ON;
```

执行结果如图 18-6 所示。

图 18-6　启用批处理模式内存授予反馈

18.2.2　行模式内存授予反馈

通过调整批处理模式和行模式的内存授予大小，行模式内存授予反馈扩展了批处理模式内存授予反馈功能。

在不更改兼容级别的情况下，我们可以禁用行模式内存授予反馈，禁用的具体方法为：若要对源自数据库的所有查询禁用行模式内存授予反馈，则要在对应数据库的上下文中执行以下语句：

```
ALTER DATABASE SCOPED CONFIGURATION SET ROW_MODE_MEMORY_GRANT_FEEDBACK = OFF;
```

执行结果如图 18-7 所示。

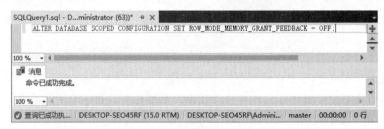

图 18-7　禁用行模式内存授予反馈

若要对源自数据库的所有查询重新启用行模式内存授予反馈，则要在对应数据库的上下文中执行以下语句：

```
ALTER DATABASE SCOPED CONFIGURATION SET ROW_MODE_MEMORY_GRANT_FEEDBACK = ON;
```

执行结果如图 18-8 所示。

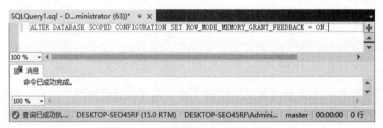

图 18-8　启用行模式内存授予反馈

18.2.3　适用于 MSTVF 的交错执行

通过交错执行，函数中的实际行计数可用于更明智的查询计划。交错执行可优化查询计划，即根据查询量的变化调整查询计划。

注　意
MSTVF 为多语句表值函数。

在不更改兼容级别的情况下，可以禁用交错执行，禁用的方法为：若要对源自数据库的所有查询禁用交错执行，则要在对应数据库的上下文中执行以下语句：

```
ALTER DATABASE SCOPED CONFIGURATION SET INTERLEAVED_EXECUTION_TVF = OFF;
```

执行结果如图 18-9 所示。

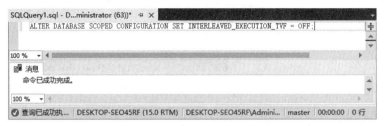

图 18-9　禁用数据库的交错执行功能

若要对源自数据库的所有查询重新启用交错执行功能，则要在对应数据库的上下文中执行以下语句：

```
ALTER DATABASE SCOPED CONFIGURATION SET INTERLEAVED_EXECUTION_TVF = ON;
```

执行结果如图 18-10 所示。

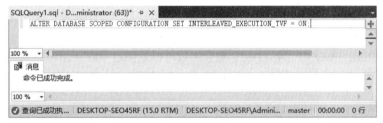

图 18-10　重新启用数据库的交错执行功能

18.2.4　表变量延迟编译

表变量延迟编译功能既提高了查询计划的质量，又提升了引用表变量查询的整体性能。使用"表变量延迟编译"，引用表变量的语句会延迟进行编译（直到首次实际执行程序语句时刻），此延迟编译行为与临时表的行为相同。

在不更改兼容性级别的情况下，我们可以禁用表变量延迟编译，禁用表变量延迟编译的方法是：若要对源自数据库的所有查询禁用表变量延迟编译，则要在对应数据库的上下文中执行以下语句：

```
ALTER DATABASE SCOPED CONFIGURATION SET DEFERRED_COMPILATION_TV = OFF;
```

执行结果如图 18-11 所示。

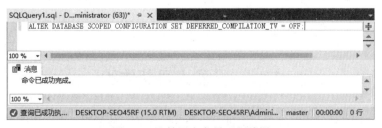

图 18-11　禁用表变量延迟编译

若要对源自数据库的所有查询重新启用表变量延迟编译功能，则要在对应数据库的上下文中执行以下语句：

```
ALTER DATABASE SCOPED CONFIGURATION SET DEFERRED_COMPILATION_TV = ON;
```

执行结果如图 18-12 所示。

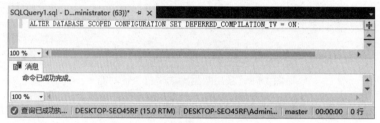

图 18-12　启用表变量延迟编译

18.2.5　新增近似查询功能

近似查询处理是 SQL Server 2019 的新增功能，它可以用于响应速度比绝对精度更为关键的大型数据集的查询。例如，超过 10 亿行的计算 COUNT(DISTINCT())结果要速度显示在仪表板上。在这种情况下，绝对精度并不是最重要的，而响应速度则是。

新增的 APPROX_COUNT_DISTINCT 聚合函数可以返回组中唯一非 NULL 值的近似数。语法格式如下：

```
APPROX_COUNT_DISTINCT ( expression )
```

APPROX_COUNT_DISTINCT 专用于大数据方案，更适合访问包含数百万行甚至更多行的数据集，且这种大数据集包含多个非重复值的一个或多个列。

【例 18.1】按订单状态返回订单表中不同订单件的近似数，输入如下语句：

```
SELECT O_OrderStatus AS 订单状态, APPROX_COUNT_DISTINCT(O_OrderKey) AS 订单件数
FROM dbo.Orders
GROUP BY O_OrderStatus
ORDER BY O_OrderStatus;
```

输入完成后，单击【执行】按钮，即可返回查询结果。

```
订单状态                  订单件数
----------------------  -------------------------
F                       897542
O                       984512
P                       845154
```

18.3　开发人员新体验

SQL Server 2019 继续为开发人员提供一流的开发体验，并增强了图和空间数据类型、UTF-8

支持以及新扩展性框架，该框架使开发人员可以使用他们喜欢的语言来获取所有数据。

18.3.1 新增边约束功能

边（Edge）约束可用于对 SQL Server 图数据库（Graph DataBase）中的边数据表实现特定语义和确保表数据的完整性。可以使用 Transact-SQL 语句来定义 SQL Server 中的边约束，边约束只能在图的边数据表上进行定义。若要创建、删除或修改边约束，必须对表拥有 ALTER 权限。

【例 18.2】在新的边数据表 bought 上创建边约束，输入如下语句：

```
CREATE TABLE Customer
    (
        ID INTEGER PRIMARY KEY
        ,CustomerName VARCHAR(100)
    )
AS NODE;
GO
CREATE TABLE Product
    (
        ID INTEGER PRIMARY KEY
        ,ProductName VARCHAR(100)
    )
AS NODE;
GO
CREATE TABLE bought
    (
        PurchaseCount INT
        ,CONSTRAINT EC_BOUGHT CONNECTION (Customer TO Product) ON DELETE NO
ACTION
    )
    AS EDGE;
```

输入完成后，单击【执行】按钮，执行结果如图 18-13 所示。

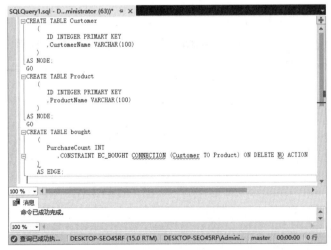

图 18-13　创建表时对现有边数据表新建边约束

【例 18.3】对现有边数据表新建边约束（其中包含附加边约束子句），通过 ALTER TABLE 语句，将包含附加边约束子句的新边约束添加到 bought 边表中。输入如下语句：

```
CREATE TABLE Customer
   (
      ID INTEGER PRIMARY KEY
      , CustomerName VARCHAR(100)
   )
   AS NODE;
GO
CREATE TABLE Supplier
   (
      ID INTEGER PRIMARY KEY
      , SupplierName VARCHAR(100)
   )
   AS NODE;
GO
CREATE TABLE Product
   (
      ID INTEGER PRIMARY KEY
      , ProductName VARCHAR(100)
   )
   AS NODE;
GO
CREATE TABLE bought
   (
      PurchaseCount INT
      , CONSTRAINT EC_BOUGHT CONNECTION (Customer TO Product)
   )
   AS EDGE;
ALTER TABLE bought DROP CONSTRAINT EC_BOUGHT;
GO
ALTER TABLE bought ADD CONSTRAINT EC_BOUGHT1 CONNECTION (Customer TO Product,
Supplier TO Product);
```

输入完成后，单击【执行】按钮，执行结果如图 18-14 所示。

图 18-14　对现有边表新建边约束

在上述程序代码中，EC_BOUGHT1 约束中有两个边约束子句，一个用于将 Customer 表连接到 Product 表；另一个用于将 Supplier 表连接到 Product 表。这两个子句都可应用于数据分析。给定的边约束必须满足这两个子句之一，才能在边表中使用。

18.3.2　新增图匹配查询

使用 MATCH 可以指定图的搜索条件。不过，MATCH 只能在 SELECT 语句中作为 WHERE 子句的一部分，与图的节点和图的边表一起使用。Transact-SQL 语言规定 MATCH 的语法规则如下所示：

```
MATCH (<graph search pattern>)
<graph search pattern>::=
  {
     <simple match pattern>
   | <arbitrary length match pattern>
   | <arbitrary length match last node predicate>
  }

<simple match pattern>::=
  {
     LAST NODE(<node alias>) | <node alias>   {
        { <-( <edge alias> )- }
      | { -( <edge alias> )-> }
      <node alias> | LAST(<node alias>)
        }
  }
  [ { AND } { ( <simple match pattern> ) } ]
  [ ,...n ]

<node alias> ::=
  node table name | node table alias

<edge alias> ::=
  edge table name | edge table alias
<arbitrary length match pattern>  ::=
  {
    SHORTEST PATH(
      <arbitrary length pattern>
      [ { AND } { <arbitrary length pattern> } ]
      [ ,…n]
    )
  }
<arbitrary length match last node predicate> ::=
  { LAST NODE( <node alias> ) = LAST NODE( <node alias> ) }
<arbitrary length pattern> ::=
    { LAST NODE( <node alias> )   | <node alias>
    ( <edge first al pattern> [<edge first al pattern>…,n] )
    <al pattern quantifier>
  }
   | ( {<node first al pattern> [<node first al pattern> …,n] )
     <al pattern quantifier>
     LAST NODE( <node alias> ) | <node alias>
  }
<edge first al pattern> ::=
  { (
      { -( <edge_alias> )-> }
```

```
      | { <-( <edge alias> )- }
      <node alias>
      )
  }
<node first al pattern> ::=
  { (
      <node alias>
      { <-( <edge alias> )- }
    | { -( <edge alias> )-> }
      )
  }
<al pattern quantifier> ::=
  {
      +
    | { 1 , n }
  }
```

主要参数说明如下：

- graph_search_pattern：指定图中的搜索模式或遍历路径。此模式使用 ASCII 图表语法来遍历图中的路径。模式将按照所提供的箭头方向通过边从一个节点转到另一个节点。边名称或别名在括号内提供。节点名称或别名显示在箭头的两端。箭头可以指向两个方向中的任意一个方向。

- node_alias：FROM 子句中提供的节点表的名称或别名。

- edge_alias：FROM 子句中提供的边表的名称或别名。

- SHORTEST_PATH：最短路径函数用于查找图中两个给定节点之间的最短路径，或图中给定节点与其他所有节点之间的最短路径。它需要使用在图中重复搜索的任意长度模式作为输入。

- arbitrary_length_match_pattern：指定在到达相应节点前，或在达到模式中指定的最高迭代次数前，必须重复遍历的节点和边。

- al_pattern_quantifier：任意长度模式需要使用正则表达式来指定搜索模式的重复次数。支持的搜索模式为：

  ➢ +：重复模式 1 次或多次，找到最短路径后立即终止。

  ➢ {1,n}：重复模式 1 到 n 次，找到最短路径后立即终止。

例如，我们可以使用 MATCH 查找朋友的朋友。首先创建了一个 Person 节点表和好友边表，在其中插入一些数据，然后使用 MATCH 查找图中人物 Alice 的好友。

【例 18.4】创建数据表并在表中插入数据，输入如下语句：

```
CREATE TABLE dbo.Person (ID integer PRIMARY KEY, name varchar(50)) AS NODE;
CREATE TABLE dbo.friend (start date DATE) AS EDGE;
INSERT INTO dbo.Person VALUES (1, 'Alice');
INSERT INTO dbo.Person VALUES (2,'John');
INSERT INTO dbo.Person VALUES (3, 'Jacob');

INSERT INTO dbo.friend VALUES ((SELECT $node id FROM dbo.Person WHERE name =
'Alice'),
     (SELECT $node_id FROM dbo.Person WHERE name = 'John'), '9/15/2011');
```

```
    INSERT INTO dbo.friend VALUES ((SELECT $node_id FROM dbo.Person WHERE name =
'Alice'),
        (SELECT $node_id FROM dbo.Person WHERE name = 'Jacob'), '10/15/2011');
    INSERT INTO dbo.friend VALUES ((SELECT $node_id FROM dbo.Person WHERE name =
'John'),
        (SELECT $node_id FROM dbo.Person WHERE name = 'Jacob'), '10/15/2012');
```

输入完成后，单击【执行】按钮，执行结果如图 18-15 所示。

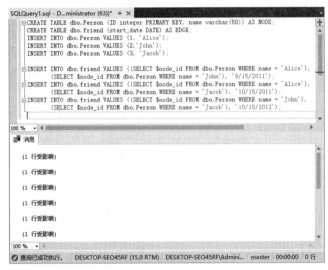

图 18-15 创建数据表

【例 18.5】使用 MATCH 查找图中人物 Alice 的好友，输入如下语句：

```
SELECT Person2.name AS FriendName
FROM Person Person1, friend, Person Person2
WHERE MATCH(Person1-(friend)->Person2)
AND Person1.name = 'Alice';
```

输入完成后，单击【执行】按钮，执行结果如图 18-16 所示。

图 18-16 使用 MATCH 查找人物 Alice 的好友

使用 MATCH 还可以查找好友的好友，例如这里想要查找 Alice 的好友的好友。

【例 18.6】使用 MATCH 查找图中人物 Alice 的好友的好友，输入如下语句：

```
SELECT Person3.name AS FriendName
FROM Person Person1, friend, Person Person2, friend friend2, Person Person3
WHERE MATCH(Person1-(friend)->Person2-(friend2)->Person3)
AND Person1.name = 'Alice';
```

输入完成后，单击【执行】按钮，执行结果如图 18-17 所示。

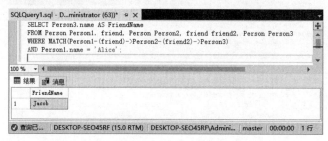

图 18-17　使用 MATCH 查找 Alice 的好友的好友

18.4　其他常用新增功能

除了上面介绍的 SQL Server 2019 新增功能外，下面再来介绍一些其他常用的新增功能。

18.4.1　关键任务的安全性

SQL Server 提供安全的体系结构，旨在使数据库管理员和开发人员能够创建安全的数据库应用程序并应对潜在的一些威胁。每个版本的 SQL Server 都是基于前面的版本进行不断的改进，并引入了新的特性和功能，SQL Server 2019 在此基础上"更上一层楼"。

最为显著的新增功能是：在 Always Encrypted 功能中又添加了具有高安全性的 Enclave。SQL Server 2016 中引入的 Always Encrypted 可保护敏感数据免受恶意软件以及窃取了访问特权（未经授权）的用户的攻击。

为了保护数据，Always Encrypted 会通过在客户端加密数据并且禁止数据或相应的加密密钥以纯文本的形式显示在 SQL Server 引擎中。因此，数据库内的加密列（即字段）上的功能受到严格限制。SQL Server 可以对加密数据执行的唯一操作是相等比较（仅适用于确定性加密）。数据库内不支持所有其他操作，包括加密操作（初始数据加密或密钥轮换）或富计算（例如模式匹配）。用户需要将数据移出数据库才能在客户端执行这些操作。

在 SQL Server 2019 中增强了具有安全 Enclave 的 Always Encrypted 功能，这样我们就可以在服务器端对安全 Enclave 内的纯文本数据进行计算来解决上述限制。安全 Enclave 是 SQL Server 进程内受保护的内存区域，并充当用于处理 SQL Server 引擎中敏感数据的受信任执行环境。安全 Enclave 表现为托管计算机上的其余 SQL Server 和其他进程的黑盒，无法从外部查看 Enclave 内的任何数据或代码，即使采用调试程序也是如此。图 18-18 所示为 Always Encrypted 功能的工作示意图。

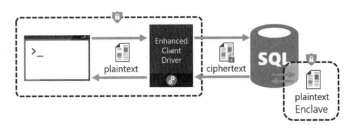

图 18-18   Always Encrypted 功能的工作示意图

18.4.2   高可用性的数据库环境

每位用户在部署 SQL Server 时都需执行一项常见任务，即确保 SQL Server 所有关键任务实例以及其中的数据库在企业和最终用户需要时随时可用。可用性是 SQL Server 平台的关键指标，因此 SQL Server 2019 引入了许多新功能和增强功能，以使企业能够确保其数据库环境的高可用性。

SQL Server 2019 新增的加速数据恢复功能极大地提高了数据库的可用性，尤其是对于需要长时间运行的事务。启用了加速数据库恢复的数据库，在故障转移或其他非正常关闭后，完成恢复过程的速度显著加快，而且，回滚长时间运行的事务的速度也显著加快。

在 SQL Server 2019 中，使用以下语句可以启用加速数据库恢复功能：

```
ALTER DATABASE <db_name> SET ACCELERATED_DATABASE_RECOVERY = ON;
```

18.4.3   更加灵活的平台选择

SQL Server 2019 能够使用户在所选平台上运行 SQL Server，并获得比以往更多的功能和更高的安全性。例如，Linux 上的 SQL Server 2019 现在支持变更数据捕获（CDC）功能、支持 Microsoft 分布式事务处理协调器（MSDTC）等。

18.4.4   SQL Server 机器学习服务

新增基于分区的建模，可以通过添加到 sp_execute_external_script 存储过程中的新参数来处理每个数据分区的外部脚本。此功能支持多个小型模型（每个数据分区为一个模型），但不支持大型模型。

SQL Server 机器学习服务中添加的 Windows Server 故障转移群集功能，使得在 Windows Server 故障转移群集上配置的机器学习服务具有了高可用性。

18.4.5   SQL Server 报表服务

SQL Server 2019 版本的 SQL Server Reporting Services 功能支持 Azure SQL 托管实例、Power BI Premium 数据集、增强的可访问性、Azure Active Directory 应用程序代理以及透明数据库加密，还支持更新的 Microsoft 报表生成器。

18.5　疑难解惑

1. 删除数据表时要注意的问题

在对数据表进行修改时，首先要查看该表是否和其他数据表存在依赖关系，如果存在依赖关系，应先解除该表的依赖关系后再执行删除操作，否则会导致其他表出错。

2. 删除规则时要注意的问题

在删除规则时，必须确保已经解除规则与数据列（即字段）或用户定义的数据类型的绑定，否则，在执行删除语句时会出错。

18.6　经典习题

1. SQL Server 2019 中有哪些常用的新功能，分别有什么特点？
2. 使用 MATCH 图匹配查询需要的数据信息。
3. 创建数据表 fruits，并为该数据表添加边约束功能。

第19章 开发企业人事管理系统

📖 **学习目标** Objective 📡

本章将以 C# 6.0 + SQL Server 2019 数据库技术为基础,通过使用 Visual Studio 2019 开发环境,以 Windows 窗体应用程序为例开发一个企业人事管理系统,通过本系统的讲述,使读者真正掌握软件开发的流程及 C#在实际项目中涉及的重要技术。

软件的开发是有流程可遵循的,不能像前面设计一段程序一样直接进行编码,因为软件开发需要经过可行性分析、需求分析、概要设计、数据库设计、详细设计、编码、测试、安装部署和后期维护阶段。

📖 **内容导航** Navigation 📡

- 了解本项目的需求分析和系统功能结构设计
- 掌握数据库设计的方法
- 掌握用户登录模块设计
- 掌握人事档案管理模块设计
- 掌握用户设置模块设计
- 掌握数据库维护模块设计

19.1 需求分析

需求调查是任何一个软件项目的第一项工作,人事管理系统也不例外。软件首先从登录界面开始,验证用户名和密码之后,根据登录用户的权限不同,打开软件后展示不同的功能模块。软件主要功能模块是人事管理、备忘录、员工生日提醒、数据库的维护等。

通过需求调查之后,总结出如下需求信息:

(1)由于该系统的使用对象较多,要有较好的权限管理,这样可以让不同用户对不同功能模块具有不同的操作权限。

(2)对员工的基础信息进行初始化。

(3)记录公司内部员工基本档案信息,提供便捷的查询功能。

(4)在查询员工信息时,可以对当前员工的家庭情况、培训情况进行添加、修改、删除操作。

(5)按照指定的条件对员工进行统计。

(6)可以将员工信息以表格的形式导出到 Word 文档中以便进行打印。

(7)具备灵活的数据备份、还原及清空功能。

19.2 系统功能结构

企业人事管理系统以操作简单方便、界面简洁美观、系统运行稳定、安全可靠为开发原则，依照功能需求为开发目标。

19.2.1 构建开发环境

1. 软件开发环境

软件开发环境：Microsoft Visual Studio 2019 集成开发环境。

软件开发语言：C# 6.0。

软件后台数据库：SQL Server 2019。

开发环境运行平台：Window XP/Window 7/Window 10 等。

2. 软件运行环境

服务器端：Window 10 + SQL Server 2019 企业版或者 Window Server 2000/Window Server 2003 + SQL Server 2019 企业版。

客户端：.Net Frame work 3.5 及以上版本。

> **注　意**
>
> 服务器和客户端可以搭建同一台计算机上，如果是单人开发，且计算机数量有限时，建议将服务器和客户端环境搭建在同一台计算机上。

19.2.2 系统功能结构

根据具体需求分析，设计企业人事管理系统的功能结构，如图 19-1 所示。

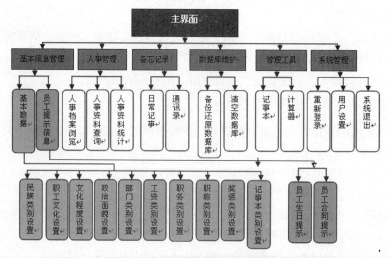

图 19-1　企业人事管理系统功能结构

19.3 数据库设计

数据库设计的好坏,直接影响着软件的开发效率及维护,以及以后能否对功能的扩充留有余地。因此,数据库设计非常重要,良好的数据库结构,可以事半功倍。

19.3.1 数据库分析

公司人事管理系统主要侧重于员工的基本信息及工作简历、家庭成员、奖惩记录等,数据量的多少是由公司员工的多少来决定的。SQL Server 2019 数据库系统在安全性、准确性和运行速度上有绝对的优势,并且处理数据量大、效率高。它作为微软的产品,与 Visual Studio 2019 实现无缝连接,数据库命名为 db_PWMS_GSJ,其中包含了 23 个数据表,用于存储不同的信息,如图 19-2 所示。

图 19-2 公司人事管理系统所用的数据表

19.3.2 数据库实体 E-R 图

系统开发过程中，数据库占据重要的地位，数据库的设置依据需求分析而定，通过上述需要分析及系统功能的确定，规划出系统中使用的数据库实体对象有 23 个，图 19-3 至图 19-25 为它们的 E-R 图。

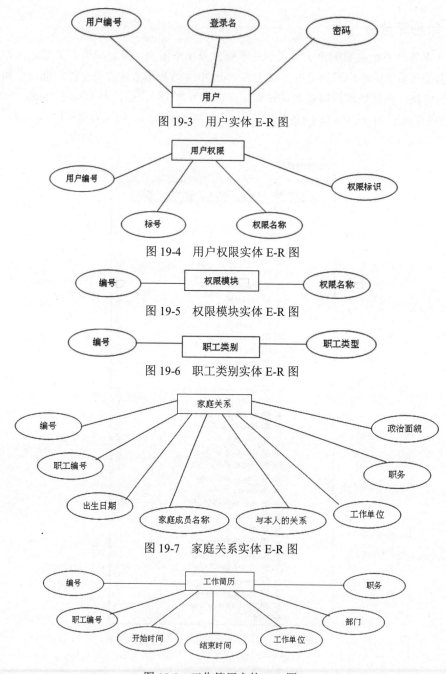

图 19-3　用户实体 E-R 图

图 19-4　用户权限实体 E-R 图

图 19-5　权限模块实体 E-R 图

图 19-6　职工类别实体 E-R 图

图 19-7　家庭关系实体 E-R 图

图 19-8　工作简历实体 E-R 图

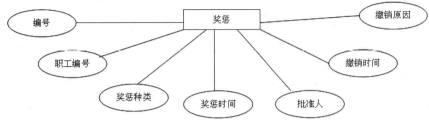

图 19-9　奖惩实体 E-R 图

图 19-10　个人简历实体 E-R 图

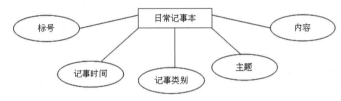

图 19-11　日常记事本实体 E-R 图

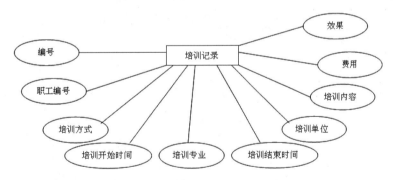

图 19-12　培训记录实体 E-R 图

图 19-13　通讯录实体 E-R 图

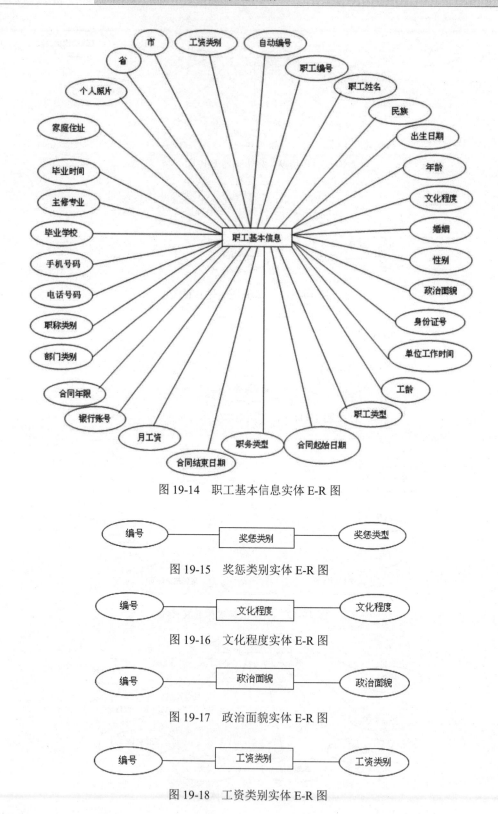

图 19-14 职工基本信息实体 E-R 图

编号 —— 奖惩类别 —— 奖惩类型

图 19-15 奖惩类别实体 E-R 图

编号 —— 文化程度 —— 文化程度

图 19-16 文化程度实体 E-R 图

编号 —— 政治面貌 —— 政治面貌

图 19-17 政治面貌实体 E-R 图

编号 —— 工资类别 —— 工资类别

图 19-18 工资类别实体 E-R 图

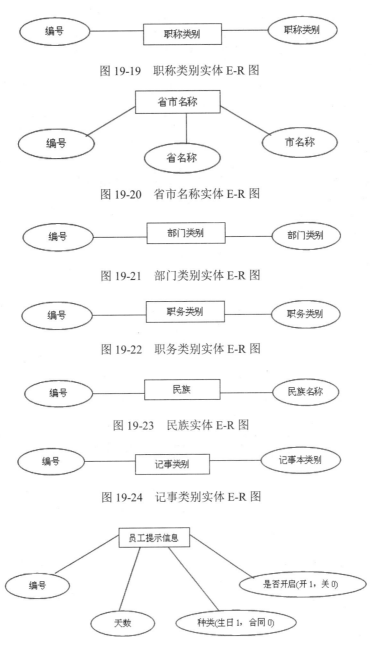

图 19-19　职称类别实体 E-R 图

图 19-20　省市名称实体 E-R 图

图 19-21　部门类别实体 E-R 图

图 19-22　职务类别实体 E-R 图

图 19-23　民族实体 E-R 图

图 19-24　记事类别实体 E-R 图

图 19-25　员工提示信息实体 E-R 图

19.3.3　数据库表的设计

E-R 图设计完之后，将根据实体 E-R 图设计数据表结构，下面列出主要数据表。

（1）tb_Login（用户登录表），用来记录操作者的用户名和密码，如表 19-1 所示。

表 19-1　tb_Login（用户登录表）

列名（即字段名）	说明	数据类型	空/非空	约束条件
ID	用户编号	Int	非空	主键，自动增长
Uid	用户登录名	Varchar(50)	非空	
Pwd	密码	Varchar(50)	非空	

（2）tb_Family（家庭关系表），如表 19-2 所示。

表 19-2　tb_Family（家庭关系表）

列名（即字段名）	说明	数据类型	空/非空	约束条件
ID	编号	Int	非空	主键，自动增长
Sut_ID	职工编号	Varchar(50)	非空	外键
LeaguerName	家庭成员名称	Varchar(20)		
Nexus	与本人的关系	Varchar(20)		
BirthDate	出生日期	Datetime		
WorkUnit	工作单位	Varchar(50)		
Business	职务	Varchar(20)		
Visage	政治面貌	Varchar(20)		

（3）tb_WorkResume（工作简历表），如表 19-3 所示。

表 19-3　tb_WorkResume（工作简历表）

列名（即字段名）	说明	数据类型	空/非空	约束条件
ID	编号	Int	非空	主键，自动增长
Sut_ID	职工编号	Varchar(50)	非空	外键
BeginDate	开始时间	Datetime		
EndDate	结束时间	DateTime		
WorkUnit	工作单位	Varchar(50)		
Branch	部门	Varchar(20)		
Business	职务	Varchar(20)		

（4）tb_Randp（奖惩表），如表 19-4 所示。

表 19-4　tb_Randp（奖惩表）

列名（即字段名）	说明	数据类型	空/非空	约束条件
ID	编号	Int	非空	主键，自动增长
Sut_ID	职工编号	Varchar(50)	非空	外键
RPKind	奖惩种类	Varchar（20）		
RPDate	奖惩时间	DateTime		

（续表）

列名（即字段名）	说明	数据类型	空/非空	约束条件
SealMan	批准人	Varchar(20)		
QuashDate	撤销时间	Datetime		
QuashWhys	撤销原因	Varchar(100)		

（5）tb_TrainNote（培训记录表），如表 19-5 所示。

表 19-5　tb_TrainNote（培训记录表）

列名（即字段名）	说明	数据类型	空/非空	约束条件
ID	编号	Int	非空	主键，自动增长
Sut_ID	职工编号	Varchar(50)	非空	外键
TrainFashion	培训方式	Varchar(20)		
BeginDate	培训开始时间	DateTime		
EndDate	培训结束时间	Datetime		
Speciality	培训专业	Varchar(20)		
TrainUnit	培训单位	Varchar(50)		
KulturMemo	培训内容	Varchar(50)		
Charger	费用	Money		
Effects	效果	Varchar(20)		

（6）tb_AddressBook（通讯录表），如表 19-6 所示。

表 19-6　tb_AddressBook（通讯录表）

列名（即字段名）	说明	数据类型	空/非空	约束条件
ID	编号	Int	非空	主键，自动增长
SutName	职工姓名	Varchar(20)	非空	
Sex	性别	Varchar(4)		
Phone	家庭电话	Varchar(18)		
QQ	QQ 号	Varchar(15)		
WorkPhone	工作电话	Varchar(18)		
E-Mail	邮箱地址	Varchar(100)		
Handset	手机号码	Varchar(12)		

（7）tb_Stuffbusic（职工基本信息表），如表 19-7 所示。

表 19-7　tb_Stuffbusic（职工基本信息表）

列名（即字段名）	说明	数据类型	空/非空	约束条件
ID	自动编号	Int	非空	自动增长/主键

（续表）

列名（即字段名）	说明	数据类型	空/非空	约束条件
Stu_ID	职工编号	Vachar(50)	非空	唯一
StuffName	职工姓名	Varchar(20)		
Folk	民族	Varchar(20)		
Birthday	出生日期	DateTime		
Age	年龄	Int		
Kultur	文化程度	Varchar(14)		
Marriage	婚姻	Varchar(4)		
Sex	性别	Varchar(4)		
Visage	政治面貌	Varchar(20)		
IDCard	身份证号	Varchar(20)		
WorkDate	单位工作时间	DateTime		
WorkLength	工龄	Int		
Employee	职工类型	Varchar(20)		
Business	职务类型	Varchar(10)		
Laborage	工资类别	Varchar(10)		
Branch	部门类别	Varchar(20)		
Duthcall	职称类别	Varchar(20)		
Phone	电话号码	Varchar(14)		
Handset	手机号码	Varchar(11)		
School	毕业学校	Varchar(50)		
Speciality	主修专业	Varchar(20)		
GraduateDate	毕业时间	DateTime		
Address	家庭住址	Varchar(50)		
Photo	个人照片	Image		
BeAware	省	Varchar(30)		
City	市	Varchar(30)		
M_Pay	月工资	Money		
Bank	银行账号	Varchar(20)		
Pact_B	合同起始日期	DateTime		
Pact_E	合同结束日期	DateTime		
Pact_Y	合同年限	Float		

19.4　开发前的准备工作

进行系统开发之前，需要做如下准备工作：

（1）搭建开发环境。

（2）根据数据库设计表结构，在 SQL Server 2019 数据库软件中实现数据库和表的创建。操作步骤在此不再赘述，请参阅数据库相关章节。

（3）创建项目。在 Visual Studio 2019 开发环境中创建"人事管理系统_GSJ"项目，具体操作步骤，请参阅前面章节的内容。

（4）该系统的窗体比较多，为了方便窗体的操作和统一管理，在项目的根目录下创建 FormsControls 类文件，通过该类的 ShowSubForm 静态方法实现根据给定参数的不同，显示相应的窗体。

注　意
在类文件中用了大量的#region 和#endregion 分区域，主要是程序代码太长，这样方便程序代码的折叠。

本段程序代码的功能是设计程序主窗体中的菜单命令。首先定义的是 ShowSubForm 静态方法，此方法根据代码中不同的参数来显示相应的窗体，通过 if...else if 语句块对参数 formSign 进行判断，例如，当 formSign 为"民族类别设置"时，就打开"民族类别设置"的相应窗体。

（5）系统中用到了大量的数据合法性验证，为了开发程序时进行复用，自定义了大量方法。在项目根目录下创建 DoValidate 类，程序代码如下：

```
using System;
using System.Collections.Generic;
using System.Text;
//导入正则表达式类
using System.Text.RegularExpressions;
namespace 人事管理系统_GSJ
{
    class DoValidate
    {
        /// <summary>
        /// 检查固定电话是否合法
        /// </summary>
        /// <param name="str">固定电话字符串</param>
        /// <returns>合法返回 true</returns>
        public static bool CheckPhone(string str)  // 检查固定电话是否合法, 合法则
返回true
        {
            Regex phoneReg = new Regex(@"^(\d{3,4}-)?\d{6,8}$");
            return phoneReg.IsMatch(str);
        }
```

```
/// <summary>
/// 检查QQ号
/// </summary>
/// <param name="Str">qq字符串</param>
/// <returns>合法返回 true</returns>
public static bool CheckQQ(string Str)//QQ号
{
    Regex QQReg = new Regex(@"^\d{9,10}?$");
    return QQReg.IsMatch(Str);
}
/// <summary>
/// 检查手机号码
/// </summary>
/// <param name="Str">手机号码</param>
/// <returns>合法返回 true</returns>
public static bool CheckCellPhone(string Str)// 手机号码
{
    Regex CellPhoneReg = new
    Regex(@"^1[358][0-9][0-9][0-9][0-9][0-9][0-9][0-9][0-9]$");
    return CellPhoneReg.IsMatch(Str);
}
/// <summary>
/// 检查E-mail是否合法
/// </summary>
/// <param name="Str">要检查的E-mail字符串</param>
/// <returns>合法返回true</returns>
public static bool CheckEMail(string Str)// E-mail
{
    Regex emailReg = new
Regex(@"^\w+((-\w+)|(\.\w+))*\@[A-Za-z0-9]+((\.|-)[A-Za-z0-9]+)*\.[A-Za-z0-9]+
$");
    return emailReg.IsMatch(Str);
}
/// <summary>
/// 验证两个日期是否合法
/// </summary>
/// <param name="date1">开始日期</param>
/// <param name="date2">结束日期</param>
/// <returns>通过验证返回 true</returns>
public static bool DoValitTwoDatetime(string date1, string date2)// 验
证两个日期是否合法
{
    if (date1 == date2)// 两个日期相同
    {
        return false;
    }
    // 检查是否为前大后小
    TimeSpan ts = Convert.ToDateTime(date1) - Convert.ToDateTime(date2);
```

```
            if (ts.Days >0)
            {
                return false;
            }
            return true;// 通过验证
        }
        /// <summary>
        /// 检查姓名是否合法
        /// </summary>
        /// <param name="nameStr">要检查的内容</param>
        /// <returns></returns>
        public static bool CheckName(string nameStr)  // 检查姓名是否合法
        {
            Regex nameReg = new Regex(@"^[\u4e00-\u9fa5]{0,}$");// 为中文
            Regex nameReg2 = new Regex(@"^\w+$");// 字母
            if (nameReg.IsMatch(nameStr) || nameReg2.IsMatch(nameStr))// 为中文
或字母
            {
                return true;
            }
            else
            {
                return false;
            }
        }
    }
}
```

这段程序代码规定了程序中的各项验证方法。定义 CheckPhone 方法，用于验证固定电话是否合法；定义 CheckQQ 方法，用于检验 QQ 号码的输入是否合法；定义 CheckCellPhone 方法，用于检查手机号码的输入是否合法；定义 CheckEMail 方法，用于检查 E-Mail 是否合法；定义 DoValitTwoDatetime 方法用于检验日期的合理性，例如比较合同日期与培训日期，它们不能相同，不能前大后小。定义 CheckName 方法用于检验输入姓名的合法性。

（6）系统主窗体的设计。主窗体是程序功能的聚焦处，也是人机交互的重要坏节，通过主窗体，用户可以调用系统相关的各子模块。为了方便用户操作，本系统将主窗体分为 4 部分，菜单栏、工具栏、侧边树状导航和状态栏。请参阅图 19-2 进行设计。

19.5 用户登录模块

登录模块是整个应用程序的入口，要求操作者提供用户名和密码，它主要是为了提高程序的安全性。运行结果如图 19-26 所示。

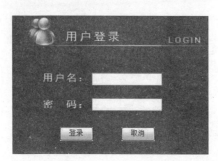

图 19-26　用户登录界面

19.5.1　定义数据库连接方法

本系统的所有窗体几乎都用到数据库操作，为了代码重用，提高开发效率，现将数据库相关操作定义到 MyDBControls 类文件中，由于该类和窗体中的其他类在同一命名空间中，因此使用时直接对该类进行操作，主要代码如下：

```csharp
using System;
using System.Collections.Generic;
using System.Text;
// 导入命名空间
using System.Data;
using System.Data.SqlClient;
namespace 人事管理系统_GSJ
{
    class MyDBControls
    {
        #region 模块级变量
        private static string server = ".";
        public static string Server  // 服务器
        {
            get { return MyDBControls.server; }
            set { MyDBControls.server = value; }
        }
        private static string uid="sa";
        public static string Uid  // 登录名
        {
            get { return MyDBControls.uid; }
            set { MyDBControls.uid = value; }
        }
        private static string pwd="";
        public static string Pwd  // 密码
        {
            get { return MyDBControls.pwd; }
            set { MyDBControls.pwd = value; }
        }
        public static SqlConnection M_scn_myConn;  // 数据库连接对象
        #endregion
        public static void GetConn() // 连接数据库
```

```
        {
            try
            {
                string M_str_connStr =
                "server="+Server+";database=db_PWMS_GSJ;uid="+Uid+";pwd="+Pwd;
// 连接字符串
                M_scn_myConn = new SqlConnection(M_str_connStr);
                M_scn_myConn.Open();
            }
            catch // 处理异常
            {
            }
        }
        public static void CloseConn() // 关闭连接
        {
            if (M_scn_myConn.State == ConnectionState.Open)
            {
                M_scn_myConn.Close();
                M_scn_myConn.Dispose();
            }
        }
        public static SqlCommand CreateCommand(string commStr)// 通过字符串产生
SQL命令
        {
            SqlCommand P_scm = new SqlCommand(commStr, M_scn_myConn);
            return P_scm;
        }
        public static int ExecNonQuery(string commStr) // 执行命令返回受影响行数
        {
            return CreateCommand(commStr).ExecuteNonQuery();
        }
        public static object ExecSca(string commStr) // 返回结果集的第一行第一列
        {
            return CreateCommand(commStr).ExecuteScalar();
        }
        public static SqlDataReader GetDataReader(string commStr) // 返回
DataReader
        {
            return CreateCommand(commStr).ExecuteReader();
        }
        public static DataSet GetDataSet(string commStr)// 返回DataSet
        {
            SqlDataAdapter P_sda = new SqlDataAdapter(commStr, M_scn_myConn);
            DataSet P_ds = new DataSet();
            P_sda.Fill(P_ds);
            return P_ds;
        }
        /// <summary>
        /// 执行带图片插入操作的SQL语句
```

```
        /// </summary>
        /// <param name="sql">sql语句</param>
        /// <param name="bytes">图片转换后的数组</param>
        /// <returns>受影响行数</returns>
        public static int SaveImage(string sql,object bytes)// 保存图像
        {
            SqlCommand scm = new SqlCommand();// 声明SQL语句
            scm.CommandText = sql;
            scm.CommandType = CommandType.Text;
            scm.Connection = M_scn_myConn;
            SqlParameter imgsp = new SqlParameter("@imgBytes",
SqlDbType.Image);// 设置参数的值
            imgsp.Value = (byte[])bytes;
            scm.Parameters.Add(imgsp);
            return scm.ExecuteNonQuery();// 执行
        }
        /// <summary>
        /// 还原数据库
        /// </summary>
        /// <param name="filePath">文件路径</param>
        public static void RestoreDB(string filePath)
        {
            // 试图关闭原来的连接
            CloseConn();
            // 还原语句
            string reSql = "restore database db_PWMS_GSJ from disk ='" + filePath
+ "' with replace";
            // 强制关闭原来连接的语句
            string reSql2 = "select spid from master..sysprocesses where
dbid=db_id('db_pwms_GSJ')";
            // 新建连接
            SqlConnection reScon = new
SqlConnection("server=.;database=master;uid=" + Uid +
            ";pwd=" + Pwd);
            try
            {
                reScon.Open();// 打开连接
                SqlCommand reScm1 = new SqlCommand(reSql2, reScon);// 执行查询找
出与要还原数据库有关的所有连接
                SqlDataAdapter reSDA = new SqlDataAdapter(reScm1);
                DataSet reDS = new DataSet();
                reSDA.Fill(reDS);    // 临时存储查询结果
                for (int i = 0; i < reDS.Tables[0].Rows.Count; i++)// 逐一关闭这
些连接
                {
                    string killSql = "kill " +
reDS.Tables[0].Rows[i][0].ToString();
                    SqlCommand killScm = new SqlCommand(killSql, reScon);
                    killScm.ExecuteNonQuery();
```

```
        }
        SqlCommand reScm2 = new SqlCommand(reSql, reScon);// 执行还原
        reScm2.ExecuteNonQuery();
        reScon.Close();// 关闭本次连接
    }
    catch // 处理异常
    {
    }
  }
 }
}
```

这段程序代码主要实现数据库连接配置。首先定义模块级变量,包含服务器、登录名以及密码。然后定义 GetConn 方法,用于实现连接数据库并打开连接;定义 CloseConn 方法,用于关闭数据库连接;定义 CreateCommand 方法,可通过字符串产生 SQL 命令;定义 SaveImage 方法,通过传递参数实现执行插入图片的 SQL 语句;定义 RestoreDB 方法用于将数据库还原。

19.5.2　防止窗口被关闭

由于该软件没有控制栏,如需退出系统,只能通过"取消"按钮。为了避免用户无意间关闭窗口,在窗体的 FormClosing 事件中增加了如下代码:

```
if (P_needValite)// 没成功登录而关闭
{
   // 确认取消登录
   DialogResult dr = MessageBox.Show("确认取消登录吗?", "提示",
MessageBoxButtons.OKCancel,
   MessageBoxIcon.Warning, MessageBoxDefaultButton.Button2);
   if (dr == DialogResult.Cancel) // 当选择取消时不执行操作
   {
      e.Cancel = true;
   }
   else //退出程序
   {
      Application.ExitThread();
   }
}
```

19.5.3　验证用户名和密码

当用户输入用户名和密码后,单击"登录"按钮进行登录。在"登录"的 click 事件中,调用自定义方法 DoValidated(),实现用户的登录功能。在没有输入用户名和密码的时候,提醒用户必须输入,输入正确方能进入系统主界面,否则提示用户名或密码错误。

自义定验证方法,代码如下:

```
private void DoValidated() //验证登录
{
   #region 验证输入有效性
   if (txt Name.Text == string.Empty)
   {
```

```
            MessageBox.Show("用户名不能为空!", "提示", MessageBoxButtons.OK,
            MessageBoxIcon.Warning);
            return;
        }
    if (txt Pwd.Text == string.Empty)
    {
            MessageBox.Show("密码不能为空!", "提示", MessageBoxButtons.OK,
            MessageBoxIcon.Warning);
            return;
    }
    #endregion
    #region 连接数据库验证用户是否合法并处理异常
    GSJ DESC myDesc = new GSJ DESC("@gsj");        // 实例化加/解密对象
    //SQL语句查询，加密后的用户名和加密后的密码
    string P sqlStr = string.Format("select count(*) from tb Login where
Uid='{0}' and

Pwd='{1}'",myDesc.Encry(txt Name.Text.Trim()),myDesc.Encry(txt Pwd.Text.Trim()
));
        try
        {
        // 读取数据库的连接字符
        RegistryKey CU software = Registry.CurrentUser;
        RegistryKey softPWMS = CU software.OpenSubKey(@"SoftWare\PWMS");
        MyDBControls.Server =
myDesc.Decry(softPWMS.GetValue("server").ToString());
        MyDBControls.Uid = myDesc.Decry(softPWMS.GetValue("uid").ToString());
        MyDBControls.Pwd = myDesc.Decry(softPWMS.GetValue("pwd").ToString());
        //MessageBox.Show(MyDBControls.Server + MyDBControls.Uid +
MyDBControls.Pwd);
        MyDBControls.GetConn();// 打开连接
        if (Convert.ToInt32(MyDBControls.ExecSca(P sqlStr)) != 0)//判断是否为合
法用户
        {
            FrmMain.P currentUserName = txt Name.Text;
            FrmMain.P isSucessLoad = true;
            P needValite = false;// 不需确认直接关闭
            this.Close(); // 登录成功关闭本窗体
        }
        else
        {
            MessageBox.Show("用户名或密码错误，请重新输入!");
            // 清空原有内容
            txt Name.Text = string.Empty;
            txt Pwd.Text = string.Empty;
            // 用户名获得焦点
            txt Name.Focus();
        }
        MyDBControls.CloseConn();//关闭连接
    }
    catch // 数据库连接失败时
    {
        if (DialogResult.Yes == MessageBox.Show("数据库连接失败，程序不能启动!\n是
否重新注册?",
            "提示", MessageBoxButtons.YesNo, MessageBoxIcon.Information))
        {
            Frm reg frmReg = new Frm reg();// 显示注册窗体
            frmReg.ShowDialog();
```

```
        frmReg.Dispose();
    }
    else
    {
        Application.ExitThread();
    }
}
#endregion
}
// 登录按钮click事件, 代码如下:
private void btn_Load_Click(object sender, EventArgs e)
{
    DoValidated();// 验证登录
}
}
```

本段程序代码实现登录过程中的相关验证功能。首先定义了 DoValidated 方法，用于验证输入结果的有效性，如果用户没有输入用户名或密码就进行提示，如果输入了用户名和密码，则打开数据库将加密过后的用户名和密码与数据库中的数据进行比对，若正确则登录成功。若错误则弹出提示信息。如果数据库在连接过程中失败，则弹出 Frm_reg 窗体，否则执行数据库连接的相关操作。

19.6　人事档案管理模块

人事档案管理窗体是对员工的基本信息、家庭情况、培训记录等进行浏览，以及增加、修改、删除等操作。可以通过菜单栏、工具栏或侧边导航树调用该功能。

19.6.1　界面开发

在项目中添加 subrms 文件夹，新建窗体 Frm_DangAn，并将窗体保存在 subrms 文件夹中。本系统中人事档案管理是有多个面板，功能大部分相同，下面将以"员工基本信息"面板为例进行讲述，其他不再赘述。员工的"员工基本信息"窗体界面，如图 19-27 所示。

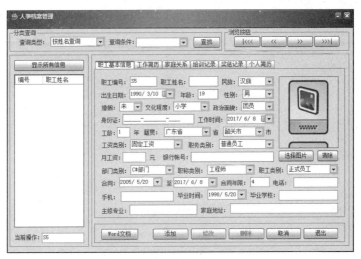

图 19-27　员工基本信息

该窗体上主要涉及 TextBox 控件、MaskTextBox（身份证）控件、ComboBox 控件、Button 控件、OpenFileDialog（选择图片）控件、PictureBox 控件、DataTimePicker 控件、DataGridView 控件、TabConTrol 控件及 Label 标签控件。

19.6.2　代码开发

为了编写程序代码，特声明如下类字段：

```
string imgPath = "";  // 图片路径
private string operaTable = "";       // 指定二级菜单操作的数据表
private DataGridView currentDGV;      // 二级页面操作的datagridview
byte[] imgBytes = new byte[1024];     // 存储图片使用的数组
string lastOperaSql = "";             // 记录上次操作为了在修改和删除后进行更新
private bool needClose = false;       // 验证基础信息不完整时要关闭
string showThisUser = "";             // 是否有立即要显示的信息（如果有，则表示员工编号）
```

（1）为了使员工编号能够自动产生，编写 MakeIdNo 方法，代码如下：

```
private void MakeIdNo()// 自动编号
{
  try
  {
     int id = 0;
     string sql = "select count(*) from tb_Stuffbusic";
     MyDBControls.GetConn();
     object obj = MyDBControls.ExecSca(sql);
     if (obj.ToString() == "")
     {
        id = 1;
     }
     else
     {
        id = Convert.ToInt32(obj) + 1;
     }
     SSS.Text = "S" + id.ToString();
  }
  catch // 异常
  {
     this.Close();
     // MessageBox.Show(err.Message);
  }
}
```

（2）为了保证数据输入的正确性，编写 DoValitPrimary 方法，代码如下：

```
private bool DoValitPrimary()// 验证输入的基本信息
{
    // 编号
    if (SSS.Text.Trim() == string.Empty)
```

```
        {
            MessageBox.Show("编号不能为空!");
            SSS.Focus();
            return false;
        }
        // 检查姓名是否为空，不为空时要求必须为中文或字母
        if (SSS_0.Text.Trim() == string.Empty
|| !DoValidate.CheckName(SSS_0.Text.Trim()))
        {
            MessageBox.Show("姓名应为中文或英文!");
            return false;
        }
        // 身份证号码
        if (SSS_8.Text.Trim().Length != 20 || SSS_8.Text.Trim().IndexOf(" ") !=
-1)// 身份证号码18位 2位-
        {
            MessageBox.Show("身份证号码不合法!");
            return false;
        }
        if (SSS_8.Text.Substring(7, 4) != SSS_2.Value.Year.ToString() ||
        Convert.ToInt16(SSS_8.Text.Substring(11, 2)).ToString() !=
SSS_2.Value.Month.ToString() ||
        Convert.ToInt16(SSS_8.Text.Substring(13, 2)).ToString() !=
SSS_2.Value.Day.ToString())
        {
            MessageBox.Show("身份证号码不正确!");
            return false;
        }
        // 银行账号
        if (SSS_26.Text.Trim() == string.Empty || SSS_26.Text.Trim().Length < 15
||
        SSS_26.Text.Trim().IndexOf(" ") != -1)
        {
            MessageBox.Show("银行账号不合法! ");
            return false;
        }
        // 手机号码
        if (SSS_17.Text.Trim() != string.Empty)
        {
            if (!DoValidate.CheckCellPhone(SSS_17.Text.Trim()))
            {
                MessageBox.Show("手机号码不合法!");
                return false;
            }
        }
        // 固定电话
        if (SSS_16.Text.Trim() != string.Empty)
        {
            if (!DoValidate.CheckPhone(SSS_16.Text.Trim()))
```

```
        {
            MessageBox.Show("固定电话格式为:三或四位区号-8位号码!");
            return false;
        }
    }
    // 验证合同日期
    if (!DoValidate.DoValitTwoDatetime(SSS_27.Value.Date.ToString(),
SSS_28.Value.Date.ToString()))
    {
        MessageBox.Show("合同日期不合法!");
        return false;
    }
    // 出生日期
    if (SSS_3.Text == "0")
    {
        MessageBox.Show("出生日期不合法!");
        return false;
    }
    // 工龄
    try
    {
        if (Convert.ToDecimal(SSS_10.Text) < 0)
        {
            MessageBox.Show("工龄有误!");
            return false;
        }
    }
    catch
    {
        MessageBox.Show("工龄有误!");
        return false;
    }
    // 工资
    try
    {
        if (Convert.ToDecimal(SSS_25.Text) < 0)
        {
            MessageBox.Show("工资有误!");
            return false;
        }
    }
    catch
    {
        MessageBox.Show("工资有误!");
        return false;
    }
    return true;
}
```

（3）初始化页面相关信息及填充下拉框的内容，例如，性别中的第一项为"男"，"政治面貌"下拉框的内容等。

```
private void Frm_DangAn_Load(object sender, EventArgs e)
{
    #region 初始化可选项
    // 限制工作时间、家庭关系中的出生日期、最大值为当前日期
    SSS_9.MaxDate = DateTime.Now;
    G_2.MaxDate = DateTime.Now;
    F_3.MaxDate = DateTime.Now;
    // 查询类型选中第一项
    cbox_type.SelectedIndex = 0;
    // 性别选中第一项
    SSS_6.SelectedIndex = 0;
    // 婚姻状态选中第一项
    SSS_5.SelectedIndex = 0;
    // 填充民族
    string sql = "select * from tb_Folk";// 定义SQL语句
    InitCombox(sql, SSS_1);
    // 填充文化程度
    sql = "select * from tb_Kultur";
    InitCombox(sql, SSS_4);
    // 填充政治面貌
    sql = "select * from tb_Visage";
    InitCombox(sql, SSS_7);   // 职工基本信息中的政治面貌
    InitCombox(sql, F_5);       // 家庭关系中的政治面貌
    // 省
    sql = "select id, BeAware from tb_City";
    InitCombox(sql, SSS_23);
    // 市
    sql = "select id, City from tb_city where BeAware='广东省'";
    InitCombox(sql, SSS_24);
    // 工资类别
    sql = "select * from tb_Laborage";
    InitCombox(sql, SSS_13);
    // 职务类别
    sql = "select * from tb_Business";
    InitCombox(sql, SSS_12);
    // 职称类别
    sql = "select * from tb_Duthcall";
    InitCombox(sql, SSS_15);
    // 部门类别
    sql = "select * from tb_Branch";
    InitCombox(sql, SSS_14);
    // 职工类别
    sql = "select * from tb_EmployeeGenre";
    InitCombox(sql, SSS_11);
    // 奖惩类别
    sql = "select * from tb_RPKind";
```

```
        InitCombox(sql, R_1);
        // 编号
        MakeIdNo();
        // 判断是否有立即显示的内容（当被查询，提醒窗体调用时会有立即被显示的内容）
        if (showThisUser != "")
        {
            // 有要显示的内容
            string showThisUsersql = "select stu_id,stuffname from tb_stuffbusic
where stu_id='" +
            showThisUser + "'";
            try
            {
                MyDBControls.GetConn();
                dgv_Info.DataSource =
MyDBControls.GetDataSet(showThisUsersql).Tables[0];
                MyDBControls.CloseConn();
                // 记录此次操作以方便刷新
                lastOperaSql = showThisUsersql;
                // 显示此员工信息
                ShowInfo(showThisUser);
            }
            catch
            {
            }
        }
        if (needClose)
        {
        MessageBox.Show("基础信息不完整，请先进行基础信息设置！");
        this.Close();
        }
        #endregion
    }
```

（4）"添加"功能主要是实现员工基本信息、家庭关系、工作简历、培训记录、奖惩记录和个人简历的增加。

（5）修改人事档案资料，修改按钮代码如下：

```
    private void btn_update_Click(object sender, EventArgs e)//修改
    {
        // 验证输入
        if (!DoValitPrimary())
        {
            return;
        }
        #region 修改当前员工信息
        string delStr = string.Format("delete from tb_Stuffbusic where Stu_id='{0}'",
SSS.Text.Trim());
        try
        {
```

```
        MyDBControls.GetConn();
        MyDBControls.ExecNonQuery(delStr);
        MyDBControls.CloseConn();
        btn_Add_Click(sender, e);
    }
    catch
    {
        MessageBox.Show("请重试!");
    }
    #endregion
    #region 刷新
    try
    {
        MyDBControls.GetConn();
        dgv_Info.DataSource = MyDBControls.GetDataSet(lastOperaSql).Tables[0];
        MyDBControls.CloseConn();
    }
    catch
    {
    }
    #endregion
    btn_Delete.Enabled = btn_update.Enabled = false;//停用删除按钮控件
}
```

（6）删除人事档案信息，删除按钮代码如下：

```
private void btn_Delete_Click(object sender, EventArgs e)//删除
{
    if (MessageBox.Show("此操作不可恢复,确认删除吗?", "提示",
MessageBoxButtons.OKCancel,
    MessageBoxIcon.Warning, MessageBoxDefaultButton.Button2) ==
DialogResult.Cancel)
    {
        MessageBox.Show("操作已取消!");
        return;
    }
    string delStr = string.Format("delete from tb_Stuffbusic where
stu_id='{0}'", SSS.Text.Trim());
    string delStr2 = string.Format("delete from tb_WorkResume where
sut_id='{0}'", SSS.Text.Trim());
    string delStr3 = string.Format("delete from tb_Family where sut_id='{0}'",
SSS.Text.Trim());
    string delStr4 = string.Format("delete from tb_TrainNote where
sut_id='{0}'", SSS.Text.Trim());
    string delStr5 = string.Format("delete from tb_Randp where sut_id='{0}'",
SSS.Text.Trim());
    string delStr6 = string.Format("delete from tb_Individual where
sut_id='{0}'", SSS.Text.Trim());
    try
    {
```

```
        MyDBControls.GetConn();                    // 打开连接
        MyDBControls.ExecNonQuery(delStr);    // 执行删除
        MyDBControls.ExecNonQuery(delStr2);   // 执行删除
        MyDBControls.ExecNonQuery(delStr3);   // 执行删除
        MyDBControls.ExecNonQuery(delStr4);   // 执行删除
        MyDBControls.ExecNonQuery(delStr5);   // 执行删除
        MyDBControls.ExecNonQuery(delStr6);   // 执行删除
        MyDBControls.CloseConn();        // 关闭连接
        btn_Back_Click(sender, e);    // 已选中项换到上一行
        Img_Clear_Click(sender, e);  // 清除图片信息
        MessageBox.Show("删除成功!");
    }
    catch (Exception err)
    {
        MessageBox.Show(err.Message);
    }
    #region 刷新
    try
    {
        MyDBControls.GetConn();
        dgv_Info.DataSource =
MyDBControls.GetDataSet(lastOperaSql).Tables[0];
        MyDBControls.CloseConn();
    }
    catch
    {
    }
    #endregion
    btn_Delete.Enabled = btn_update.Enabled = false;// 停用删除按钮
}
```

（7）查询人事档案信息，查找按钮代码如下：

```
private void btn_find_Click(object sender, EventArgs e)// 查询
{
    string findType = "";// 查询条件
    switch (cbox_type.SelectedItem.ToString())
    {
        case "按姓名查询":
            findType = "StuffName";
            break;
        case "按性别查询":
            findType = "Sex";
            break;
        case "按民族查询":
            findType = "Folk";
            break;
        case "按文化程度查询":
            findType = "Kultur";
            break;
```

```
        case "按政治面貌查询":
            findType = "Visage";
            break;
        case "按职工类别查询":
            findType = "Employee";
            break;
        case "按职工职务查询":
            findType = "Business";
            break;
        case "按职工部门查询":
            findType = "Branch";
            break;
        case "按职称类别查询":
            findType = "Duthcall";
            break;
        case "按工资类别查询":
            findType = "Laborage";
            break;
    }
    string sql = string.Format("select stu_id,stuffname from tb_stuffbusic where {0}='{1}'", findType,
        txt_condition.Text);
    try
    {
        MyDBControls.GetConn();
        dgv_Info.DataSource = MyDBControls.GetDataSet(sql).Tables[0];
        MyDBControls.CloseConn();
        // 记录此次操作以方便刷新
        lastOperaSql = sql;
    }
    catch
    {
    }
}
```

（8）逐条查看人事档案信息。通过单击界面右上方"浏览按钮"区域的相关按钮，实现人员档案信息的逐条查看功能。

```
// 查看第一条记录
private void btn_First_Click(object sender, EventArgs e)
{
  try
  {
    dgv_Info.Rows[0].Selected = true;        // 选中第一行
    ShowInfo(dgv_Info.Rows[0].Cells[0].Value.ToString());// 显示第一条
  }
  catch
  {
  }
```

```
   }
   // 查看最后一条记录
   private void btn_End_Click(object sender, EventArgs e)
   {
      try
      {
         dgv_Info.Rows[dgv_Info.Rows.Count - 1].Selected = true;// 选中最后一行
         ShowInfo(dgv_Info.Rows[dgv_Info.Rows.Count -
1].Cells[0].Value.ToString());// 显示第一条
      }
      catch
      {
      }
   }
   //查看上一条记录
   private void btn_Back_Click(object sender, EventArgs e)
   {
      try
      {
         int currentRow = dgv_Info.SelectedRows[0].Index;// 当前选中行的索引号
         int backRow = 0;
         if ((currentRow - 1) >= 0) // 判断是否为第一行，如果是则一直选中第一行
         {
            backRow = currentRow - 1;
         }
         else
         {
            MessageBox.Show("已到第一行!");
            backRow = 0;
         }
         dgv_Info.Rows[backRow].Selected = true;// 选中前一行
         ShowInfo(dgv_Info.Rows[backRow].Cells[0].Value.ToString());//显示前一条记录
      }
      catch
      {
      }
   }
   // 查看后一条记录
   private void btn_next_Click(object sender, EventArgs e)
   {
      try
      {
         int currentRow = dgv_Info.SelectedRows[0].Index; // 当前选中行的索引号
         int nextRow = dgv_Info.Rows.Count - 1;            // 后一行的索引
         if ((currentRow + 1) < dgv_Info.Rows.Count)       // 判断是否到了最后一行
         {
            nextRow = currentRow + 1;
         }
         else
```

```
        {
            MessageBox.Show("已到最后一行!");
        }
        dgv_Info.Rows[nextRow].Selected = true;//选中后一行
        ShowInfo(dgv_Info.Rows[nextRow].Cells[0].Value.ToString());// 显示后一
条员工信息
    }
    catch
    {
    }
}
```

19.6.3 添加和编辑员工照片

将照片保存到数据库中，可以采用两种方法：一种是在数据库中保存照片的路径；另外一种是将照片信息写入数据库中。第一种方法，操作简单，但是照片源文件不能删除，不能修改位置，否则就会出错。第二种方法操作复杂，但是安全性高，不依赖于照片原文件，本系统采用第二种方法。照片的操作包括选择照片、清除选择、保存照片到数据库中。

（1）单击"选择图片"按钮时，弹出浏览文件窗口，可以选择照片文件，代码如下：

```
private void Img_Save_Click(object sender, EventArgs e)// 添加图像
{
    ofd_FindImage.Filter = "图像文件(*.jpg *.bmp *.png)|*.jpg; *.bmp; *.png";
    ofd_FindImage.Title = "选择头像";
    if (DialogResult.OK == ofd_FindImage.ShowDialog())
    {
        imgPath = ofd_FindImage.FileName;
        S_Image.Image = Image.FromFile(ofd_FindImage.FileName);
        Img_Clear.Enabled = true;
    }
}
```

（2）单击"清除"按钮时，将所选照片清除，图片控件的 Image 属性为 null，图片路径为空字符串，imgBytes 字段为 0 字节，代码如下：

```
private void Img_Clear_Click(object sender, EventArgs e)// 图像清除按钮
{
    S_Image.Image = null;// 清除图像
    imgPath = "";// 图像路径
    imgBytes = new byte[0];
}
```

（3）把照片保存到数据库。系统中的添加、修改员工基本信息时都会涉及照片的读取及保存。读取与保存照片的设计思路是将照片文件转换为字节流读入数据库，可从数据库中将字节流读出。保存照片时用到了自定义 SaveImage 方法，该方法在 MyDBControls 类中，请在 19.5.1 节中查看，此处不再赘述。

19.7　用户设置模块

用户设置模块主要是对使用人事管理系统的用户进行管理，包括用户的添加、删除、修改，以及权限的分配。用户设置模块，如图 19-28 所示。

19.7.1　添加和修改用户信息

新建一个 Windows 窗体，命名为 Frm_JiaYongHu，添加用户信息和修改用户信息使用同一个窗体，主要通过布尔型字段 isAdd 判断是添加还是修改，窗体的运行效果如图 19-29 所示。

图 19-28　用户设置模块　　　　图 19-29　添加和修改用户信息

该窗体实现添加与修改用户信息功能。首先定义 UidStr、PwdStr 等属性，用于用户名、密码等。当单击【保存】按钮时，首先对用户名和密码进行验证，如果不为空则进行加密操作。然后进行判断，如果数据库中不存在此用户，则执行添加用户的操作；如果存在此用户，则执行修改用户的操作。

19.7.2　设置用户权限

在 Frm_XiuGaiYongHu 窗体中单击【权限】按钮，弹出 Frm_QuanXian 权限设置窗体，如图 19-30 所示。

图 19-30　用户权限设置

19.8　数据库维护模块

为了保证数据的安全，防止数据丢失，需要对数据库进行备份和还原。故在程序中需实现数据库备份功能与还原功能。

19.8.1　数据库备份功能

备份数据库的保存位置，提供了保存在默认路径下和用户选择路径两种方法，新建 Windows 窗体 Frm_BeiFenHuanYuan，如图 19-31 所示。

19.8.2　数据库还原功能

还原数据库程序界面如图 19-32 所示。

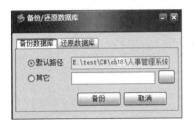　　　　　

图 19-31　备份数据库　　　　　图 19-32　还原数据库

注　意
在还原数据库时，一定要将 SQL Server 中的 SQL Server Management Studio 关闭。

19.9　系统运行

由于篇幅所限，其他功能模块不再一一讲述。至此为止，项目可以运行和测试了。接下来对主要系统模块进行运行和测试。

19.9.1　登录界面

打开企业人事管理系统，通过输入用户名和密码连接数据库并验证登录信息是否正确，界面如图 19-33 所示。

图 19-33　用户登录

19.9.2 企业人事管理系统主界面

在登录界面输入管理员用户名与密码，管理员用户名为"admin"，密码为"admin"，即可打开企业人事管理系统主界面，如图 19-34 所示。

图 19-34 企业人事管理系统主界面

19.9.3 人事档案管理界面

在企业人事管理系统主界面单击【人事档案管理】按钮，即可打开人事档案管理界面，如图 19-35 所示。在此界面中可进行查询、浏览、添加信息、修改信息、删除信息以及保存员工信息等操作。

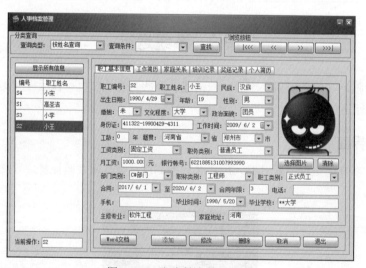

图 19-35 人事档案管理界面

19.9.4 人事资料查询界面

在企业人事管理系统主界面单击【人事资料查询】按钮，即可打开人事资料查询界面，如图

19-36 所示。在此界面中通过输入员工的基本信息和个人信息可对企业员工进行查询，查询结果在结果栏中进行显示，通过鼠标双击某个员工信息可打开人事档案管理界面查看详细信息。

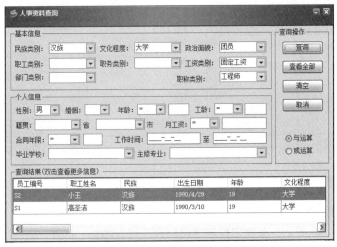

图 19-36　人事资料查询界面

19.9.5　员工信息提醒界面

在企业人事管理系统主界面单击【显示提醒】按钮，即可打开员工信息提醒界面，如图 19-37 所示。此界面中显示了员工的重要信息提醒，如员工"小李"合同已到期，在"合同提醒"列表框中显示出他的信息。

图 19-37　员工信息提醒界面

19.9.6　员工通讯录界面

在企业人事管理系统主界面单击【员工通讯录】按钮，即可打开员工通讯录界面，如图 19-38 所示。在此界面中可对员工的个人联系方式进行查询。

19.9.7　日常记事界面

在企业人事管理系统主界面单击【日常记事】按钮，即可打开日常记事界面，如图 19-39 所示。在此界面中可对以往备忘记事进行查询、修改以及删除操作，也可对新的备忘记事进行添加操作。

图 19-38　员工通讯录界面

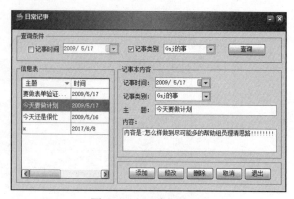

图 19-39　日常记事界面

19.9.8　用户设置

在企业人事管理系统主界面选择【系统管理】→【用户设置】菜单命令，即可打开用户设置的相应窗口，如图 19-40 所示。在此窗口可对用户信息进行添加、修改、删除以及用户权限设置的操作。

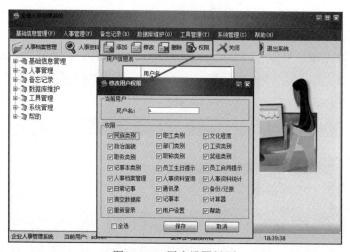

图 19-40　用户设置界面

19.9.9　基础信息维护管理

在企业人事管理系统主界面中，如需对系统的基础信息进行维护管理，可通过菜单栏中的【基础信息管理】相关菜单或者主界面左侧树形菜单中的相关菜单来实现，如图 19-41 所示。例如，对文化程度进行维护设置，选择【基础信息管理】→【基础数据】→【文化程度设置】菜单命令，打开文化程度设置界面，如图 19-42 所示。对文化程度表项进行维护设置，可在系统相关模块中进行，如图 19-43 所示。

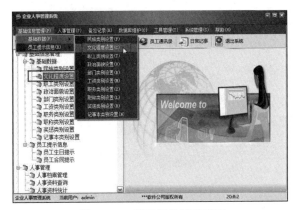

图 19-41　基础信息管理界面

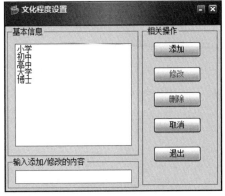

图 19-42　文化程度设置界面

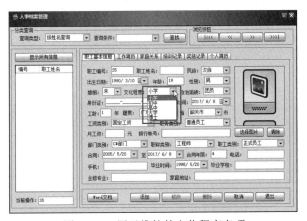

图 19-43　用于维护的文化程度表项

19.10　项目总结

　　本章讲述的人事管理系统实现了基本功能，如人事档案管理模块、用户设置模块、数据库维护模块等。由于篇幅有限，文中主要讲解了有代表性的模块的源代码，只要读者理解了这部分代码，那么对未讲述的其余模块的源代码，理解起来也是很容易的，通过本章的学习，读者可在此基础上进一步分析挖掘和扩充其他功能，如工资管理、招聘管理等。